NEW WCDP 新文京開發出版股份有限公司

新世紀・新視野・新文京 — 精選教科書・考試用書・專業參考書

第**6**版
Sixth Edition

化妝品學原理

Principles of Cosmetics

李仰川、詹馥妤 編著

國家圖書館出版品預行編目資料

化妝品學原理／李仰川, 詹馥妤編著.－第六版.
－新北市：新文京開發出版股份有限公司，
2022.05
面；　公分

ISBN　978-986-430-830-9（平裝）

1.CST:化妝品

466.7　　　　　　　　　　　　111005648

化妝品學原理（第六版）　　　　　（書號：B069e6）

作　　　者	李仰川　詹馥妤
出 版 者	新文京開發出版股份有限公司
地　　　址	新北市中和區中山路二段 362 號 9 樓
電　　　話	(02) 2244-8188（代表號）
F A X	(02) 2244-8189
郵　　　撥	1958730-2
初　　　版	西元 1999 年 4 月 15 日
第 三 版	西元 2008 年 5 月 22 日
第 四 版	西元 2013 年 4 月 30 日
第 五 版	西元 2018 年 6 月 10 日
第 六 版	西元 2022 年 6 月 01 日

六版序
Preface

　　現今對化妝品的使用，不斷受到社會大眾的青睞與認同，除了化妝品原料商與化妝品業者的不斷推陳出新外，在政府政策推動下，學校、研究單位與化妝品業者的產學合作更加快化妝品科技與產值的提升。例如基礎化妝品原料、功能性化妝品原料、保濕化妝品、防曬美白化妝品、抗老化妝品及中草藥化妝品等皆有繁榮的走向及連結國際化妝品界的脈動，使美容保養品與人類生活上可收造福人群預期的成效。另一方面若能瞭解此一門科學的重要性，亦可使消費者知悉在生活中與自己息息相關的美容保健知識，達到改善身心的健康與美的目的。舉凡一些化妝品應用的原料及作用原理，藉由本書的提醒，有助於讀者釐清化妝品的疑慮與困惑，並獲得正確的概念。

　　時下化妝品種類琳瑯滿目，關於化妝品如何購買、如何使用以及化妝品中含有什麼樣的成分都成為消費者關心的焦點，為符合消費者需求，本書第六版改版大幅更新，除新增第一章「化妝品的選用」章節，同時於第三章「化妝品安全性的替代試驗項目與評估方法」、第五章「化妝品中植物萃取液項目」、第八章「特定用途化粧品防曬劑成分表」及「選用及使用防曬品方法」放入全新資訊，希望更加符合時下潮流，也幫助讀者及消費者有更新、更正確的化妝品相關知識。另外，透過筆者多年教學與研究經驗及本身對化妝品科學的鑽研，將美容保健的美融入生活中，讓讀者充分瞭解最新相關科技對化妝品應用的重要性；不僅可做為技專院校通識教育課程之教科書，亦可做為美容、造型設計系或化妝品相關學系或是一般民眾想要瞭解美容化妝品的實用性書籍，希望此書能對讀者有所助益。本書雖經悉心校訂，疏漏難免，尚祈諸先進多多賜予指正，也感謝新文京開發出版股份有限公司給予大力的支持與協助。

經國管理暨健康學院美容流行設計系 副教授

李仰川 謹識

六版序
Preface

　　現以多年來的實務經驗與整合相關資源來修訂本書,除了提供給讀者一本實用的工具書外,也希望提供給有興趣的相關業者作為參考書籍。凡從事化妝保養品研發、行銷及製造者,或對化妝保養品有興趣的人士及就讀技專大學化妝品相關科系的學生,或想一窺化妝保養品奧祕的一般消費者等等,皆能藉由閱讀本書而有所收穫。期盼各位先進前輩們也能不吝給予指教,以及提供更多化妝品相關專業議題,感謝!

聯妤生化科技有限公司 負責人

詹馥妤 謹識

編著者簡介 *Authors*

李仰川

學歷｜國立臺灣大學化學所博士

專業認證｜TFDA 化粧品安全評估人員訓練合格證書、美國 NAHA
國際芳療師認證

經歷｜經國管理暨健康學院化妝品應用系兼系主任

現職｜經國管理暨健康學院美容流行設計系副教授

詹馥妤

學歷｜國立臺灣師範大學健康教育與公衛所博士

資歷｜化妝品產業自 1993 年～迄今

現職｜化妝品科技講師
聯妤生化科技有限公司、妃欄詩亞化妝品有限公司負責人

研發專利｜感溫美膚模組新型第 M514843 號 2015
法國新型專利 Module cosmétique thermosensible
16/54493

Principles of Cosmetics

目 錄 *Contents*

Chapter

01

化妝品簡介

本章大綱

前 言

　　近來化妝品的開發，已脫離過去傳統的需求，逐漸走向多元化的層面，結合了皮膚醫學、生命科學、生物學、生化學、化學、心理學等領域。發展出具有溫和療效的機能性化妝品，不再像早期美容化妝品，只是一種希望和夢想。

 1-1　化妝品的高科技應用

　　產品的單一功效已無法滿足消費群眾的期待，如：(1)護膚用品：必須結合療效，能改善皮膚形態、消除細紋、美白及延緩老化的訴求重點；(2)護髮用品：洗淨頭髮、能改善頭髮頭皮細胞功能、抗靜電、柔軟、防曬、防止分叉及斷裂；(3)彩妝用品：機能性顏料與粉體的開發，改善彩妝用品的撥水性、撥油性、保濕性、防曬性、安定性、延展性、吸附性、持久性…等；(4)瘦身用品：達到局部塑身、緊膚的功效。因此化妝品科技的研發、新原料的開發必須推陳出新以及使用儀器評估產品使用前後的功能性差異等，現階段包括：

1. **化妝品活性成分的開發**：維生素 A、維生素 E、維生素原 B_5、果酸、A 酸、神經醯胺、矽利康、超微粒二氧化鈦、玻尿酸、氧化鈦／雲母珠光顏料、微脂粒、天然動物組織萃取液、植物萃取液等原料。

2. **有效性的評估技術**：影像分析儀、微分色度計、皮膚彈力計、皮膚皮脂、水分測量儀等較精密的儀器，對皮膚表面形態、膚色及生理狀態做評估，證明化妝品使用後的有效性。

3. **乳化分散製劑的製造技術**：從過去的 W/O 型、O/W 型乳劑，發展到非水溶液乳化。凝膠乳化、微乳化等，以及活性成分的傳遞系統，如微脂粒、液晶等，都被陸續研發出來，藉以改善化妝品的有效性與療效。

　　現今化妝品的使用越趨於藥妝效果的呈現，輔助醫學美容治療皮膚狀況的改善獲得肯定；另外，生物技術和材料製劑的生產加工技術日趨成熟，使化妝品產

業能有效廣泛的應用，不僅提高化妝品種類，也使化妝品的安全性、有效性及品質顯著提升。常見的功能性化妝品成分有：

1. **改善皺紋和細紋**：大豆植物類黃酮、綠茶多酚、茄紅素類胡蘿蔔素、蝦青素、鞣花酸多酚、Q_{10}、艾地苯、菸鹼醯胺(B_3)、細胞生長因子、訊息胜肽、神經傳導胜肽等原料。

2. **改善臉部敏感發紅**：蘆薈萃取液、洋甘菊沒藥醇、植物多酚、Pseudo Pterosin A、Cyclocortisone、甘草酸等原料。

3. **淡化色斑美白**：苦杏仁酸、胜肽酸、菸鹼醯胺(B_3)、熊果素、麴酸（酯）、傳明酸、維生素 C 酯、杜鵑花酸、奈米二氧化鈦、奈米氧化鋅等原料。

4. **控油平衡膚質**：菸鹼醯胺(B_3)、孔洞氧化矽、水楊酸、大豆雌激素、木瓜酵素、植物單寧等原料。

1-2　化妝品的分類

　　依據《化粧品衛生安全管理法》（民國 107 年 05 月 02 日修正公告）第三條，我國對化妝品之定義為：「指施於人體外部、牙齒或口腔黏膜，用以潤澤髮膚、刺激嗅覺、改善體味、修飾容貌或清潔身體之製劑。但依其他法令認屬藥物者，不在此限。」衛生福利部 108 年 5 月 28 日衛授食字第 1071610115 號函公告「化粧品範圍及種類表」（如表 1-1），除第十四項「非藥用牙膏、漱口水類」自 110 年 7 月 1 日生效外，其餘自 108 年 7 月 1 日生效。

表 1-1　化粧品範圍及種類表

一、洗髮用化粧品類	洗髮精、洗髮乳、洗髮霜、洗髮凝膠、洗髮粉、其他
二、洗臉卸粧用化粧品類	洗面乳、洗面霜、洗面凝膠、洗面泡沫、洗面粉、卸粧油、卸粧乳、卸粧液、其他
三、沐浴用化粧品類	沐浴油、沐浴乳、沐浴凝膠、沐浴泡沫、沐浴粉、浴鹽、其他
四、香皂類	香皂、其他
五、頭髮用化粧品類	頭髮滋養液、護髮乳、護髮霜、護髮凝膠、護髮油、造型噴霧、定型髮霜、髮膠、髮蠟、髮油、潤髮劑、髮表著色劑、染髮劑、脫色、脫染劑、燙髮劑、其他
六、化粧水／油／面霜乳液類	化粧水、化粧用油、保養皮膚用乳液、保養皮膚用乳霜、保養皮膚用凝膠、保養皮膚用油、剃鬍水、剃鬍膏、剃鬍泡沫、剃鬍後用化妝水、剃鬍後用面霜、護手乳、護手霜、護手凝膠、護手油、助曬乳、助曬霜、助曬凝膠、助曬油、防曬乳、防曬霜、防曬凝膠、防曬油、糊狀（泥膏狀）面膜、面膜、其他
七、香氛用化粧品類	香水、香膏、香粉、爽身粉、腋臭防止劑、其他
八、止汗制臭劑類	止汗劑、制臭劑、其他
九、唇用化粧品類	唇膏、唇蜜、唇油、唇膜、其他
十、覆敷用化粧品類	粉底液、粉底霜、粉膏、粉餅、蜜粉、臉部（不包含眼部）用彩妝品、定粧定色粉、定粧定色劑、其他
十一、眼部用化粧品類	眼霜、眼膠、眼影、眼線、眼部用卸粧油、眼部用卸粧乳、眼膜、睫毛膏、眉筆、眉粉、眉膏、眉膠、其他
十二、指甲用化粧品類	指甲油、指甲油卸除液、指甲用乳、指甲用霜、其他
十三、美白牙齒類	牙齒美白劑、牙齒美白牙膏
十四、非藥用牙膏、漱口水類	非藥用牙膏、非藥用漱口水

1-3 市面常見的化妝品

一、清潔用化妝品

1. **香皂**：植物香皂，溫和洗淨及清除身體汙垢。

2. **洗面皂**：清潔與清除臉部汙垢和油脂。

3. **酵素洗面霜**：含有鳳梨或木瓜酵素，幫助表皮老舊角質的去除，促進表皮代謝的正常。

4. **洗髮精**：清除、洗淨頭髮的汙垢。

5. **滋養洗髮精**：洗淨頭髮的汙垢，滋潤髮絲和滋養髮根，強化髮質。

6. **雙效合一洗髮精**：具清潔及使頭髮柔順好梳理的洗髮精。

7. **專用洗髮精**：針對油性、中性、乾性等不同髮質的洗髮精。

8. **藥用洗髮精**：抗頭皮屑、止癢功能的洗髮精。

二、保養用化妝品

1. **柔軟化妝水**：軟柔角質，潤澤皮膚。

2. **收斂化妝水**：收斂毛孔，潤澤皮膚。

3. **保濕調理水**：調理、保持肌膚水分。

4. **卸妝清潔霜**：溶解並去除彩妝及汙垢，具柔嫩、滋養肌膚功效。

5. **清潔柔軟水**：清潔深層汙垢，柔軟皮膚。

6. **滋潤爽膚水**：溫和收斂肌膚，調節油脂分泌，平衡皮膚的 pH 值。

7. **乳液**：供給皮膚水分、油分，具皮膚滋潤效果。

8. **日霜**：在白天提供皮膚防曬、保濕的營養霜，保護肌膚。

9. **晚霜**：提供皮膚機能性活性成分及營養，利用皮膚在晚間的修護，促進皮膚吸收有效成分，改善膚質。

10. **嫩白修護霜**：淡化黑色素，消炎、鎮靜、修護受損細胞。

11. **滋養霜**：充分滋養肌膚，改善肌膚細紋。

12. **活膚霜**：溫和去除角質，收斂毛孔，幫助改善膚質。

13. **果酸乳液**：刺激皮膚角質形成細胞再生，減少皺紋，調節油脂分泌。

14. **抗痘乳霜**：深入皮膚，制菌、消腫、促進傷口癒合。

15. **防曬隔離霜**：有效隔離紫外線，同時具備妝前打底及調整膚色。

16. **眼霜**：滋養眼部肌膚，舒緩眼部腫脹及減少眼袋產生。

17. **膠原蛋白面膜**：可使肌膚立即達到保濕、淡化細紋、美白、促進新陳代謝。

18. **眼袋敷蓋片**：促進眼部血液循環、消除水腫、黑眼圈。

三、彩妝用化妝品

1. **粉底液**：美化膚色、修飾臉部瑕疵。

2. **粉底霜**：美化膚色、修飾臉部瑕疵、粉體含量較粉底液高。

3. **兩用粉餅**：含有天然保濕因子，有滋潤保濕的效果，兼具美化膚色，修飾臉部瑕疵。

4. **遮瑕膏**：快速有效掩蓋瑕疵、遮蓋力強。

5. **蜜粉**：可定妝，減少臉部油光、增加臉部透明度。

6. **粉餅**：在粉底霜用後用來定妝及補妝。

7. **修容粉餅**：臉部呈現自然的立體妝效，少量使用能使肌膚有透明細緻的感覺。

8. **腮紅**：修飾輪廓，增加立體感，呈現自然健康膚色。

9. **眼影**：修飾眼睛、創造眼部彩妝的神奇。

10. **亮彩眼影**：含珍珠光澤的眼影，增加眼部閃亮效果。

11. **睫毛膏**：滋潤並保護睫毛，使其看起濃密捲長。

12. **眼線筆**：描繪眼線，使眼睛明亮動人。

13. **潤眉筆**：描繪眉型，增加臉部立體感。

14. **唇部修護膏**：保養唇部來防止唇部乾燥、脫皮，使其柔軟平滑。

15. **口線筆**：勾勒出完整且清礎的唇部輪廓。

16. **固定唇線筆**：防止口紅暈開。

17. **口紅**：提供雙唇色彩兼滋潤柔軟。

18. **持久型口紅**：一種防水的口紅，較不易褪色。

四、頭髮用化妝品

1. **潤絲精**：抗靜電，使頭髮柔順好梳理、有光澤。

2. **護髮護液**：滋養髮根，使頭髮柔順滑潤，形成一層保護膜。

3. **滋養水**：促進毛髮生長、防止掉髮。

4. **護髮霜**：滋養髮絲，使頭髮柔順。

5. **護髮定型液**：使頭髮定型。

6. **護髮造型液**：塑造出各種型態的髮型。

7. **造型慕斯**：方便造型不黏膩。

8. **髮膠**：可塑造出各種髮型。

9. **燙髮液**：利用化學藥水與頭髮產生氧化還原反應，方便頭髮造型。

10. **染髮膏**：有利提供頭髮各種色彩。

五、身體用化妝品

1. **沐浴乳**：溫和洗淨身體表皮的汙垢。

2. **沐浴鹽**：軟化水質，洗後清新舒暢。

3. **沐浴膠**：透明狀的溫和滋潤身體清潔用品。

4. **磨砂沐浴乳**：洗淨身體表皮的汙垢及清除身體老化角質。

5. **美體緊膚霜**：超強滲透，強化彈性纖維活性，改善浮肉，重建肌膚的彈性。

6. **美體磨砂膏**：溫和去除老化角質，改善身體粗糙、暗沉。

7. **美體瘦身霜**：分解體內局部過多的脂肪，促進微循環，改善浮肉。

8. **身體滋潤乳液**：身體清潔後，均勻塗抹，可強化皮膚保濕、滋潤。

9. **美體豐胸霜**：改善淋巴循環，刺激組織再生，使胸部更具豐實感。

10. **瞬間脫毛蠟**：利用物理方法將毛拔除。

11. **香水**：增加身體的香味。

12. **芳香精油**：經由芳香療法，可改善膚質及安撫情緒的植物萃取成分。

13. **滋潤按摩霜**：以淋巴按摩法按壓身體，使按摩霜的有效成分帶入，達到滋潤效果。

1-4 化妝品的選用

一、根據不同季節

季節的改變會影響皮膚的保養方式，因此換季時選擇不同的化妝品，才能使皮膚在四季始終保持最佳狀態。

1. 春季

春季氣候溫差變化大，皮脂腺和汗腺調節平衡不易，此時的皮膚較為敏感。天氣轉暖，皮脂分泌過盛，加上細菌滋生，此時的皮膚易生毛囊炎、粉刺及痤瘡等。

選用溫和配方清潔皮膚、抑菌保濕化妝水，外出注意防曬。

2. 夏季

皮膚新陳代謝速度快，皮脂、汗液分泌多，細菌容易繁殖，導致痘痘肌發炎性皮膚，也容易產生光照的問題肌膚。選用控油潔膚產品，乾性皮膚宜注意保濕不過度清潔、去脂，須提升防曬強度及注意日照後的夜間修復與保養，宜使用鎮定、美白、保濕和抗氧化的化妝品。

3. 秋季

延續夏季的高溫，但早晚溫差加大，皮膚的新陳代謝漸弱，皮脂分泌減少，皮膚變得較敏感，需加強皮膚保養。曬傷的皮膚，在秋季會變得更加乾燥、粗糙、

易產生色素沉澱及皺紋。宜選用溫和潔膚、去角質、面膜、保濕及美白等功效產品，滋養與修復肌膚。平日仍需注意防曬。

4. 冬季

天氣變得寒冷，皮膚新陳代謝減弱，皮脂腺和汗腺分泌減少，皮膚顯得乾燥、緊繃。宜選用較溫和潔膚乳清潔皮膚，洗臉水溫不要過高，以防過度去脂。使用含有高油脂、質地滋潤的營養霜，以加強皮膚屏障。

二、根據不同年齡層

從出生到老年，人體皮膚發生著劇烈的變化，由於表皮的功能、皮脂腺及汗腺的分泌都會隨年齡的增長而不同，從而表現出不同的皮膚生理狀態。因此，在選用化妝品時，有必要考慮到肌膚的年齡層。

1. 嬰幼兒期

嬰幼兒皮膚柔嫩、敏感，吸收性比成人好，對過敏物質或刺激物的反應也較強烈，受到刺激容易引發各種皮膚疾患。所以，對於 3 歲以下的嬰幼兒，選擇則要特別謹慎。針對問題肌膚改善宜選用不含香精、酒精及法規禁用等刺激性成分；氣候乾冷皮膚乾燥，可使用滋潤的乳液加強保濕，減少經皮水分流失。防曬應從嬰幼兒開始，選用針對嬰幼兒皮膚特性而設計的防曬乳，產品應具有高遮蔽性、高安全性、低刺激性等特點。

2. 青春期

進入青春期後，皮脂腺分泌旺盛，角質形成細胞代謝快速，真皮層結締組織也開始增多，因此，這個時期的皮膚狀態最好，皮膚顯得彈性、柔韌。但是，由於青春期性激素分泌增加，皮脂腺分泌旺盛，皮膚開始出現粉刺、痤瘡、毛囊炎等症狀。皮膚宜加強清潔、控油、保濕和防曬。戶外運動應根據活動屬性、場所和光照強度與時間，挑選不同等級防曬效能的產品。

3. 中年時期

隨著年齡的增大，皮膚特徵主要是缺乏水分，彈性退化。皮膚顯得乾燥，失去光澤和紅潤，皮膚鬆弛，出現皺紋及色素沉澱的黑斑。此階段年齡宜選用一些具保濕、防曬及富含營養滋潤成分的抗老化產品。

4. 老年時期

皮膚開始衰老，60 歲以後皮膚老化更加明顯，出現皮膚變薄，乾燥暗沉、鬆弛皺紋，彈性減退，色素沉澱等。保養時不要過度使用清潔用產品，避免破壞脆弱的皮膚屏障。選擇含油脂較多及功能性原料的營養霜滋潤皮膚，同時選擇防曬與美白產品，淡化色斑。最後加強使用含抗氧化及促進真皮層組織增生的產品，如維生素 E、維生素 C、類黃酮、多酚、胜肽及其他抗老化成分等。

三、化妝品的使用

1. 不同膚質

缺乏油脂和水分的乾性皮膚或敏感性皮膚不宜用肥皂洗臉避免過度去脂，適合使用溫和弱酸性的洗面乳，水溫 30°C 合宜。洗臉後，加強滋潤、保濕，盡量避免刺激配方。夏天可選用偏物理性防曬產品，減少日曬及經皮水分流失，因為缺乏水分的乾性皮膚，易起皮屑和皺紋。中性皮膚是理想的皮膚類型，水分和皮脂分泌適中，皮膚細緻紋理清晰，對外界刺激較為耐受，化妝品的選擇範圍比較大，一般以保濕為主，保養時化妝品的選用應注意隨季節變化而轉換。油性皮膚皮脂分泌多，毛孔粗大及粉刺、痤瘡增生，所以保養時宜加強肌膚清潔、適當弱酸性產品去角質，預防毛孔角質阻塞，每日洗臉早晚 1 次，不宜塗抹油性保養品和易阻塞毛孔的彩妝用品，若有使用粉體或彩妝用品務必做好卸妝清潔。混合性皮膚選用化妝品時可參考乾性、中性或油性皮膚的選擇方法。面部 T 字部位按油性皮膚處理，其他 U 字部位用中性或乾性皮膚使用的化妝品清潔、保養。

2. 化妝品使用順序

化妝品的使用順序是參考產品的劑型來選擇它的順序，皮膚清潔後，水性溶液可在最前面使用，油性成分越高的就放在最後使用。如保濕水、化妝水、精華液等水型護膚產品最先使用；而凝膠類有緊膚、縮小毛孔的化妝品則可在精華液之後使用；最後才使用一些乳液或者是乳霜劑型的保養品。含油性高及黏膩的油性劑型保養品會在皮膚表面形成封閉性的保護膜，不利於其他保養品的營養或功能性成分吸收或水性配方劑型的滲入。

3. 不同類型產品

　　清潔類化妝品的使用頻率依個人膚質及工作環境、性質而異，一般每天 1~2 次，皮膚敏感者可適當減少。將清潔劑如洗面乳塗覆於皮膚後，運用手指（中指、無名指）打圈 1~2 分鐘，再用清水沖洗皮膚油漬汗垢。護膚類產品含有豐富的營養物質，使用時依正確使用方法及避免產品二次汙染變質。塗抹時，由下而上、內向外、均勻地塗抹，同時搭配輕柔的按摩，可促進化妝品中的營養成分的經皮吸收。防曬化妝品依個人使用時流汗狀態及產品防水性，依產品使用說明規範適當調整補充次數反覆塗抹，以達到最好的防曬效果。使用防曬品後皮膚要及時清洗，避免過長時間的使用，以防堵塞毛孔，引起痤瘡、過敏等皮膚問題。精華液含萃取的天然動、植物活性成分，改善皮膚生理機能，分別有保濕、美白、緊膚、抗皺等功效。精華液在皮膚清潔後或均勻塗抹化妝水後使用。取適量精華液先由面部的中間開始，由下而上、內向外、均勻地塗抹，同時搭配輕柔的按摩，可促進化妝品中的營養成分的經皮吸收；額頭部分單方向由下往上塗抹並按揉。透過這種按摩手法，可促進臉部的輪廓緊緻。化妝水能增加皮膚濕度，有利於精華液成分滲透。精華液使用順序，一般先用質地較稀薄，再後用濃稠的劑型。

1-5　化粧品標示宣傳廣告涉及虛偽誇大或醫療效能詞句例示

　　避免美容化妝品市場對產品誇大不實的宣傳亂象，及基於保護消費者的立場，105 年 9 月 6 日部授食字第 1051607584 號公告修正《化粧品得宣稱詞句例示及不適當宣稱詞句例示》，已規定於 108 年 6 月 4 日衛授食字第 1081201387 號令發布訂定之「化粧品標示宣傳廣告涉及虛偽誇大或醫療效能認定準則」且於 108 年 7 月 1 日施行，爰旨揭公告自即日停止適用。化粧品之標示、宣傳或廣告，如表述 1-2~1-4 內容有下列情形之一者，認定為涉及虛偽或誇大；若如表述 1-5 內容者，則認定為涉及醫療效能。

表 1-2　涉及影響生理機能或改變身體結構之詞句

1. 活化毛囊
2. 刺激毛囊細胞
3. 增加毛囊角質細胞增生
4. 刺激毛囊讓髮絲再次生長不易脫落
5. 刺激毛囊不萎縮
6. 堅固毛囊刺激新生秀髮
7. 增強（增加）自體免疫力
8. 增強淋巴引流
9. 改善微血管循環、功能強化微血管、增加血管含氧量提高肌膚帶氧率
10. 促進細胞活動、深入細胞膜作用、減弱角化細胞、刺激細胞呼吸作用，提高肌膚細胞帶氧率
11. 進入甲母細胞和甲床深度滋潤
12. 刺激增長新的健康細胞、增加細胞新陳代謝
13. 促進肌膚神經醯胺合成
14. 維持上皮組織機能的運作
15. 放鬆肌肉牽引、減少肌肉牽引
16. 重建皮脂膜、重建角質層
17. 促進（刺激）膠原蛋白合成、促進（刺激）膠原蛋白增生
18. 有效預防落髮／抑制落髮／減少落髮、有效預防掉髮／抑制掉髮／減少掉髮
19. 頭頂不再光禿禿、頭頂不再光溜溜
20. 避免稀疏、避免髮量稀少問題
21. 預防（防止）肥胖紋、預防（防止）妊娠紋、緩減妊娠紋產生
22. 瘦身、減肥
23. 去脂、減脂、消脂、燃燒脂肪、減緩臀部肥油囤積
24. 預防脂肪細胞堆積
25. 刺激脂肪分解酵素
26. 纖（孅）體、塑身、雕塑曲線
27. 消除掰掰肉、消除蝴蝶袖、告別小腹婆
28. 減少橘皮組織
29. 豐胸、隆乳、使胸部堅挺不下垂、感受托高集中的驚人效果
30. 漂白、使乳暈漂成粉紅色
31. 消除浮腫
32. 不過敏、零過敏、減過敏、抗過敏、舒緩過敏、修護過敏、過敏測試
33. 醫藥級
34. 鎮靜劑、鎮定劑

表 1-3　通常得使用之詞句例示或類似之詞句

種類	品目範圍	通常得使用之詞句例示或類似之詞句
一、洗髮用化粧品類	(一)洗髮精、洗髮乳、洗髮霜、洗髮凝膠、洗髮粉 (二)其他	1. 清潔毛髮頭皮髒汙、清潔毛孔髒汙 2. 滋潤／調理／活化／活絡／舒緩／強化滋養／強健髮根 3. 滋潤／調理／活化／活絡／舒緩／強化滋養頭皮 4. 滋潤／調理／活化／活絡／舒緩／強化滋養頭髮 5. 滋潤／調理／活化／活絡／舒緩／強化滋養毛髮 6. 滋潤／調理／活化／活絡／舒緩／強化滋養髮質 7. 防止髮絲分叉、防止髮絲斷裂 8. 調理因洗髮造成之靜電失衡，使頭髮易於梳理 9. 防止（減少）毛髮帶靜電 10. 補充（保持）頭髮水分、補充（保持）頭髮油分 11. 使頭髮柔順富彈性 12. 防止（去除）頭皮之汗臭／異味／不良氣味 13. 防止（去除）頭髮之汗臭／異味／不良氣味 14. 使濃密、粗硬之毛髮更柔軟，易於梳理 15. 保持／維護／維持／調理頭皮的健康（良好狀態） 16. 保持／維護／維持／調理頭髮的健康（良好狀態） 17. 使頭髮呈現豐厚感、使頭髮呈現豐盈感、毛髮蓬鬆感（非指增加髮量） 18. 頭皮清涼舒爽感 19. 使秀髮氣味芳香 20. 使用時散發淡淡○○○（如玫瑰）香氣，可舒緩您的壓力 21. 回復年輕光采、晶亮光澤、青春的頭髮、呈現透亮光澤、迷人風采、迷人光采（彩）、清新、亮麗、自然光采（彩）、自然風采 22. 去除多餘油脂、控油、抗屑*1 23. 其他類似之詞句
二、洗臉卸粧用化粧品類	(一)洗面乳、洗面霜、洗面凝膠、洗面泡沫、洗面粉 (二)卸粧油、卸粧乳、卸粧液 (三)其他	1. 清潔肌膚、滋潤肌膚、調理肌膚、去除髒汙 2. 去角質、促進角質更新代謝 3. 淨白（嫩白）肌膚、美白肌膚、亮白肌膚、白皙 4. 去除多餘油脂、控油、抗痘*1*2 5. 使用時散發淡淡○○○（如玫瑰）香氣，可舒緩您的壓力 6. 促進肌膚新陳代謝 7. 展現肌膚自然光澤 8. 通暢毛孔、緊緻毛孔、淨化毛孔、收斂毛孔

🖌 表 1-3　通常得使用之詞句例示或類似之詞句（續）

種類	品目範圍	通常得使用之詞句例示或類似之詞句
		9. 使人放鬆的〇〇〇香氛 10. 晶亮光澤、青春的容顏、呈現透亮光澤、均勻膚色、清新、亮麗、細緻肌膚、恢復生機、肌膚乾爽／平滑／柔嫩感、幫助維持肌膚健康（良好狀態）、幫助肌膚呼吸 11. 其他類似之詞句
三、沐浴用化粧品類	(一)沐浴油、沐浴乳、沐浴凝膠、沐浴泡沫、沐浴粉 (二)浴鹽 (三)其他	1. 清潔肌膚、滋潤肌膚、調理肌膚、去除髒汙 2. 去角質、促進角質更新代謝 3. 淨白（嫩白）肌膚、美白肌膚、亮白肌膚、白皙 4. 去除多餘油脂、控油、抗痘*1*2、保濕*1 5. 使用時散發淡淡〇〇〇（如玫瑰）香氣，可舒緩您的壓力 6. 促進肌膚新陳代謝 7. 展現肌膚自然光澤 8. 通暢毛孔、緊緻毛孔、淨化毛孔、收斂毛孔 9. 使人放鬆的〇〇〇香氛 10. 晶亮光澤、青春的容顏、呈現透亮光澤、均勻膚色、清新、亮麗、細緻肌膚、恢復生機、肌膚乾爽／平滑／柔嫩感、幫助維持肌膚健康（良好狀態）、幫助肌膚呼吸 11. 其他類似之詞句
四、香皂類	(一)香皂 (二)其他	1. 清潔肌膚、滋潤肌膚、調理肌膚、去除髒汙 2. 去角質、促進角質更新代謝 3. 淨白（嫩白）肌膚、美白肌膚、亮白肌膚、白皙 4. 去除多餘油脂、控油、抗痘*1*2、保濕*1 5. 使用時散發淡淡〇〇〇（如玫瑰）香氣，可舒緩您的壓力 6. 促進肌膚新陳代謝 7. 展現肌膚自然光澤 8. 通暢毛孔、緊緻毛孔、淨化毛孔、收斂毛孔 9. 使人放鬆的〇〇〇香氛 10. 晶亮光澤、青春的容顏、呈現透亮光澤、均勻膚色、清新、亮麗、細緻肌膚、恢復生機、肌膚乾爽／平滑／柔嫩感、幫助維持肌膚健康（良好狀態）、幫助肌膚呼吸 11. 其他類似之詞句

表 1-3 通常得使用之詞句例示或類似之詞句（續）

種類	品目範圍	通常得使用之詞句例示或類似之詞句
五、頭髮用化粧品類	(一)頭髮滋養液、護髮乳、護髮霜、護髮凝膠、護髮油 (二)造型噴霧、定型髮霜、髮膠、髮蠟、髮油 (三)潤髮劑 (四)髮表著色劑 (五)染髮劑 (六)脫色、脫染劑 (七)燙髮劑 (八)其他	1. 滋潤／調理／活化／活絡／強化滋養／強健髮根 2. 滋潤／調理／活化／活絡／強化滋養頭皮 3. 滋潤／調理／活化／活絡／強化滋養頭髮 4. 滋潤／調理／活化／活絡／強化滋養毛髮 5. 滋潤／調理／活化／活絡／強化滋養髮質 6. 防止髮絲分叉、防止髮絲斷裂 7. 調理因洗髮造成之靜電失衡，使頭髮易於梳理 8. 防止（減少）毛髮帶靜電 9. 補充（保持）頭髮水分、補充（保持頭髮）油分 10. 使（增加）頭髮柔順富彈性頭髮 11. 防止頭皮之汗臭／異味／不良氣味 12. 防止頭髮之汗臭／異味／不良氣味 13. 減少頭髮不良氣味 14. 保持（維護）頭皮的健康、保持（維護）頭髮的健康 15. 使秀髮氣味芳香 16. 使用時散發淡淡○○○（如玫瑰）香氣，可舒緩您的壓力 17. 保濕、護色、增添髮色光澤 18. 改善（修護）毛躁髮質、改善（修護）乾燥髮質 19. 塑型、造型、定型、頭髮強韌 20. 捲髮、直髮、改善髮流 21. 毛髮蓬鬆感／毛髮豐盈感／毛髮空氣感／毛髮輕盈感（皆非指增加髮量） 22. 強化（滋養）髮質、回復年輕光采、晶亮光澤、青春的頭髮、呈現透亮光澤、迷人風采（光采）、清新、亮麗、自然光采（風采） 23. 其他類似之詞句

🖌 表 1-3　通常得使用之詞句例示或類似之詞句（續）

種類	品目範圍	通常得使用之詞句例示或類似之詞句
六、化粧水／油／面霜乳液類	（一）化粧水、黏液狀化粧水、化粧用油 （二）保養皮膚用乳液、乳霜、凝膠、油 （三）剃鬍水、剃鬍膏、剃鬍泡沫 （四）剃鬍後用化粧水、剃鬍後用面霜 （五）護手乳、護手霜、護手凝膠、護手油 （六）助曬乳、助曬霜、助曬凝膠、助曬油 （七）防曬乳、防曬霜、防曬凝膠、防曬油 （八）糊狀（泥膏狀）面膜 （九）面膜 （十）其他	1. 防止肌膚粗糙、預防乾燥、舒緩肌膚乾燥、預防皮膚乾裂、減少肌膚乾澀、減少肌膚脫屑、減少肌膚脫皮 2. 清潔／柔軟／滋潤／潔淨／緊緻／調理／淨白／保護／光滑／潤澤／滋養／柔嫩／水嫩／活化／賦活／安撫／舒緩／緊實／修復／修護／呵護／防護肌膚 3. 通暢毛孔、緊緻毛孔、淨化毛孔、收斂毛孔 4. 保持（維持）肌膚健康（良好狀態） 5. 調理肌膚油水平衡、平衡肌膚油脂分泌、控油、抗痘*1*2 6. 形成肌膚保護膜 7. 提升肌膚舒適度 8. 柔白、亮白、嫩白、美白、皙白、改善暗沉 9. 水嫩、補水、鎖水、保水、保濕、使肌膚留住／維持水分 10. 調理刮鬍後之皮膚 11. 調理肌膚紋路、使肌膚回復柔順平和的線條（輪廓線） 12. 提升肌膚對環境傷害的保護力、增強（強化）肌膚的防禦力／抵抗力／保護力／防護能力、增強（強化）表皮的防禦力／抵抗力／保護力／防護能力 13. 舒緩肌膚（乾燥）不適感、舒緩肌膚壓力、舒緩疲倦的肌膚 14. 使肌膚散發香味、使肌膚散發光彩（采） 15. 美化胸部肌膚 16. 維持肌膚彈性、回復肌膚彈性、恢復肌膚彈性、使肌膚有光澤、使肌膚由內而外恢復光澤亮麗 17. 延緩（防止）肌膚老化、延緩（防止）肌膚衰老 18. 淡化（撫平）皺紋、淡化（撫平）細紋、淡化（撫平）紋路 19. 使用時散發淡淡○○○（如玫瑰）香氣，可舒緩您的壓力 20. 肌膚清爽、清涼感 21. 飽滿（彈力）肌膚 22. 幫助／改善／淡化／調理黑眼圈*1、幫助／改善／淡化／調理熊貓眼*1、幫助／改善／淡化／調理泡泡眼*1 23. 俏顏（於註明「配合按摩使用」後，始得加註） 24. 晶亮光澤、青春的容顏、呈現透亮光澤、重返青春、重返年輕、對抗肌膚老化、少女般的美麗（青春）、迷人風采、迷人光采（彩）、均勻膚色、美體、清新、亮麗、細緻肌膚（毛孔）、自然光采（彩）、自然風采、幫助維持肌膚健康（良好狀態） 25. 緊俏、豐潤肌膚 26. 其他類似之詞句

🖊️ 表 1-3　通常得使用之詞句例示或類似之詞句（續）

種類	品目範圍	通常得使用之詞句例示或類似之詞句
七、香氛用化粧品類	(一)香水、香膏、香粉 (二)爽身粉 (三)腋臭防止劑 (四)其他	1. 維持肌膚乾爽 2. 保護（滋潤）皮膚、保護（滋潤）肌膚 3. 修飾容貌（膚色） 4. 使用時散發淡淡○○○（如玫瑰）香氣，可舒緩您的壓力 5. 肌膚香味怡人 6. 緩解肌膚黏膩感 7. 遮蓋肌膚油光 8. 使肌膚呈現細緻 9. 掩飾體味 10. ○○精油有著○○香氣（因產品香味而導致之效果可視其表現方式予以刊登） 11. 其他類似之詞句
八、止汗制臭劑	(一)止汗劑 (二)制臭劑 (三)其他	1. 止汗、減少汗漬（黃印）、清新乾爽 2. 制臭、抗異味、掩飾（減少）體味 3. 其他類似之詞句
九、唇用化粧品類	(一)唇膏、唇線筆 (二)唇蜜、唇油 (三)唇膜 (四)其他	1. 保護肌膚 2. 修飾美化膚色、修飾容貌 3. 遮蓋斑點／皺紋／細紋／瑕疵／疤痕 4. 防止嘴唇乾裂、保護嘴唇，預防乾燥、滋潤嘴唇、使嘴唇光滑、撫平嘴唇細紋、保持（維護）嘴唇健康、使唇部水潤（豐潤） 5. 使用時散發淡淡○○○（如玫瑰）香氣，可使心情愉快 6. 立體臉部肌膚輪廓、修飾立體唇部肌膚 7. 潤色、隔離、均勻膚色 8. 增添肌膚晶亮光澤、提亮肌膚色澤 9. 粧感好氣色 10. 自然光采（彩）、自然風采、自然膚色 11. 其他類似之詞句

表 1-3　通常得使用之詞句例示或類似之詞句（續）

種類	品目範圍	通常得使用之詞句例示或類似之詞句
十、覆敷用化粧品類	(一)粉底液、粉底霜 (二)粉膏、粉餅 (三)蜜粉 (四)臉部（不包含眼部）用彩粧品 (五)定粧定色粉、劑 (六)其他	1. 保護肌膚 2. 修飾美化膚色、修飾容貌 3. 遮蓋斑點／皺紋／細紋／瑕疵／疤痕／粗大毛孔／黑眼圈／痘疤、填補凹凸不平之毛孔 4. 使用時散發淡淡○○○（如玫瑰）香氣，可使心情愉快 5. 立體臉部肌膚輪廓、修飾立體唇部肌膚 6. 潤色、隔離、均勻膚色 7. 使眼周肌膚更具深邃感 8. 增添肌膚晶亮光澤、提亮肌膚色澤 9. 粧感好氣色 10. 自然光采（彩）、自然風采、自然膚色 11. 其他類似之詞句
十一、眼部用化粧品類	(一)眼霜、眼膠 (二)眼影 (三)眼線 (四)眼部用卸粧油、眼部用卸粧乳 (五)眼膜 (六)睫毛膏 (七)眉筆、眉粉、眉膏、眉膠 (八)其他	1. 保護肌膚 2. 修飾美化膚色、修飾容貌 3. 遮蓋斑點／皺紋／細紋／瑕疵／疤痕／粗大毛孔／黑眼圈／痘疤、填補凹凸不平之毛孔 4. 使用時散發淡淡○○○（如玫瑰）香氣，可使心情愉快 5. 立體臉部肌膚輪廓、修飾立體唇部肌膚 6. 潤色、隔離、均勻膚色 7. 使眼周肌膚更具深邃感 8. 增添肌膚晶亮光澤、提亮肌膚色澤 9. 粧感好氣色 10. 描繪線條美化眼部肌膚 11. 使睫毛有濃密纖長感、放大眼神、使眼神具深邃感 12. 自然光采（彩）、自然風采、自然膚色 13. 其他類似之詞句
十二、指甲用化粧品類	(一)指甲油 (二)指甲油卸除液 (三)指甲用乳、指甲用霜 (四)其他	1. 保護指甲 2. 維護／維持／保持指甲健康 3. 美化指甲外觀 4. 脫除指甲油 5. 加強指緣保濕 6. 散發香氛 7. 強韌指甲 8. 增加指甲的亮度 9. 修護（改善）指甲 10. 其他類似之詞句

表 1-3 通常得使用之詞句例示或類似之詞句（續）

種類	品目範圍	通常得使用之詞句例示或類似之詞句
十三、美白牙齒類	（一）牙齒美白劑 （二）牙齒美白牙膏	1. 美白 2. 其他類似之詞句
十四、非藥用牙膏、漱口水類	（一）非藥用牙膏 （二）非藥用漱口水	於註明「配合正確刷牙習慣」後，始得宣稱。 1. 清潔牙齒／潔齒 2. 潔白牙齒／淨白牙齒／亮白牙齒／幫助牙齒恢復自然白淨／幫助恢復牙齒自然齒色／恢復、展現牙齒自然光澤／幫助回復牙齒自然亮／淨／潔白 3. 清新口氣／幫助保持口氣清新 4. 預防口腔異味／幫助減少口臭／幫助去除口中異味／幫助去除（對抗）不良或壞口氣 5. 保持口腔健康／清潔口腔／淨化口腔／保持口腔潔淨／幫助維護牙齒健康／幫助保護口腔健康／幫助強化口腔健康／幫助促進口腔健康／幫助改善口腔健康／幫助去除飲食後口中黏膩感 6. 幫助去除牙漬／幫助減輕牙漬（垢）／幫助移除牙漬（垢）／幫助減少牙漬（垢）附著／幫助去除煙垢／茶漬／有色污垢／外源性色斑 7. 幫助去除牙菌斑／幫助對抗牙菌斑／幫助清除牙菌斑 8. 降低牙周病發生率 9. 美白牙齒*2 10. 其他類似之詞句
十五、其他及綜合性內容		1. 抗菌*1 2. 草本、植萃 3. 減緩（舒緩）因乾燥引起的皮膚癢、減緩（舒緩）因乾燥引起的皮膚敏感、減緩（舒緩）因乾燥引起的皮膚泛紅 4. 芳香調理 5. 放鬆心情或使人放鬆 6. 有機○○成分*3 7. 天然○○成分*4 8. 揭示有機或天然驗證機構之名稱或標章*5

表 1-3　通常得使用之詞句例示或類似之詞句（續）

種類	品目範圍	通常得使用之詞句例示或類似之詞句
註一：	註記「*1」者，特別應具備客觀且公正試驗數據佐證，始得宣稱。	
註二：	註記「*2」者，於本法施行之日起五年後，須符合化粧品產品資訊檔案管理辦法規定，其中應包括客觀且公正科學性佐證或其他足以證明其功效者。	
註三：	註記「*3」者，為化粧品中如添加之成分係經國際或國內有機驗證機構驗證，且提出證明文件者。	
註四：	例示詞句註記「*4」記號者，為化粧品中添加之天然成分，如係直接來自植物、動物或礦物等，並未添加其他非天然成分，且未有顯著改變本質或去除部分成分之製程者。或為化粧品中添加之天然成分，如係來自植物、動物或礦物等天然來源，依國際或國內天然驗證機構之相關製程處理，且經國際或國內天然驗證機構驗證；或符合國際標準化組織(ISO)規範，並提出證明文件者。	
註五：	例示詞句註記「*5」記號者，為化粧品通過國際或國內有機或天然驗證機構驗證，且取得有機或天然標章，並經原驗證機構同意，且提出有關證明文件者。	
註六：	產品具其他種類之特性者，詞句例示可流通使用。	

表 1-4　成分之生理機能詞句例示或類似之詞句

種類	成分	成分之生理機能詞句例示或類似之詞句
非藥用牙膏、漱口水類	一、氟化物(總含氟量1500ppm 以下)	於註明「配合正確刷牙習慣」後，始得宣稱。 1. 幫助預防齲齒／蛀牙
	二、其他具右列效果之成分	2. 幫助去除引起蛀牙的細菌 3. 強化琺瑯質／強健牙齒／強健琺瑯質／增強琺瑯質 4. 抗酸蝕 5. 透過再礦化修護琺瑯質損傷／修復、修護琺瑯質／幫助琺瑯質再礦化／促進琺瑯質再礦化 6. 幫助預防牙齦問題／固齒護齦／幫助強健牙齦（組織）／幫助並維持牙齦（組織）健康／幫助促進牙齦（組織）緊實 7. 其他類似之詞句
	三、具右列效果之成分	於註明「配合正確刷牙習慣」後，始得宣稱。 1. 幫助預防齲齒／蛀牙 2. 幫助去除引起蛀牙的細菌 3. 其他類似之詞句

🍂 表 1-4 成分之生理機能詞句例示或類似之詞句（續）

種類	成分	成分之生理機能詞句例示或類似之詞句
非藥用牙膏、漱口水類（續）	四、檸檬酸鉀（Potassium Citrate）5.53％以下	於註明「配合正確刷牙習慣」後，始得宣稱。 1. 幫助緩解（舒緩）牙齒因冷、熱、碰觸所引起的酸、疼與不適感 2. 幫助緩解（舒緩）敏感性牙齒的疼痛（酸痛） 3. 減低敏感性牙齒疼痛 4. 抗敏感 5. 其他類似之詞句
	五、硝酸鉀(Potassium Nitrate)5％以下	
	六、其他具右列效果之成分	
	七、三氯沙(Triclosan)0.3％以下	於註明「配合正確刷牙習慣」後，始得宣稱。 1. 減少牙菌斑／抑制牙菌斑 2. 減少牙齦問題之發生率 3. 減少口腔問題之發生率 4. 減少細菌滋生之發生率 5. 減少牙齦出血之發生率／幫助預防牙齦流血問題 6. 減少牙齦炎之發生率 7. 減少牙結石之發生率 8. 牙齦護理 9. 其他類似之詞句
	八、其他具右列效果之成分	

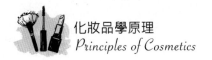

Principles of Cosmetics

🖌 表 1-5　涉及其他醫療效能之詞句

1. 換膚
2. 平撫肌膚疤痕
3. 痘疤保證絕對完全消失
4. 除疤、去痘疤
5. 減少孕斑、減少褐斑
6. 消除（揮別）黑眼圈、消除（揮別）熊貓眼、消除（揮別）泡泡眼、消除（揮別）眼袋
7. 預防（消除）橘皮組織、預防（消除）海綿組織
8. 消除狐臭
9. 預防抵抗感染、避免抵抗感染、加強抵抗感染
10. 消炎、抑炎、退紅腫、消腫止痛、發炎、疼痛
11. 殺菌、抑制潮濕所產生的黴菌
12. 防止瘀斑出現
13. 除毛、脫毛
14. 修復、受傷肌膚、修復受損肌膚
15. 治療肌膚鬆弛、減輕肌膚鬆弛
16. 皺紋填補、消除皺紋、消除細紋、消除表情紋、消除法令紋、消除魚尾紋、消除伸展紋
17. 微針滾輪、雷（鐳）射、光療、微晶瓷、鑽石微雕
18. 生髮、毛髮生長、促進毛髮生長、刺激毛髮生長
19. 睫毛（毛髮）增多
20. 藥用*1、藥皂*1、藥水、藥劑
註：註記「*1」記號者，自化粧品衛生安全管理法施行日前輸入及製造（以製造日為準）者，得於原記載之保存期限內繼續販賣，至該法施行日起五年屆滿止。

1. 行政院衛生福利部食品藥物管理署：法規名稱：化粧品衛生安全管理法

2. 橫井時也：Fragrance Journal, Jun. 1992, p.15~21

3. Nil: Skin Inc. 8(5), Sep, /Oct. 1996,p. 34~42, p.49~54

4. Nil: Soap/Cosmetics/Chemical Specialties, 71(7), Jul. 1995, p.16~117

5. 衛生福利部部授食字第 1051607584 號

6. 行政院衛生福利部食藥署化妝品法規公告專區：法規名稱：化粧品標示宣傳廣告涉及虛偽誇大或醫療效能認定準則

7. 呂少仿、丁瑜。美容與化妝品學。武漢：華中科技大學出版社，2008

8. 李利。美容化妝品學。合記圖書出版社，2010

Memo :

Principles of Cosmetics

皮膚的構造與機能

本章大綱

前 言

　　皮膚是主宰人體美貌的重要器官，也是人體最重的器官，約占人體重量的16%。皮膚包括一層源自胚層的表皮(Epidermis)和一層源自中胚層的結締組織，即真皮(Dermis)。表皮和真皮的接合處呈現不規則狀，真皮的突起，稱為乳頭(Papillae)，與表皮向內凸出的表皮脊(Epidermal ridges)作指狀交叉契合（圖 2-1）。位於真皮下方的是皮下組織(Subcutaneous tissue)，含有一層脂肪細胞所形成的脂肪層。

 表 皮

　　表皮在皮膚的最外層，主司保護功能，舉凡保護皮膚不受有害物質的侵害，包括化學物質、化學氣體、有害光線及微生物細菌等，並保護人體的水分及體液不被蒸發或散失的功能。表皮基本上是由複層鱗狀角質化的上皮組織所組成，除角質形成細胞外，尚含有三種數量較少的細胞：蘭格罕氏細胞(Langerhans cells)具有免疫功能、黑色素細胞(Melanocytes)製造黑色素保護皮膚免於紫外線的傷害及默克氏細胞(Merkel cells)在神經末梢負責感覺功能，分布詳見圖 2-1。

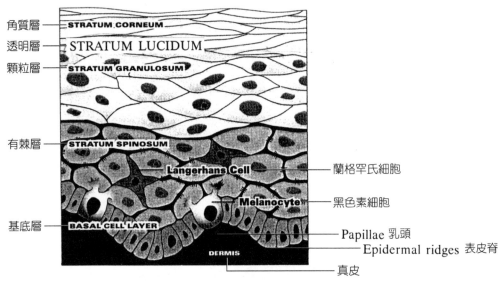

■ 圖 2-1　表皮的構造（未按正常比例）

　　由真皮層向外看，表皮由下列五層組成，基底層(Basal cell layer)、有棘層(Stratum spinosum)、顆粒層(Stratum granulosum)、透明層(Stratum lucidum)和角質層(Stratum corneum)。除了角質層的細胞是無細胞核的死細胞以外，其他三層的細胞都是活的細胞，透明層則只存在手掌與腳掌。因此，也有將表皮分成四層的說法。

一、基底層

　　基底層是由一層嗜鹼性柱狀或方型細胞和呈樹突狀的黑色素細胞所構成，位於分隔真皮與表皮接合處上方的基底膜。黑色素細胞占角質形成細胞的 5~10%，位於基底層與有棘層之間，也存在於皮膚的毛囊中。基底層角質細胞可由真皮上部的微血管得到營養而進行細胞分裂，經由有絲分裂而複製新細胞，是表皮更新的源頭。複製後的新細胞，其中一個留在基底層，一個會往上層移動進入有棘層。

　　基底層的另一種細胞就是黑色素細胞。最主要的功能是合成黑色素，以供應角質形成細胞，平均每一個黑色素細胞供應 36 個角質形成細胞的黑色素。以人體而言，在生殖器部位及臉部的黑色素細胞較多，軀幹的黑色素細胞較少。黑色素細胞是影響皮膚顏色的重要細胞，也是不同膚色人種的主要原因。膚色較深是因為黑色素細胞分泌較多的黑色素小體，黑色素小體較大、較分散及分解較慢，則膚色較深，但是白人與黑人的黑色素細胞的構造和數量約略是相同的。

　　基底層的細胞與化妝品科技有密切的關係。皮膚是否能常保年輕光滑亮麗與基底層細胞正常的新陳代謝、天然保濕因子及角質細胞間脂質的製造等息息相關。而膚色白皙無斑點瑕疵，則與基底層的黑色素細胞有關。

二、有棘層

　　有棘層的細胞為數層圓形細胞組成，是表皮中最厚一層，上有淋巴液供給表皮營養，其細胞核位於中央。細胞質有纖維絲束的突起，並終止於棘狀突起尖端的胞橋小體，此層細胞彼此緊密連結，在光學顯微鏡下可見充滿棘刺的外觀，故稱為有棘層。

角質細胞的有絲分裂活動，局限於基底層與有棘層所組成的馬爾皮基層(Malpighi)，所以有棘層的細胞仍具有生命的功能。藉由胞橋小體，可使細胞彼此的營養及淋巴液互通，且細胞間的淋巴液也和真皮層的淋巴循環相通，故可藉由臉部按摩，即淋巴引流的手技，來促進微循環，增進新陳代謝。有棘層中也可見到星形細胞形態的蘭格罕氏細胞，具有免疫或吞噬細胞的能力。

三、顆粒層

此時細胞已開始逐漸萎縮，特徵是 3~5 層的扁平多角形細胞，細胞質充滿角質化透明顆粒(Keratohyaline granules)，顆粒中含有多量組胺酸的蛋白質。這些顆粒在高基氏體形成，並移動到細胞膜附近與細胞膜融合，或放出到細胞間隙中。這些顆粒分泌物，其中的葡萄胺聚醣(Glucosaminoglycan)和磷脂質，是構成角質細胞間結合的物質，可作為皮膚的障壁，保持封閉性減少水分的流失及外物的入侵。

顆粒層是角質形成細胞開始死亡的階段，在此，細胞慢慢地失去生命的功能。顆粒層的自噬小體(Autophagosomes)數目漸漸增加，其所含的溶解酶會消化細胞的胞器，最後形成角質層所需的細胞間脂質。

四、透明層

透明層並未存在所有的皮膚，只有在手掌、腳底的表皮才有存在。它是由 2~3 層的透明而扁平的細胞所組成，細胞核和胞器都不明顯。細胞質中有電子密集的基質會形成電荷障壁層對於電解質的穿透有抑制作用，可阻止電解質對皮膚的任意穿透。所以在美容上為了方便帶電物質（鹽類）或有效成分的經皮吸收，常借助電子儀器進行所謂「導入」和「導出」的美容處理。

五、角質層

角質層是皮膚的最外層，也是美容化妝品接觸最頻繁的一層，大多數的傳統化妝品都作用在表皮的角質層，大約由 15~20 層左右所構成。角質層是扁平無核的角化細胞，其間充滿絲狀硬蛋白，稱為角質素(Keratin)。此蛋白質是由長蛋白鏈所組成，含有豐富的雙硫鍵架構，由 10nm 厚的纖維絲堆集而成束狀，包埋於一緻密不定性的基質中。

2-2 角質形成細胞的角質化

　　角質形成的細胞從基底層細胞依序往外轉變，並逐漸向表層移動，最後變成角質層（圖 2-2），這分化過程稱為「角質化」。

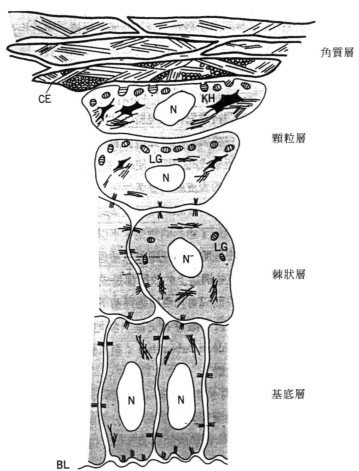

N：nucleus 細胞核　　LG：lamellar granule 層板顆粒
KH：keratohyaline 透明角質顆粒　　CE：cornified envelope 角質肥厚膜

▌ 圖 2-2　表皮的模式圖

參考資料：光井武夫著，陳韋達、鄭慧文譯(1996)，新化妝品學，合記出版社。

一、角質化的過程

1. 基底細胞 10%具有幹細胞特性會持續分裂，一部分細胞留在基底層，另外一部分向上移動至有棘層。

2. 棘狀層出現角質化特徵的形態變化，即圖 2-2 中的層板顆粒(Lamellar granule, LG)，這時候角質纖維前趨體在基底細胞中已開始合成。

3. 有棘層細胞角化為顆粒層細胞，此時層板顆粒數量增加，角質化特徵更趨明顯，細胞內的脂質成分會被釋放出胞外，如：膽固醇、脂肪酸及神經醯胺。

4. 顆粒層細胞繼續角化，並生成明顯的透明角質顆粒(Keratohyaline, KH)。

5. 到了角質層下層，顆粒層細胞的細胞核及胞器消失，水分排出胞外，細胞內充滿角質纖維，而纖維凝集蛋白則代謝成胺基酸和天然保濕因子，存在角質層中。

二、角質化過程中的代謝產物

在形成角質層前，細胞內的脂質成分被排出胞外，成為角質層細胞間的脂質，具黏合作用，能將角化的細胞彼此牢固的結合在一起，使皮膚表面形成一道屏障起保護作用，主要成分為神經醯胺、膽固醇和游離的脂肪酸等。現代的護膚化妝品開發出一系列修復角質屏障保濕護膚保養品，神經醯胺原料就是其中之一。

角質形成的正常代謝及酵素作用可確保脂質的正常生成，有助於角質層黏合的完整性，使皮膚結構緊密，充分發揮障壁功能。選擇與皮膚成分相近的脂質成分有助於保濕抗老化妝品的開發和應用，除了有助皮膚的吸收與滲透外，也可補充老化肌膚或異位性皮膚炎，因角質細胞間脂質成分的不足，所導致障壁功能的不完整，改善皮膚乾燥。

除了上述的角質細胞間脂質外，代謝的成分還有角質蛋白及角質層的天然保濕因子(Natural moisturizing factor, NMF)，這些產物大都是在角化過程中所形成的蛋白質纖維束或由其他蛋白質成分分解而得的小分子（如：NMF）。角質蛋白分成水溶性蛋白(15%)、不溶性細胞原質蛋白(65%)和不溶性細胞膜蛋白(5%)，其中不溶性細胞原質蛋白最主要的功能是防止水分蒸發。而其他一些代謝的小分子，如天然保濕因子則是一群具有吸濕性、有調節水分作用的水溶性低分子量物質。主要組成分有胺基酸 40%，2-吡咯-5-羧酸鈉鹽(PCA)12%，乳酸鹽類 12%，尿素

7%，尿酸、胺基葡萄糖、肌酸酐等 1.5%，檸檬酸 0.5%，礦物質 18.5%，醣類、有機酸及胜肽和其他未知成分 8.5%。天然保濕因子存在角質層中，可有效增加角質層的水合能力，調節皮膚的水分。目前化妝品中的保濕化妝品常添加這類的天然保濕因子(NMF)，有效強化該化妝品對皮膚的保濕效果。

2-3　真皮層

　　真皮層在皮膚的第二層，是構成皮膚的最主要的部分，占皮膚的 90%，主司支撐表皮及以各種纖維交織成一層支撐網，容納血管、淋巴管、神經、皮脂腺、汗腺及毛囊等，以進行各種生理功能（圖 2-3）。

一、真皮層的構造

　　真皮層可分為乳頭層和網狀層（圖 2-4）。乳頭層是由薄而疏鬆的結締組織所構成，網狀層含有彈力纖維、膠原纖維及玻尿酸等蛋白聚醣基質，基質中主要有纖維母細胞(Fibroblasts)外，還有巨噬細胞(Macrophages)和肥大細胞(Mast cells)。真皮層的結締組織細胞分布不像表皮層上皮組織般緊密，細胞外空間較大，其間充滿胞外基質。這些成分皆為纖維母細胞所分泌，如葡萄胺聚醣、酸性黏多醣等多醣類以及纖維蛋白質。

　　在真皮中，大部分的膠質葡萄胺聚醣(GAGS)為玻璃醣醛酸(Hyaluronic acid)和軟骨素硫酸鹽(Dermatan sulfate)，且葡萄胺聚醣占了大部分真皮層的體積。平時這些葡萄胺聚醣與蛋白質結合以醣蛋白形式存在，並保有大量的水分而呈膠狀，這些水分的作用，除了有助於養分、廢物及激素的輸送外，並且可以調節真皮層的水分平衡。

　　真皮的結構是由堅韌且具支撐性的纖維蛋白質類所形成的結締組織網，其中包括膠原纖維(Collagen)和彈力纖維(Elastin)。膠原纖維是構成細胞外間質的主要蛋白質占乾皮膚淨重的 77%左右，賦予真皮抗拉強度，維持組織形態的功能。膠原纖維大部分為 I 型和III型膠原，其中 I 型膠原占 80%左右，膠原纖維的主要作用是維持皮膚的張力，其韌性大，抗拉力強，但缺乏彈性。日照紫外線會減少 I 型膠原的形成，皮膚出現鬆弛和皺紋。彈性纖維是由交叉相連的彈性蛋白外繞以

微纖維糖蛋白所構成，使皮膚有彈性、光滑，減少皺紋的產生。紫外線所致的皮膚光老化可使彈力纖維變性、增生、變粗、皮膚彈性喪失。彈性纖維的氨基酸組成似膠原，也富於甘氨酸及脯氨酸，但很少含羥脯氨酸，不含羥賴氨酸，沒有膠原特有的 Gly-X-Y 序列，故不形成規則的三股螺旋結構。彈性蛋白分子間的交聯比膠原更複雜。通過賴氨酸殘基參與的交聯形成富於彈性的網狀結構，使皮膚組織具有彈性。

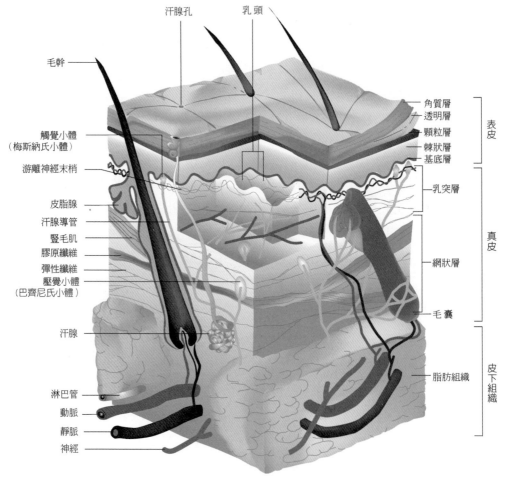

圖 2-3　皮膚剖面圖

參考資料：李婉萍等編著(2010)，身體檢查與評估（第四版），新文京出版。

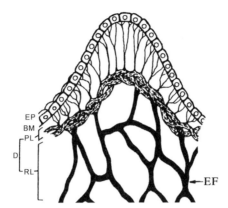

D：真皮　EF：彈力纖維　BM：基底膜　RL：網狀層
EP：表皮的上皮基底細胞　PL：乳頭層

圖 2-4　真皮層的構造

以上這些所描述的成分是構成真皮層的主要元素，對於皮膚的彈力、張力影響很大，而製造者皆為纖維母細胞。因此纖維母細胞的老化，將會使其合成的能力降低，結果皮膚將萎縮而產生皺紋，並失去柔軟和彈性。

二、膠原纖維束的形成

真皮層的膠原纖維束(Collagen bundles)在顯微鏡的觀察下，是呈長條狀，平行排列在組織中。而其實每條膠原纖維束的內部構造，卻是層層的包覆成特殊的排列，使其有比鋼鐵還強的張力。因此含膠原纖維的真皮層，會表現出獨特的韌性。

膠原纖維束其實就是我們習慣所說的「膠原纖維」，但是為了能說明清楚，還是暫時以前者來定義。膠原纖維束的形成如圖 2-5 所示，其步驟如下：(1)纖維母細胞合成由三條波浪狀的 α chain 組成的旋轉膠原(Tropocollagen)，然後釋放出細胞外。(2)旋轉膠原聚集成微原纖維次單位(Micro fibrillar subunits)，為再一束束綑綁成微纖維(Fibril)。過程中靠著氫鍵、非極性鍵的作用力以及酶作用下所生成的共價鍵。(3)微纖維聯合起來形成膠原纖維(Collagen fiber)。(4)膠原纖維更進一步聚集成膠原纖維束(Bundles)。

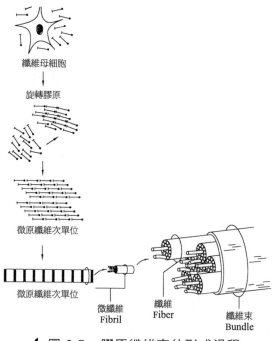

纖維母細胞

旋轉膠原

微原纖維次單位

微原纖維次單位

微纖維
Fibril

纖維
Fiber

纖維束
Bundle

圖 2-5　膠原纖維束的形成過程

2-4　皮下組織

　　皮下組織(Subcutaneous tissue)是一層疏鬆的結締組織，將皮膚鬆而不牢地連接至鄰近的器官，使皮膚能在上方移動。皮下組織主要是脂肪細胞所形成，主司熱阻隔、吸收震動以及提供能量的來源，可以接受脂肪的形成及脂肪儲存的功能，同時也是脂肪代謝的主要地方。脂肪過度沉積顯得體態肥胖臃腫；太少則顯得單薄乾癟，易出現皺紋。皮下組織的厚度隨體表部位、性別、年齡、內分泌、營養和健康狀態等有明顯差異。

2-5　毛　髮

　　毛髮生長週期(haircycles)是指毛髮從生長到掉落的循環過程。毛囊的生長階段稱為成長期，隨後的退化階段和休止階段分別稱為退化期和休止期（圖 2-6）。各期的長短受年齡、部位以及健康狀態的因素影響。在正常成人，黃種人而言，

枕部供區頭皮的毛囊單位密度為 40~80 個／cm^2，頭髮密度為 100~200 根／cm^2。一般頭髮的密度是毛囊單位密度的 2~3 倍。但黃種人頭髮相對較粗，所以外觀上顯得比較多。毛髮在成長期才有生長發育的現象，毛母細胞的活動力強，毛髮漸漸成長伸長，生長期通常為 2~7 年。一旦毛髮停止生長，毛囊就進入退化期，毛母細胞的增殖減少而終至完全停止。

當毛根短縮至豎毛肌起始處的下方時，即進入休止期。在休止期末，毛髮自動進入下一個新的生長期，隨著新毛髮的生長、伸長，休止期的毛髮會被往上頂而脫落，休止期一般持續 2~3 個月。

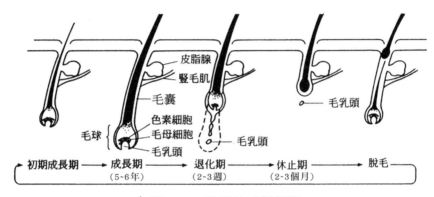

圖 2-6　頭髮的毛髮週期

參考資料：光井武夫著，陳韋達、鄭慧文譯(1996)，新化妝品學，合記出版社。

一、毛髮的結構

由圖 2-7 分析毛髮的結構如下：

1. **毛囊(Hair follicle)**：生長於表皮和真皮之間，表皮向真皮凹陷而形成一個包圍毛根的管腔，生長期毛囊可深達皮下組織。

2. **毛幹(Hair shaft)**：突出皮膚表面的毛髮。毛幹由內而外可分為三層，依序為髓質層(Medula)、皮質層(Cortex)和毛表皮(Cuticle)也就是所謂的毛鱗層。毛表皮位於毛髮的外側，約 6~10 層毛表皮包覆毛髮，相互重疊於毛髮外呈鱗片狀，具保護作用。若遭受破壞，則頭髮容易乾燥、斷裂。皮質層是由一群內含緊密排列結構的角質素的皮質細胞沿毛髮長軸方向排列而成，占毛髮 85%左右，是決定毛髮抗拉力強度、柔軟度的重要結構。另外還含有黑色素顆粒，其多寡可

決定毛髮的顏色。髓質層在毛髮的中心部分，含有液泡和極少角化的細胞及黑色素。

3. **毛根**(Hair root)：深入皮膚內部的毛髮。

4. **毛球**(Hair bulb)：毛根下方膨大的部分，毛球部存有分裂能力，毛母細胞是由幾層真有分裂活性的細胞組成，可迅速、反覆細胞分裂而生長毛髮生長。

5. **毛乳頭**(Dermal papilla)：毛球中央凹陷的部分，其邊緣相鄰處有毛母細胞，可藉由毛乳頭的微血管獲取養分與氧氣，然後進行細胞分裂，逐漸增殖而形成毛髮。

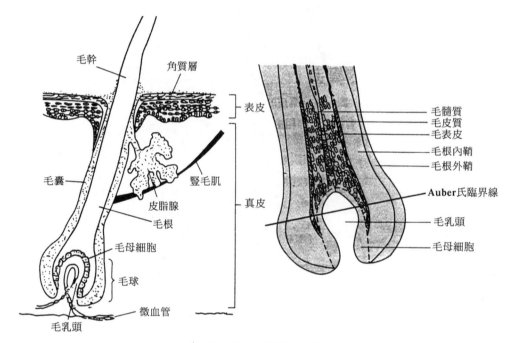

▮ 圖 2-7　毛髮的結構

參考資料：光井武夫著，陳韋達、鄭慧文譯(1996)，新化妝品學，合記出版社。

二、毛髮的化學組成

毛髮的組成中以蛋白質為主，其餘的部分則由脂質、水分、黑色素及微量元素所組成。

1. **蛋白質**：構成毛髮的主要蛋白質是一種含有豐富胱胺酸的角質蛋白，約由 18 種左右的胺基酸所構成（表 2-1）。

2. **脂質**：毛髮表面的脂質是由皮脂腺分泌而來。主要是以三酸甘油酯居多，其次尚包括膽固醇酯、蠟酯、游離脂肪酸、魚鯊烯及少數其他油脂。

3. **水分**：毛髮具吸收水分的性質，其吸濕性會隨環境的溫度和濕度而改變。在 25°C、65%的相對濕度之下，毛髮含水量約 12%左右。

4. **黑色素**：毛髮中黑色素含量在 3%以下。

5. **微量元素**：毛髮中含有少數稀有元素，如銅、鐵、錳、鈣及鎂等。

表 2-1　角質蛋白的主要胺基酸組成(%)

胺基酸	人類毛髮的角蛋白	人類的表皮
甘胺酸(glycine)	4.1~4.2	6.0
丙胺酸(alanine)	2.8	—
纈胺酸(valine)	5.5	4.2
白胺酸(leucine)	6.4	8.3
異白胺酸(isoleucine)	4.8	6.8
苯胺基丙胺酸(phenylalanine)	2.4~3.6	2.8
脯胺酸(proline)	4.3	3.2
絲胺酸(serine)	7.4~10.6	16.5
羥丁胺酸(threonine)	7.0~8.5	3.4
酥胺酸(tyrosine)	2.2~3.0	3.4~5.7
天門冬胺酸(aspartic acid)	3.9~7.7	6.4~8.1
麩胺酸(glutamic acid)	13.6~14.2	9.1~15.4
精胺酸(arginine)	8.9~10.8	5.9~11.7
離胺酸(lysine)	1.9~3.1	3.1~6.9
組胺酸(histidine)	0.6~1.2	0.6~1.8
色胺酸(tryptophan)	0.4~1.3	0.5~1.8
胱胺酸(cystein)	16.6~18.0	2.3~3.8
甲硫胺酸(methionine)	0.7~1.0	1.0~2.5

參考資料：H. P. Luhndgren, W. H. Ward (1963). Ultrastructure of Protein fibre, Academic Press N.Y., p.39.

三、毛髮內部的鍵結

毛髮是由角蛋白所構成，其分子間存在著某些化學鍵結，藉由這些分子間的作用力，使毛髮的結構更加強韌。其中包括：1.離子鍵(Ionic bond)：帶正電的離子與帶負電的酸根，藉由彼此間的正負電吸引，所產生的鍵結。2.共價鍵(Covalent bond)：例如分子間所形成的醯胺鍵(Amide)和二硫化鍵(Disulfide)。3.氫鍵(Hydrogen bond)：陰電性強的基團，與氫原子產生吸引力。圖 2-8 是毛髮間的種種鍵結。

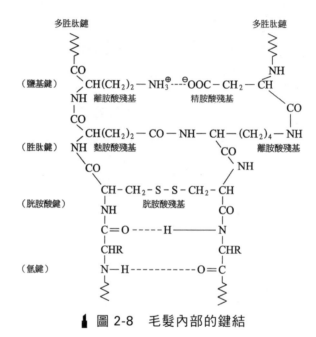

圖 2-8　毛髮內部的鍵結

參考資料： S. D. Gershon et al. (1972). Cosmetics-Science and Technology, p.178 , Wiley-Interscience.

2-6　指　甲

圖 2-9(a)、(b)為指甲(Nails)的正面與切面簡圖，指甲是指（趾）末端的堅硬物質，由甲板以及其週團組織構成，外露堅硬部分為指甲板(nailplate)；延伸入皮膚中的部分為指甲根(nailroot)；覆蓋甲板周圍的皮膚稱為指甲溝(nailfold)；指甲板下的皮膚稱為指甲床(nailbed)；指甲根之下的上皮細胞稱為指甲基質

(nailmatrix)，是指甲的生長區；指甲的近端有一新月狀淡色區稱為指甲弧影
(lunula)。

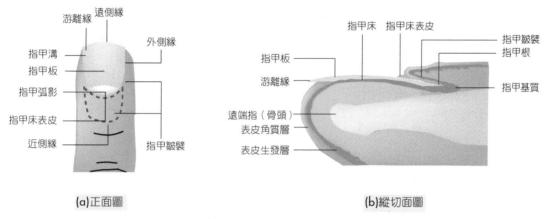

(a)正面圖　　　　　　　　　　　　(b)縱切面圖

📌 圖 2-9　指甲構造圖

參考資料：李婉萍等編著(2010)，身體檢查與評估（第四版），新文京出版。

 2-7　皮膚的腺體

一、皮脂腺

　　皮脂腺(Sebaceous glands)位於真皮層中，此腺體呈腺泡狀（圖 2-10）內含大
量脂肪小滴的圓形細胞。當細胞萎縮後，細胞內的油滴會暴裂出來，稱為皮脂腺
的分泌作用，分泌物會逐漸移至皮膚表面，形成皮脂(Sebum)。對皮膚有潤澤、減
少表皮水分蒸發及外來有害物質與細菌的入侵。皮脂的成分包括游離脂肪酸、三
酸甘油酯、魚鯊烯(Squalene)、膽固醇及其他脂類。男性皮脂腺主要控制因子為睪
固酮(Testosterone)；而在女性，則受卵巢及腎上腺的雄性荷爾蒙(Andogens)所影
響。皮脂會不斷的分泌，以維持皮膚的正常功能，但是皮脂流出受阻則會形成痤
瘡。

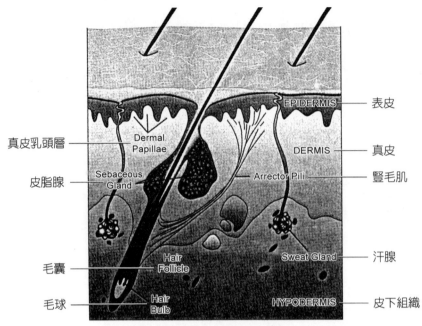

真皮乳頭層 — Dermal Papillae
皮脂腺 — Sebaceous Gland
毛囊 — Hair Follicle
毛球 — Hair Bulb
EPIDERMIS — 表皮
DERMIS — 真皮
Arrector Pili — 豎毛肌
Sweat Gland — 汗腺
HYPODERMIS — 皮下組織

圖 2-10　皮膚的腺體

二、汗腺

　　汗腺(Sweat glands)在皮膚的分布很廣，是一纏繞的管狀腺體，汗腺內的肌上皮細胞收縮會幫助汗腺分泌物的釋出。一般汗腺可分為小汗腺和大汗腺。

1. **小汗腺(Eccrine sweat glands)**：即普通的汗腺，汗腺的分泌部分包埋在真皮層中，分泌的液體不具黏性，蛋白質含量也少，主要成分是水及少量的氯化鈉、尿素、氨及尿酸，呈弱酸性(pH 3.8~5.6)。汗液的分泌受乙醯膽鹼調控可調節皮膚的溫度及排泄代謝產物。

2. **大汗腺(Apocrine sweat glands)**：屬於變形的汗腺，大汗腺分布在腋下、乳暈、外生殖器，主要受腎上腺皮質激素的調控，在青春期開始發育，汗液排出後經皮膚表面的細菌的分解，產生含短碳鏈的不飽和脂肪酸黏性分泌物而發出臭味，稱為狐臭。

2-8 皮膚的生理作用

1. **保護作用**：由於表皮、真皮、皮下組織具有韌性與彈性，因此對於外力的撞擊、磨擦有一定的耐受性。另外皮膚表面有一層酸性膜，具有抑制細菌的滋生和有害物質的入侵。最後，皮膚內有黑色素及天然防曬因子，可適度的防禦紫外線，延緩肌膚老化。

2. **感覺作用**：皮膚內有無數的神經末稍及感覺受體，能感受外來的刺激，再將訊息傳至大腦，下達生理所需的回應。

3. **體溫調節作用**：維持正常體溫的機轉很多，但其中一項就是皮膚可利用排汗來達到調節體溫的作用。

4. **呼吸作用**：皮膚中的微血管內血液，可以攝取氧氣而排出二氧化碳，類似呼吸作用。

5. **分泌作用**：皮膚可透過內分泌系統調控皮脂腺及乙醯膽檢調控外分泌汗腺，對皮膚的保護，體溫的調節及廢物的排泄有一定的功能。

6. **吸收作用**：可吸收特定的活性成分，強化皮膚的功能或改善膚質。

7. **免疫作用**：皮膚有特定的吞噬細胞，可防禦有害物質的入侵，有效維持免疫系統的功能。

1. 于家城等：人體生理學，p.15

2. 王金源：Skin & Cosmetics

3. 光井武夫：新化妝品學，p.13~18

4. 李玉菁等：人體解剖學，p.113

5. 李婉萍等：身體檢查與評估（第四版），p.63, 65

6. Juneira, L. C.; Carneiro, J.: Basic Histology, p.491~504

7. Rieger, M. M.: Cosmetics and Toiletries, 107, Jul. 1992. p.35~43

8. Sunsmart Inc, Vo1(3), Nov. 1998

9. 何黎、劉瑋：皮膚美容醫學，合記圖書出版社，2021

Principles of Cosmetics

化妝品的安全性和有效性

本章大綱

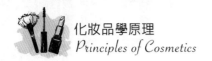
前 言

　　化妝品使用過程的變遷，從 1980 年代便進入了強調化妝品的安全性和有效性的時代。隨著皮膚科學的廣泛應用及生物科技所研發出來的新原料和新藥劑，使得化妝品廠商開始著手進行機能性化妝品的開發。這樣的創舉掀起化妝品的革命，使化妝品跳脫原有的單純效用，如清潔、美化等一般功能，進一步強化預防與改善功能。也因為如此，現今化妝品所使用的活性成分的作用方式與原理，必然不同於以往，相對地，化妝品的安全性問題，也必須從消費者身上考量。

　　化妝品一般而言，是相當安全，但由於消費者本身的體質、化妝品的成分及使用方法的不當，還是會有不良的生理反應出現，例如接觸性皮膚炎、接觸性蕁麻疹、黑斑、痤瘡增生和皮膚異常乾燥等。因此有關新開發的化妝品，必須針對人體有害的一些反應項目，施以檢測，以確保化妝品的安全性。除了使用後不會引起刺激或過敏性反應外，長時間的反覆使用之後，也必須不會有刺激、過敏或毒性的反應產生。

3-1　化妝品的不良反應

　　化妝品不良反應是指消費者使用化妝品引起的皮膚的損害。由於化妝品種類與劑型繁多，所使用的成分複雜，致使皮膚不良反應發生率增高。法規規定化妝品業者對正常或合理使用化妝品所引起人體之嚴重不良反應，或發現產品有危害衛生安全或有危害之虞時，應自得知之日起十五日內，至中央主管機關建置之網路系統通報。

　　於緊急時，應即先以口頭或其他方式為之，並於前項期間內至網路系統完成通報。

∞ 接觸性皮膚炎

接觸性皮膚炎是由於皮膚接觸的物質當中，有些成分對皮膚造成刺激作用，有些成分則對皮膚造成過敏性反應，使皮膚發生紅腫、發炎或搔癢等症狀。

1. **刺激性接觸性皮膚炎**：通常是皮膚與具有刺激作用的物質，如酸鹼性溶液、昆蟲的體液等，直接接觸而導致皮膚發炎症狀。通常發生在皮膚與化妝品的塗抹部位，並且界限清楚，同時，患者自身感覺局部有灼熱或疼痛感，及刺激後皮膚形態的臨床症狀。急性皮膚炎主要表現出乾燥、脫屑、紅斑、水皰及潰爛等不同程度的損害；而慢性皮膚炎則表現出紅斑、腫脹、脫屑、乾裂等不同程度的損害。這種接觸性皮膚炎並無個人的差異，只要接觸到夠高的濃度，任何人都會引起。

2. **過敏性接觸性皮膚炎**：使用含有某種成分化妝品，如油脂、色料、香料、防腐劑或化學性防曬劑，而導致過敏的症狀，其中最常見的就是香精香料和防腐劑。急性期表現為紅斑、水腫、丘疹、水皰、滲出和結痂；慢性期表現為皮膚脫屑和色素沉澱等。刺激部位最初局限在化妝品塗抹部位，而且初次接觸時，並不發生反應，再次接觸同類物質後，可於幾個小時至 1~2 天內出現症狀，嚴重時可向周圍或其他部位擴散。這種接觸性皮膚炎的發生與個人體質的差異有關，某些體質特殊的人，只要接觸上述的過敏原，即使是非常的微量，也會發作，常伴隨瘙癢感。

3. **光毒性接觸性皮膚炎**：某化妝品的成分含有類似一個苯環與一個內酯環（內酯環結構為 α-吡喃酮）結構的光敏感劑，在接觸皮膚時不會產生立即接觸性皮膚炎，但經過光的照射後，活化光敏感物質產生自由基與過氧化物，刺激皮膚發炎的現象，在化妝品的接觸部位或其鄰近部位所引起的各種皮膚損傷症狀與化妝品接觸性皮膚炎類似。香水中若含有呋喃香豆素(Furocoumarin)、香豆素(Coumarin)成分，易產生光毒性接觸性皮膚炎。很多植物都含有呋喃香豆素，包括芸香科(Rutaceae)的檸檬、佛手柑、柚子、橘子；繖形花科(Umbelliferae)的芹菜、當歸、九層塔。

4. **光過敏性接觸性皮膚炎**：化妝品的成分經日光照射後產生過敏原，而引發過敏性接觸皮膚炎，在化妝品的接觸部位或其鄰近部位所引起的各種皮膚損傷症狀

與化妝品過敏性接觸性皮膚炎類似。皮膚第一次接觸通常沒反應，再次接觸及照光後產生皮膚發炎搔癢的症狀，通常不留下色素沉澱。

❧ 接觸性蕁麻疹

發生在化妝品的塗抹部位，接觸化妝品後數分鐘至數小時內發生水腫、紅疹，感覺搔癢、刺痛或灼熱感。由於發病機制與體質有關，並不是所有患者產生不良反應都與化妝品的使用劑量及頻率有關。在停止使用該化妝品後皮膚刺激發炎症狀常不再出現。

❧ 色素異常

色素異常性皮膚症狀是指因某些因素導致的皮膚色素代謝異常，包括色素沉澱和色素減退兩類情況。皮膚接觸化妝品後，某種成分直接將皮膚染色或刺激皮膚色素增生，在塗抹部位或其鄰近部位發生色素異常，或者由於化妝品接觸性皮膚炎以及化妝品光接觸性皮膚炎的炎症消退後，局部出現皮膚色素沉澱或色素減少不均的狀況。

❧ 痤瘡增生和皮膚乾燥

塗抹化妝品誘發粉刺或痤瘡是屬外源性痤瘡，其發生與化妝品成分和使用化妝品不當有關，可能是產品中的某些原料阻塞毛孔、刺激皮脂腺導管過度角化增生以及產生接觸性過敏誘發等。皮脂分泌少的乾性膚質，若過度使用去脂力強的洗劑，則會破壞皮膚屏障引起皮膚的異常乾燥。

❧ 指甲受損

長期使用指甲用化妝品後致使指（趾）甲乾燥、脫脂或傷害，產生指甲剝離、指甲軟化、指甲變脆以及指甲溝炎等病變，通常指甲損害的程度與化妝品的使用量和使用頻率有關。指甲損害一般不可逆，只能等新的指（趾）甲長出恢復健康狀態，但化妝品引起的甲溝炎則需停用產品以減輕或消退發炎症狀。卸指甲油產品的有機溶劑容易引起指（趾）甲脫脂，使甲板失去潤澤，出現變脆、變形以及裂紋等現象。

❦ 毛髮受損

頭髮化妝品的某些成分，如染髮產品中染料、洗髮產品中的清潔成分、燙髮產品中的燙髮劑等引起毛髮損害；另一方面是消費者使用頭髮用化妝品不當，例如洗髮時使用洗髮產品過量，導致頭髮過度去脂、乾澀；染髮、燙髮頻率過度，導致頭髮毛躁、脆化、斷裂等，使髮質受損。

3-2 安全性的替代試驗項目與評估方法

一、法規

化妝品安全性的檢測與評估中，體外(In Vitro)測試方法越來越受到重視，由於歐盟於 2013 年 3 月全面禁止化妝品及原料的動物試驗以及銷售透過動物試驗的化妝品。美國環境保護署於 2019 年 9 月宣布，計劃在 2025 年前削減對動物試驗的經費資助，並在 2035 年前全面取消動物試驗。國內衛福部也已在民國 108 年 11 月 9 日原則上禁止化妝品進行動物試驗。因此，替代性動物試驗與毒理風險評估，將會是未來發展的趨勢。至於化妝品原料毒性風險評估則透過化妝品安全評估人員依照成分與比例，搜尋毒理資料庫查找出無明顯不良反應劑量值(NOAEL; No observed adverse Effect Level)並依可能暴露劑量計算出安全邊際值／安全係數(MOS; Margin of safety)。

《化粧品產品資訊檔案管理辦法》第三條化粧品產品資訊檔案，應以中文或英文建立產品相關安全資料，例如：1.產品使用不良反應資料、2.成分之毒理資料、3.產品安定性試驗報告、4.微生物檢測報告、5.防腐效能試驗報告、6.功能評估佐證資料、7.產品安全資料：(1)經安全資料簽署人員簽名並載明日期之安全性評估結論及建議。(2)安全資料簽署人員符合第四條至第六條規定之資格證明文件。其中安全資料簽署人員須接受完整化粧品安全性評估訓練，方可勝任。

前項安全性評估訓練課程之內容及時數，規定如下：1.化粧品管理法規：包括我國化粧品衛生管理規範、國際間化粧品管理規範及我國化粧品產品資訊檔案制度；至少 4 小時。2.化粧品成分之應用及風險：包括美白、防曬、止汗、制臭、

染髮、燙髮與其他成分之作用原理與安全性，及化粧品常見不良反應或違規案例；至少 8 小時。3.化粧品安全評估方式：包括皮膚生理解剖學、化粧品經皮吸收能力、化粧品皮膚刺激、光老化與光過敏之機轉與臨床症狀、奈米安全性評估、天然物化粧品安全性評估、化粧品風險評估、毒理評估方法（皮膚刺激性、皮膚敏感性、皮膚腐蝕性、眼睛刺激性及基因毒性與致突變性測試）、系統性毒性與安全臨界值及動物試驗替代性方法；至少 36 小時。4.產品安全性評估結論製作：至少 6 小時。並且每年應接受前條第二項相關課程之訓練至少 8 小時。

二、體外替代方法的進展

替代方法(alternative methods)是為了尋找更精確、一致性更高、更靈敏、更經濟的優選方法，並且這些方法需要符合動物「3R」的減少、優化、替代原則。歐盟的聯合研究中心(JRC)和美國的國家毒理計劃(NTP)均一直致力於替代試驗的開發、驗證和推廣工作。早期替代試驗的發展是由最開始的以離體器官、屠宰場廢料、雞胚等取代整體動物的方法，發展至體外細胞的試驗與重建人體組織（眼角膜、皮膚模型）為研究對象的方法。化妝品安全性評估中，經過驗證的評估局部毒性替代方法較多，包括皮膚刺激（腐蝕）性、眼睛刺激（腐蝕）性、皮膚光毒性、皮膚致敏性等，可以實現通過單一方法或幾種替代方法組合的策略，達到評估化妝品配方及原料的安全性。

美國 ICCVAM、歐盟 ECVAM、日本 JaCVAM 和 OECD 化學品檢驗指引的官方網站上已收錄了一系列的體外方法，舉例如下：

1. 眼睛刺激（腐蝕）性試驗

眼部毒性的試驗方法研究的很多，可用的替代方法也很多。OECD 認可的試驗有牛眼角膜滲透性通透性試驗(BCOP)、離體雞眼試驗(ICE)、細胞培養型的熒光素滲漏試驗(FL)、重組人角膜組織試驗。除 OECD 和美國已經驗證的方法外，歐盟 ECVAM 驗證過的方法還有雞胚尿囊膜—絨毛膜試驗(HET-CAM)、紅細胞溶血法(RBC)。目前，國際上常用的方法是 BCOP。

2. 皮膚刺激（腐蝕）性試驗

目前，OECD 認可的皮膚刺激（腐蝕）性的替代試驗有三類：大鼠經皮電阻試驗(TER)、體外皮膚刺激性和腐蝕性的重組人表皮模型試驗(RHE)和體外皮膚腐蝕性膜屏障試驗。

3. 皮膚致敏性試驗

皮膚致敏性的替代試驗主要有 OECD 採用的小鼠局部淋巴結細胞試驗(LLNA、LLNA:DA、LLNA:BrdU-ELISA)、致敏性化學測試方法(KeratinoSens)和體外直接反應肽試驗(DPRA)。現今，已有很多過敏反應毒性機制的研究，新增的化學法 ARE-Nrf2 螢光酶試驗、人體細胞株活化試驗(h-CLAT)和直接反應肽試驗就是基於過敏反應機制的方法，經過多年驗證後發布的體外試驗方法。

4. 皮膚光毒性試驗

皮膚光毒性體外試驗，有 3T3 細胞中性紅攝取試驗一種(3T3 NRU)。

5. 皮膚吸收試驗

皮膚吸收率是化妝品風險評估中評價暴露量的重要參數之一，對化妝品原料或配方的安全性評估都有重要意義。無論是體外還是體內的試驗都是通過檢測放射性同位素的滲透量來評估被測物質的吸收量，體外試驗採取離體的人或動物的皮膚來進行。

6. 急性經口毒性試驗

OECD 認可的方法有：固定劑量程序法(FDP)、上下程序法(UDP)、急性毒性分類法(ATC)以及 Balb/c 3T3 細胞法和 NHK 細胞法。前三個方法雖仍需要使用實驗動物，但大大減少了實驗動物的使用量，而後二個試驗是基於細胞毒性的體外試驗方法，而 OECD 早在 2002 年就已刪除了傳統的以死亡為毒理學終點檢測 LD50 的方法。在化妝品安全性評估中，急性經口毒性試驗的結果主要作為化妝品原料毒性分級、標籤標識以及確定亞慢性毒性試驗和其他毒理學試驗劑量的依據。

7. 遺傳毒性試驗

遺傳毒性試驗一般是用於評價化妝品原料及染髮類化妝品產品的遺傳毒性。目前已知的替代試驗有 Ames 試驗（微生物試驗）、體外微核試驗(OECD TG487、490)、彗星試驗(Comet Assay)。

根據臺灣《化粧品衛生安全管理法》第六條規定，化粧品業者於國內進行化粧品或化粧品成分之安全性評估，不得以動物作為檢測對象，自 2019 年 11 月 9 日起施行。國內業者已提供相關替代動物試驗，協助化妝保養品產業轉型與國際法規接軌。

三、化妝品中微生物檢測

雖然化妝品大多為非無菌產品，但仍不允許有病原性微生物的汙染，由於致病微生物種類繁多，無法逐一進行檢測，因此是透過檢測某些化妝品中致病菌的可能性及總生菌數等指標意義，用來確認化妝品安全的衛生監測。例如化妝品中微生物容許量基準，如表 3-1 所示。

表 3-1　化妝品中微生物容許量基準

產品類型	生菌數	其他規定
三歲以下孩童用、眼部周圍用及使用於接觸黏膜部位之化妝品	100 CFU/g 或 CFU/mL 以下	不得檢出大腸桿菌(Escherichia coli)、綠膿桿菌(Pseudomonas aeruginosa)、金黃色葡萄球菌(Staphylococcus aureus)、白色念珠球菌(Monilia albican)等。
其他類化妝品	1000 CFU/g 或 CFU/mL 以下	

四、供兒童使用之化粧品之安全指引

105 年 10 月 14 日衛福部食藥署醫療器材及化粧品組發布「供兒童使用之化粧品之安全指引」，依據行政程序法第一百六十五條。公告事項：

1. 為保障兒童使用化粧品之安全，特訂定本指引。

2. 凡化粧品明示或暗示為供兒童使用者，應注意下列事項：

   (1) 在正常之用途、用法及用量下，以及可預見的情形下對兒童應為健康安全。

(2) 應優先使用具安全使用歷史之成分，減少使用香精、香料、色素與防腐劑。

(3) 供嬰兒用之化妝品，生菌數應在 100 CFU/g 或 mL 以下，並不得檢出大腸桿菌、綠膿桿菌及金黃色葡萄球菌。

(4) 應注意其外觀、顏色、包裝、標示以及容量大小，避免讓兒童誤食及危害健康。

(5) 含藥化妝品添加水楊酸(Salicylic acid)做為主成分，用途為軟化角質、預防面皰，應標示注意事項「3 歲以下嬰幼兒不得使用」(洗髮用化粧品除外)。

(6) 化粧品中含果酸及其相關成分製品，應標示注意事項「嬰兒及孩童不宜使用本產品」。

(7) 添加 Camphor、Menthol、Methyl Salicylate 成分者，有可能為 2 歲以下兒童使用時，應於產品標籤仿單或包裝加註「2 歲以下兒童之使用須諮詢醫師或藥師」。

(8) 為避免兒童以不當方式使用，建議標示「為維護兒童安全，請在成年人監護下使用」或同意義之字樣。

(9) 盛裝於加壓的容器內時，建議標示「避免朝眼睛噴。不要刺破或焚燒。避免陽光直射，宜保存於陰涼之處。避免靠近火源或熱源。」或同意義之字樣。

3. 供兒童使用之化粧品如添加其他應標示注意事項之成分時，仍應依相關規定辦理。

 3-3 ## 化妝品的有效性

　　許多化妝品的廣告，常有誇大不實而損害消費者權益，其實消費者應有使用化妝品使用的正確觀念。化妝品不是藥品，因此不能治療皮膚的疾病；另外，不可過度期盼，因為皮膚不只受外在環境影響，也與個人體質、生理狀態及心理狀態有關，因此效果也會有所不同。最近皮膚科醫師，也開始注意化妝品保養的重要性，例如：防曬保養品可保護皮膚免受紫外線的傷害，防止光老化，甚至皮膚癌；果酸保養品可換膚，有效的去角質治療青春痘、淡化色斑及改善皺紋等；保濕化妝品，可保持皮膚機能正常，同時維持肌膚的水合能力，減少皮膚脫屑、乾燥、緊繃的現象。

一、化妝品的經皮吸收

　　化妝品的功能性原料並不需要穿透皮膚而進入體循環，只要作用標靶細胞或組織，所以使用的化妝品目的不同，則功效成分滲透後滯留皮膚的部位也不同，如保濕化妝品的保溼劑和油脂只要作用在角質層屏障；防曬化妝品的防曬劑最好只要停留在角質層即可；美白化妝品的美白劑則滲透到基底層作用於黑色素細胞減少黑色素生成；抗老化化妝品的除皺劑應吸收到真皮層作用於纖維母細胞促進結締組織細胞間質的生成，甚至外用美體瘦身產品的成分須滲透皮下組織作用到脂肪細胞促進脂肪分解。任何塗抹在皮膚上的化妝品有以下二種現象：1.**吸收**(Absorption)化妝品的某些成分穿透角質層而到達表皮的深層、真皮層甚至皮下組織。2.**吸附**(Adsorption)化妝品的成分僅能停留在角質層的表面。

　　正常化妝品成分經皮吸收有兩條途徑：1.通過角質層吸收，該途徑約占整個皮膚吸收 90%，以脂溶性物質為主，通過角質層時以細胞擴散的方式和以角質層之間的細胞間隙擴散形式滲透吸收；2.通過皮膚附屬器官毛囊皮脂腺和汗腺導管吸收，約占整個皮膚吸收 10%，可吸收脂溶性成分，但以水溶性物質為主，其吸收是以溶解擴散的形式。大多數化妝品成分可同時經由這兩種途徑吸收，而通過表皮途徑是主要的，因為表皮比附屬器官的表面積大 100~1000 倍。

二、影響化妝品吸收的因素

　　化妝品能否發揮作用與產品在皮膚滲透作用有關。滲透好壞取決於化妝品成分與劑型的特性，也與皮膚的生理狀態有關。

1. **皮膚的部位**：皮膚吸收與角質層的厚度有關。一般來說，陰囊通透吸收能力最強，臉部、前額次之，軀幹、四肢稍差。

2. **年齡與性別**：嬰兒、老人皮膚比其他年齡的皮膚吸收率高；女性皮膚比男性皮膚對化妝品吸收強。

3. **皮膚溫度**：皮膚溫度升高可以增加皮膚的擴散速度，當局部皮膚血管擴張、充血、血流加速，促使皮膚表面與深層之間的化妝品有效成分濃度差增大，加速擴散經皮吸收。因此採用蒸氣薰臉或利用面膜防止水分蒸發，增加皮膚水合度，可促進皮膚對活性物質的吸收。

4. **角質層的含水量**：正常皮膚角質層的含水量為 10% ~ 20%。含水量增加後皮膚的吸收作用增強，使用化妝水或面膜浸軟皮膚後，可增加活性成分的吸收。化妝品如使用乳化劑型，塗抹皮膚使體內水分無法透出，這些水分將使角質層含水量增加，從而促進了皮膚的吸收。

5. **皮膚屏障功能的完整性**：皮膚屏障功能受損時吸收作用增強。

6. **化妝品的劑型**：不同劑型的化妝品滲透皮膚的效果不同。理想的化妝品劑型是乳化劑型，單純油相和單純的水相都較難吸收。各種劑型滲透入皮膚由大到小依次為：乳液>溶液、凝膠>懸浮液>物理性混合物。

7. **有效成分的分子結構**：一般而言氣體和液體物質則容易被皮膚吸附及吸收，固體物質只吸附不吸收。脂溶性成分可通過細胞膜，吸收較好；水溶性物質可被細胞中的蛋白質成分吸收，但透過率較低。化妝品中的載體，如微脂體、微膠囊等，由於與生物膜的結構類似，因此容易滲透入表皮及真皮，促進化妝品有效成分吸收。化妝品中有效成分的分子量與分子結構與經皮吸收的數量成正比關係，一般認為結構及性質與皮膚相似的成分容易被皮膚吸收；分子量大於 1 萬的化妝品成分是不利於皮膚吸收。

8. **成分的濃度**：化妝品成分以滲透擴散放是進入皮膚，高濃度溶液會往低濃度溶液擴散，濃度差大，滲透壓越大，擴散速度越快。

表 3-2　各種成分塗抹皮膚後的經皮吸收分布量

名　稱	經皮吸收量(%)	表皮吸收量(%)	真皮吸收量(%)
睪固酮 Testosterone	35.4	2.63	1.49
水楊酸 Salicylic acid	11.4	10.10	1.26
乙醯水楊酸 Aspirin	16.7	6.69	0.88
氫化皮質酮 Hydrocortisone	9.8	6.92	0.90
咖啡因 Caffeine	71.8	0.95	0.16
甘油 Glycerol	7.34	5.56	1.07
尿素 Urea	9.68	3.03	0.24

註：實驗方法如下：
 1. 將外敷物塗擦皮膚 24 小時後，以洗劑洗去表皮殘餘量。
 2. 皮膚吸收擴散 2 天後，再測皮膚吸收的分布情形。

表 3-2 顯示不同極性成分對皮膚的滲透吸收量也不同。咖啡因有很好的經皮吸收量，停留在表皮的吸收量好少，表示大部分可滲透到皮下組織；睪固酮也有不錯的經皮吸收，已證實荷爾蒙可以透過皮膚貼片吸收後進入體循環。另外，從表中可看出脂溶性的成分經皮吸收量優於水溶性成分。

三、皮膚的改善效果

化妝品的有效性可藉由檢驗儀器的量測來確定其短期和長期的效果，這些效果有時會因個人及外在因素而有所差異。皮膚常見的異常現象就是皮膚乾燥，導致皮膚粗糙脫屑、細紋、龜裂，以及過度暴曬陽光，產生皮膚的光老化，表皮乾燥、色素沉澱、皮膚變黑、皺紋等都是化妝品想要預防及改善的標的。

角質層的水含量可藉皮膚電導及電容的測量而得知。皮膚表面的形態可由皮膚表面分析儀藉光學放大倍數來觀察皮膚形態有無變化；皺紋可由矽酮樹脂印模來掌握皮膚表面縱剖圖，然後透過分析儀器測量出數據；皮膚彈力、張力可由皮膚彈力測定儀來測定；美白效果可由皮膚色澤計來判定；調理後的頭髮髮質的表面形態、彈力、光澤均可由儀器量測而得知改善的效果。因此護膚化妝品、頭髮用品及身體保養品的效果評估，皆可藉由高科技的儀器及檢測方法，準確測量使用產品前後數據的變化。

1. **老化角質的改善**：圖 3-1 為使用含水楊酸、天然酵母精華、蘆薈保濕成分及維生素 E 等活性成分的面霜(SK-II)所測試的效果。原本粗糙、脫屑老化的角質，經使用該面霜後，明顯看出老化角質的剝除及脫落，角質障壁變得完整、平滑。由圖 3-2 更清楚看出含乳酸(Lactic acid)、神經醯胺(Ceramide)的面霜(ARDEN)，能軟化、剝落附著於表皮的老化角質，使肌膚角質形成細胞代謝正常。

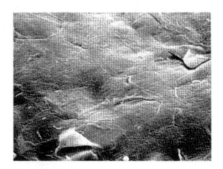

▌圖 3-1　面霜使角化改善的情形

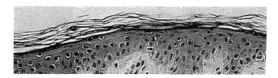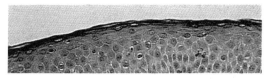

🔍 圖 3-2　皮膚角質形成細胞剖面圖

2. **皮膚表面形態的改變**：圖 3-3 為使用含月見草油、生化醯醛酸的抗老化、保濕面霜(SHISEIDO)所測試的結果。使用前皮溝、皮丘雜亂的皮膚形態，在使用該面霜後，恢復了年輕、細緻的皮膚表面形態。

🔍 圖 3-3　面霜使皮膚形態的改善情形

3. **角質水分含量的改善**：使用適當的保濕面霜，由於改善了皮膚保持水分的機能，因此皮膚的導電度增加，代表角質層的含水量增加。圖 3-4 左邊陰影的區域為塗抹週數，停止使用兩週後，皮膚角質層依然有保濕活化因子作用的跡象，證明有持續長效保濕的效果。

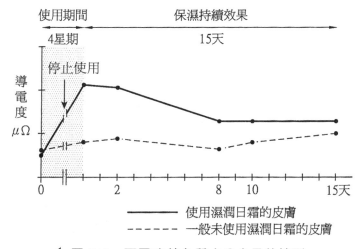

🔍 圖 3-4　面霜改善角質水分含量的情形

4. **皮膚美白的效果**：皮膚出現雀斑、黑斑及曬黑等色素沉澱的問題，是困擾愛美女性的因素之一。擁有白皙的肌膚是女性追求化妝品保養效果的其中之一。表 3-3 為使用含熊果素(Arbutin)的美白化妝品(SHISEIDO)結果，由不同地區隨機抽出 40 位受測者參與有效性評估，然後請受測者評估實際測試的感覺，再將數據彙整，明顯看出大多數受測者可以感受皮膚變白及肌膚斑點變淡的效果。

🍃 表 3-3　美白化妝品使用效果評估

測試時間	有　效	稍有效	無　效
7 日後	24/60.0％	12/30.0％	4/10.0％
14 日後	20/50.0％	15/37.5％	4/10.0％
21 日後	21/52.5％	14/35.0％	5/12.5％

註：抽樣人數 40 人；美白劑：熊果素。

5. **皺紋的改善**：肌膚老化時，皮膚的表面與真皮層都會出現明顯的變化，如細紋及皺紋的出現。通常深的皺紋，可由抗老化化妝品來獲得改善，而臉部皮膚若是因角質層缺水所產生的細紋，則可由保濕化妝品來有效解決此問題。圖 3-5 為使用保濕精華液改善粗糙肌膚的情形，皮膚表面的細紋，變為平滑。此乃是因保濕活性成分，深入角底層，有助於防止皮膚表面水分的流失，使皮膚表面柔軟、光滑、細緻。圖 3-6 為果酸的使用效果，對整體膚質有明顯的改善效果，而遞增式濃度果酸效果優於單一濃度果酸。

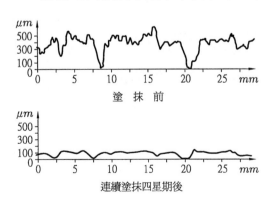

🌿 圖 3-5　精華液使皮膚細紋改善的情形

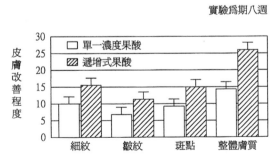

🌿 圖 3-6　使用果酸保養品改善膚質的效果

參考資料

1. 北村謙始、中山泰一、福田實：Fragrance Journal, Feb. 1991, p.57~62

2. 岩瀏久男：Fragrance Journal, 22(1), Jan. 1994, p.47~54

3. 中國醫藥生物技術，2016 年 10 月，第 11 卷第 5 期，p.470~476.

4. 增田光輝：Fragrance Journal, 22(1), Jan. 1994, p.81~89

5. Davis, D. A.: Drug and Cosmetics Industry, May 1990, p.44, 87, 88

6. Idson, B.: Drug and Cosmetics Industry, 156(4), Apr. 1995, p.40~44

7. Marks, J. G. Jr.: Cosmetics & Toiletries, Jul. 1990, p.73~76

8. Matthew, I.: Soap perfumery and cosmetics, Oct. 1994, p.59~61

9. Nil: Drug and Cosmetics Industry, 156(1), Jan. 1995, p.46~52

10. Nil: SPC, Nov. 1990, p.57~61

11. Rieger, M. M.: Cosmetics & Toiletries, Jan. 1991, p.127~140

12. Rogiers, V.; Derde, M. P.: Cosmetics & Toiletries, 105,Oct. 1990, p.73~82

13. Teng, A.: Household & Personal Products Industry, 30(12), Dec. 1993, p.53~60

14. Thielemann, A. M.; Chavez, H.: J. Soc. Cosmet. Chem., Jul. /Aug. 1990, p.243~248

15. Ward, A. J.; Reau, Ch. D.: Cosmetics & Toiletries, Oct. 1990, p.53~59

16. 衛福部醫療器材及化妝品組發布 FDA 器字第 1051607288 號：「供兒童使用之化妝品之安全指引」，2016-10-14

17. 衛福部食藥署委託科技計畫化妝品安全評估與法規人才培育計畫講義

Memo :

Principles of Cosmetics

化妝品的原料（一）

本章大綱

前 言

化妝品的主要原料，約略可分三類：1.基本原料：油脂、蠟、酯、高級脂肪醇、烴類等。2.輔助性原料：防腐劑、抗氧化劑、香料及界面活性劑等。3.機能性原料：保濕劑、防曬劑、除皺劑、美白劑、動植物萃取液等。由於化妝品科技的進步與發展，因此化妝品原料的來源也就更趨於多元化，從傳統的動植物油脂、人工合成物質，到生化科技應用，甚至目前流行的綠色原料——天然植物萃取成分，原料成分繁多且複雜。所以有必要對化妝品原料，訂出合理的規格，以確保原料的性質，保障化妝品的品質。一般化妝品規格之規定，包括物理、化學、有效性的試驗，項目如下：1.感覺(Aestheties)：顏色、氣味、外觀等。2.物性(Physical)：pH 值、密度、熔點、比重、黏度、顆粒大小、溶解度、霧點、濁度、折射率等。3.確認試驗(Assay)：純度、酸價、碘價、酯價、皂化價、游離酸、灰分、官能基、胺基含量等。4.安全性(Safety)：重金屬、氧化劑、甲醛、其他有毒物、微生物試驗等。5.有效性(Effect)：角質水合度、皮膚彈性、細胞再生率、黑色素合成抑制等。

 ## 4-1 油溶性原料

油溶性原料廣泛的應用在化妝品中，依來源的不同可分為動物性、植物性及礦物性油脂。三者相較之下各有利弊，動物性油脂與皮膚的相容性較佳，容易被皮膚吸收，但保存不易；植物性油脂來源多，所以應用最為廣泛；礦物性油脂的價格便宜，對皮膚的封閉性效果最佳，安定性高。

一、油脂

油脂在化學上的定義是指甘油和脂肪酸所化合成的三酸甘油酯(Triglyceride)，廣泛地存在動植物界中，常溫下呈液態者稱為油(Oil)，呈固態者稱為脂(Fat)。

$$
\begin{array}{l}
\mathrm{H_2C-OH} \quad\quad \mathrm{HO-\overset{\displaystyle O}{\overset{\|}{C}}-(CH_2)_{16}-CH_3} \\[6pt]
\mathrm{HC-OH} \;+\; \mathrm{HO-\overset{\displaystyle O}{\overset{\|}{C}}-(CH_2)_{14}-CH_3} \\[6pt]
\mathrm{H_2C-OH} \quad\quad \mathrm{HO-\overset{\displaystyle O}{\overset{\|}{C}}-(CH_2)_7CH=CH(CH_2)_7CH_3}
\end{array}
$$

$$
\xrightarrow[\text{酯化}]{\mathrm{H^+}}
\begin{array}{l}
\mathrm{H_2C-O-\overset{\displaystyle O}{\overset{\|}{C}}-(CH_2)_{16}-CH_3} \\[6pt]
\mathrm{HC-O-\overset{\displaystyle O}{\overset{\|}{C}}-(CH_2)_{14}-CH_3} \\[6pt]
\mathrm{H_2C-O-\overset{\displaystyle O}{\overset{\|}{C}}-(CH_2)_7CH=CH(CH_2)_7CH_3}
\end{array}
$$

一般油脂的化性與物性，會因脂肪酸種類的不同而呈現不同的性質，通常脂肪酸的飽和度越大，油脂較容易呈現固態。相反地，若結合較多不飽和脂肪酸，油脂則呈現液態。

植物油：橄欖油、蓖麻油、椿油；**植物脂**：椰子脂、可可脂、木蠟；**動物油**：魚肝油、卵黃油；**動物脂**：牛脂、豬脂、羊脂。

植物油的另外一種分類為乾性油、半乾性油及不乾性油。植物油中脂肪酸的不飽和度越大，則易與空氣中的氧產生氧化反應，形成乾涸的樹脂狀，所以通常依該油脂的碘價來判定，碘價越高代表該油脂的不飽和度越大。乾性油碘價 120 以上，油脂所結合的脂肪酸以次亞麻油酸居多。半乾性油碘價約 100~120 之間，油脂所結合的脂肪酸大都以油酸、亞麻油酸為主。不乾性油碘價在 100 以下，油脂所結合的脂肪酸以油酸為主。

乾性油：石栗子油(155~175)、亞麻仁油(127~154)；**半乾性油**：米糠油(108~110)、菜籽油(97~107)、芝麻油(108~112)；**不乾性油**：橄欖油(75~88)、蓖麻油(82~90)、茶子油(84~93)。

$$
\mathrm{HO-\overset{\displaystyle O}{\overset{\|}{C}}-(CH_2)_7-CH=CH-(CH_2)_7-CH_3}
$$
油酸 Oleic acid

$$
\mathrm{HO-\overset{\displaystyle O}{\overset{\|}{C}}-(CH_2)_7-CH=CH-CH_2-CH=CH-(CH_2)_4-CH_3}
$$
亞麻油酸 Linoleic acid

$$
\mathrm{HO-\overset{\displaystyle O}{\overset{\|}{C}}-(CH_2)_7-CH=CH-CH_2-CH=CH-CH_2-CH=CH-CH_2-CH_3}
$$
次亞麻油酸 Linolenic acid

✂ 油脂原料的使用目的

1. 賦予皮膚的柔軟性與潤澤性，當做化妝品的基劑。

2. 促進保養品有效成分的經皮吸收。

3. 在皮膚表面形成一層疏水性的薄膜，可防止有害物質的入侵及抑制皮膚水分的蒸發。

✂ 化妝品常用的植物油

1. **橄欖油(Olive oil)**：對皮膚有極佳的滲透性，提升觸感。脂肪酸成分含有油酸(70~90%)、棕櫚酸(10~15%)及亞麻油酸(5~10%)，另外還有其他少量的硬脂酸和花生烯酸。

2. **酪梨油(Avocado oil)**：含維生素 A、B、D、E，可柔軟肌膚，維持皮膚角化正常及治療皮膚炎。脂肪酸的成分以油酸(60~75%)為主，另外含有亞麻油酸(6~10%)與其他少量的飽和脂肪酸。

3. **山茶油(Camellia oil)**：脂肪酸的成分中，油酸占大部分，另含棕櫚酸(9~12%)及亞麻仁油酸(1~3%)。

4. **蓖麻油(Castor oil)**：相較於其他油脂，其親水性強，因為含有約 90%的蓖麻醇酸(Ricioleic acid)，為含有烴基的不飽和脂肪酸。黏度高、保濕性強。

5. **夏威夷核油(Macadamia oil)**：含有油酸(50~65%)，另外含有較多的棕櫚烯酸(20~25%)。相較於其他植物油，夏威夷核油有保護皮膚細胞組織、保濕和絕佳的觸感。

6. **小麥胚芽油(Wheat germ oil)**：柔軟皮膚且含豐富的維生素 A、E、F，可提供皮膚所需的滋養，強化皮膚的正常功能。脂肪酸的成分以亞麻油酸(45~60%)為主，另外含油酸(8~30%)和次亞麻油酸(4~10%)。

7. **杏核油(Apricot kernel oil)**：含有豐富的維生素 A、E，強化皮膚的正常功能。脂肪酸的主要成分為油酸，約占 60%為主，另含有亞麻油酸約 30%。

二、蠟

蠟(Waxs)在化學結構上是由高級脂肪酸和高級醇類（一元或二元醇）所合成的酯類，得自動植物的蠟質，除了前述酯類的主成分外，尚包含些許的游離脂肪酸和高級醇類及樹脂等成分。構成蠟質的脂肪酸和高級醇類與油脂不同，$C_{20}\sim C_{30}$ 所占的比例較高。

✆ 蠟的使用目的

1. 由於具有高熔點的特性，當作化妝品的硬化劑和改變黏稠度。

2. 提高油的熔點，增加光澤，並提升化妝品的觸感。

3. 增強疏水性膜。

4. 可提供游離的脂肪酸進行皂化反應，提供助乳化劑的來源。

✆ 化妝品常用的蠟

1. **巴西蠟(Carnauba wax)**：巴西棕櫚蠟是 $C_{20}\sim C_{32}$ 的脂肪酸和 $C_{28}\sim C_{34}$ 的醇所構成的酯，尤其羥基酸酯(Hydroxy acid ester)所占的比例相當高。另外，它的熔點介於 80~86℃，在植物蠟中算是高的了，精製品為白～淡黃色。主要的使用目的在賦予口紅的硬度、光澤及提升產品的耐溫性等。

$$C_{25}H_{51}COOH + C_{30}H_{61}OH \longrightarrow C_{25}H_{51}\overset{\overset{\displaystyle O}{\|}}{C}-O-C_{30}H_{61}$$

巴西蠟的主要成分

2. **燈心草蠟(Candelilla wax)**：淡黃色顆粒，幾乎可跟所有的動植物油脂、蠟相容，具有硬、脆、光澤的特性。主要使用目的在賦予口紅的硬度、光澤以及提升耐溫性等。

3. **蜜蠟(Bees wax)**：是從蜂巢所取得，為黃色或黃褐色的固體，精製後為白～淡黃色。主成分為高級脂肪酸與高級醇類合成的酯類，另外還有一些游離脂肪酸和烴類等，如 Ceryl palmitate($C_{15}H_{31}COOC_{26}H_{53}$) 和 Myricyl palmitate ($C_{15}H_{31}COOC_{31}H_{63}$)等酯類的成分。常用於乳化製品及口紅中，幫助脫模。

4. **羊毛脂(Lanolin)**：精製後為淡黃色膏狀，含有多量的水。羊毛脂的主成分是高級脂肪酸、膽固醇和高級脂肪醇所形成的酯類，成分類似人體角質的細胞間脂質，同時可迅速被吸收，所以常使用在化妝品成分中，具有降低表皮水分的散失及老化皮膚的軟化作用。

5. **荷荷芭油(Jojoba oil)**：主要是由 C_{20} 與 C_{22} 長鏈脂肪酸及不飽和高級醇所形成的酯類，屬於液態的蠟。荷荷芭油的氧化安定性及觸感均佳，對皮膚有極佳的柔潤性與親和性，有效降低表皮水分散失，使用後不油膩。

三、石化烴類

石化烴類(Hydrocarbons)主要來自石油系列，多屬 C_{15} 以上的鏈狀飽和碳氫化合物。碳氫化合物的組成存在動植物組織中，不但能增強皮膚的障壁功能，更能延遲表皮水分散失，與其他動植物油脂比較，具有極佳的安定性且價格便宜。在化妝品的應用中以液態石蠟(Liquid paraffin; Mineral oil)和軟石蠟(Vaseline)最為廣泛，常作為保濕劑和潤滑劑。

1. **液態石蠟(Liquid paraffin)**：俗稱白蠟油或礦物油，成分以 $C_{15} \sim C_{30}$ 的飽和烴混合液態油，化性安定，容易乳化，故在化妝品原料中用途廣泛。在乳液、乳霜中可當做油相基劑使用，具有柔軟皮膚、保濕作用。也常添加在清潔霜中，作為汙垢的溶劑，溶解油汙，清潔皮膚表面。但缺點是有油膩感，易堵塞毛孔。

2. **固態石蠟(Solid paraffin)**：較液態石蠟具有更長的碳鏈，所以在室溫下呈固態，可當作乳霜的原料，調節產品的黏稠度並在皮膚表面形成疏水性的膜，在口紅中可調節口紅的硬度。

3. **凡士林(Vaseline)**：由石油製的半固體狀碳氫化合物的混合物，主成分是以 $C_{24} \sim C_{34}$ 的碳鏈烴類為主，屬於非結晶系、軟膏狀，故又稱為軟石蠟。在醫療上廣泛地被使用，在化妝品成分上也有多項以凡士林為保濕劑的專利，如：護膚、護髮及防曬等產品。凡士林具有黏性，可調節乳化製品的黏度及強化口紅製品的密著性，且分散力佳是理想油相基劑。

4. **地蠟(Ceresin)**：屬於高熔點的無定形蠟，主成分為 $C_{29} \sim C_{35}$ 的直鏈烴類，主要是用來提高口紅的硬度。

5. **海鮫油(Squalane)**：由魚鯊烯(Squalene)氫化即得海鮫油，成分為 $C_{30}H_{62}$，在常溫下呈液態狀。類似皮脂成分，所以親膚性佳，具皮膚柔軟、保濕作用，對氧化反應呈高穩定性。

四、高級脂肪酸

凡具有六個碳以上，含有羧基(-COOH)的有機化合物，稱為高級脂肪酸。碳數太低較具有刺激性，所以在化妝品的使用上，碳數常介於 C_{12}~C_{18}。高級脂肪酸為化妝品的油相原料，飽和脂肪酸在室溫下呈固體狀，可與鹼劑產生皂化反應，用來製造肥皂或當作乳化劑。另外不飽和脂肪酸在室溫下呈液體狀，可當作皮膚的柔軟劑以及抑制表皮水分的蒸發。

1. **月桂酸(Lauric acid)**：化學式為 $CH_3(CH_2)_{10}COOH$，可由椰子油與棕櫚仁油加強鹼經皂化分解、分餾而得。一般用來製造皂基，去脂力、起泡性均佳，可作為洗面乳、香皂的成分。

2. **肉豆蔻酸(Myristic acid)**：化學式為 $CH_3(CH_2)_{12}COOH$，將棕櫚仁油加鹼經皂化分解、分餾而得。一般用來製造皂基，去脂力、起泡性均佳，可作為洗面乳的成分。

3. **棕櫚酸(Palmitic acid)**：棕櫚酸的化學式為 $CH_3(CH_2)_{14}COOH$，將棕櫚油加鹼皂化分解、分餾而得。可作為乳化製品的油相成分，又稱軟脂酸。

4. **硬脂酸(Stearic acid)**：化學式為 $CH_3(CH_2)_{16}COOH$，主要是從牛脂皂化而來。在化妝品中應用最廣，是乳霜的重要成分，能改變產品的黏稠度、真珠光澤及當作化妝品的油相基劑。另外可與氫氧化鉀作用產生皂基，作為乳化製品的乳化劑。

5. **油酸(Oleic acid)**：在化學結構上有一個不飽和雙鍵，屬於不飽和脂肪酸，對皮膚具柔軟作用。

6. **棕櫚烯酸(Palmitoletic acid)**：可由夏威夷核油皂化分解而得，屬於不飽和脂肪酸。可降低自由基所造成皮膚的脂質過氧化，減少細胞膜的傷害。

7. **亞麻油酸(Linoleic acid)**：在化學結構上有二個不飽和雙鍵，屬於不飽和脂肪酸。可維持角質細胞間脂質的完整，改善皮膚的障壁功能。

五、高級脂肪醇

凡具有六個碳以上，具有羥基(-OH)的直鏈烴，稱為高級脂肪醇(Fatty alcohols)。可增加油相成分對水的吸藏性，抑制油膩感，降低含蠟類成分化妝品的黏性。在乳化製品中，可當作乳化助劑，幫助乳化安定。

1. **月桂醇(Lauryl alcohol)**：化學式為 $CH_3(CH_2)_{10}CH_2OH$，在化妝品的作用中為助乳化劑、皮膚的調理劑。

2. **鯨蠟醇(Cetyl alcohol)**：化學式為 $CH_3(CH_2)_{14}CH_2OH$，在化妝品的作用中為助乳化劑、油相基劑和抑制油膩感。

3. **硬脂醇(Stearyl alcohol)**：化學式為 $CH_3(CH_2)_{16}CH_2OH$，在化妝品的作用中為助乳化劑、油相基劑和抑制油膩感。

4. **油醇(Oleyl alcohol)**：化學式為 $CH_3(CH_2)_7CH=CH(CH_2)_7CH_2OH$，為不飽合脂肪醇，在室溫下呈液態狀，在化妝品的作用中為皮膚柔軟劑。

5. **羊毛脂醇(Lanolin alcohol)**：羊毛脂醇是由高級脂肪醇和膽酯醇的混合物，在化妝品的作用中為助乳化劑、皮膚柔軟劑和頭髮調理劑。

6. **膽固醇(Cholesterol)**：膽固醇屬於角質細胞間脂質的成分，在化妝品的作用中為助乳化劑、皮膚調理劑及維持角質的障壁功能，減緩表皮水分蒸發。

六、酯類

酯類(Esters)是由脂肪酸和醇類所形成的酯類。通常高級脂肪酸與低分子量一元醇或二元醇酯化反應所得的合成酯類，分子量較小，室溫下大都為液體，所以黏度較油脂低，容易塗抹且沒有油膩感，可取代化妝品油脂的原料。另外若是由高級脂肪酸和高級脂肪醇所合成的酯類則分子量較大，一般在室溫為固體，常被用於取代天然的蠟類成分。

1. **肉豆蔻酸異丙酯(Isopropyl myristate, IPM)**：是由肉豆蔻酸和異丙醇所合成的酯類，化學式為 $CH_3(CH_2)_{12}-\overset{O}{\overset{\|}{C}}-O-CH(CH_3)_2$，在化妝品中的應用為皮膚柔軟、保濕劑、助溶劑和頭髮調理作用。

2. **棕櫚酸異丙酯(Isopropyl palmitate, IPP)**：是由棕櫚酸和異丙醇所合成的酯類，化學式為 $CH_3(CH_2)_{14}-\overset{O}{\overset{\|}{C}}-O-CH(CH_3)_2$ ，在化妝品中的應用為皮膚柔軟、保濕劑、助溶劑、塑形劑和頭髮調理劑。

3. **肉豆蔻酸肉豆蔻酯(Myristyl myristate)**：是由肉豆蔻酸和肉豆蔻醇所合成的酯類，化學式為 $CH_3(CH_2)_{12}-\overset{O}{\overset{\|}{C}}-O-(CH_2)_{13}-CH_3$ ，白色蠟狀固體。在化妝品中的應用為皮膚柔軟作用，使化妝品容易塗抹和頭髮之順髮、潤絲作用。

4. **苯甲酸異硬脂醇酯(Isostearyl benzoate)**：由苯甲酸和異硬脂醇所合成的酯類，對皮膚有柔軟、滋潤的作用，是一種不油膩的透氣油。可應用於防曬製品、各類型護膚製品、香精油及定香劑上。

5. **苯甲酸月桂醇酯(Lauryl benzoate)**：由苯甲酸和 $C_{12}\sim C_{15}$ 的高級脂肪醇所合成的酯類混合物，具有 IPM 及 IPP 的特性，但無刺激性的透氣油，可當皮膚的柔軟劑及香料與色料的助溶劑、分散劑及定香劑。應用於護體油、防曬產品、彩妝製品及皮膚保養品上。

6. **苯甲酸硬脂醇酯(Stearyl benzoate)**：由苯甲酸和硬脂醇所合成的酯類，具有增進產品的穩定性及塗抹的觸感，改善口紅冒汗的情形。應用於口紅、制汗劑、高黏度乳化製品上。

7. **二辛酸丙二醇酯(Proplene glycol dicaprylate)**：二辛酸丙二醇酯是由丙二醇與 2 分子的辛酸(Caprylic acid)所合成的酯類，在化妝品中的應用為皮膚柔軟劑、助推劑，不黏且無油膩感，其化學式如下所示。

$$CH_3-CH-CH_2 \begin{matrix} O-\overset{}{\underset{\|}{C}}-(CH_2)_6CH_3 \\ O \\ O-\overset{}{\underset{\|}{C}}-(CH_2)_6CH_3 \\ O \end{matrix}$$

8. **乳酸鯨蠟醇酯(Cetyl lactate)**：為乳酸和鯨蠟醇所合成的酯類，白色軟固體，在化妝品中的應用為皮膚的柔軟劑、頭髮調理劑和改善乳化製品的觸感。

9. **三聚磷酸鹽羧基硬脂酸二季戊四醇(Dipentaerythrityl tri-polyhydroxystearate)**：SALACOSWO-6 比起以往的油脂對皮膚與頭髮油有較好的附著性，將在皮膚與

頭髮的表面形成均勻的耐水性保護膜，可以防止由於摩擦造成的損傷、粗燥及乾裂。是可以保持自然光澤與光滑的高分子潤滑劑。

七、矽油

1. **甲矽烷基丙醇甲基丙烯酸酯共聚物（和）環五聚二甲基矽氧烷** (Acrylates/Tris(Trimethylsiloxy)Silylpropyl Methacrylate Copolymer (and) Cylcopentasiloxane)：丙烯酸（酯類）／三（三甲矽氧基），適宜揮發速度，可形成光亮疏水薄膜，親膚性優，與油酯相容性好，原料應用在彩妝、護膚、防曬、護髮產品。

2. **異構十二烷（和）聚二甲基矽氧烷／乙烯基聚二甲基矽氧烷交聯聚合物** (Isododecane(and)Dimethicone/Vinyldimethicone Crosspolymer)：有機矽彈性體凝膠，具有一定揮發性，絲絨般滑感，可在皮膚上形成柔軟的彈性薄膜，原料應用在護膚，彩妝產品。

3. **聚二甲基矽氧烷**(Dimethicone)：低黏度矽油，不油膩，優異的塗抹延展性，持久的柔軟細膩的皮膚潤滑感。原料常應用在護膚、彩妝、護髮產品。

4. **環五聚二甲基矽氧烷（和）聚二甲基矽氧烷**(Cyclopentasiloxane (and) Dimethicone)：護膚護髮矽油，優異滑感，能形成柔軟的皮膜層，獲得清爽如絲綢般的質感，適用於多種配方，原料應用在膏霜或乳液型護膚產品，護髮素、焗油膏、髮尾油等護髮產品。

 ## 4-2　界面活性劑

　　界面活性劑(Surfactants)由於分子結構的特性，可降低油水界面的張力，而提供多種功效，因此在化妝品的原料中應用廣泛。界面活性劑在化妝品常見的應用，例如臉部保養製品—乳化、增稠；彩妝製品—乳化、分散、潤滑；頭髮清潔保養製品—洗淨、起泡、濕潤、浸透、殺菌、保濕、抗靜電；芳香用品—可溶化。

　　界面活性劑其分子結構（圖 4-1）具有一個親水基(Hydrophilic group)，通常是由極性或是離子性的原子團所組成，以及由一條（或數條）直鏈（或分支）的碳氫

長鏈所構成的疏水性基團(Hydrophobic group)。這樣的分子結構同時具有親水及疏水兩種特性，所以也稱為兩性分子(Amphiphiles)。化妝品的原料來源有水溶性及油溶性原料，透過添加界面活性劑讓不互溶的原料能暫時均勻分散在同一相中。

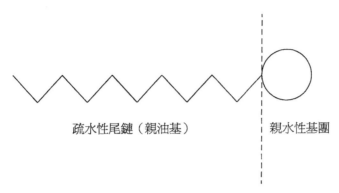

疏水性尾鏈（親油基）　　　　親水性基團

▌ 圖 4-1　界面活性劑分子結構

　　界面活性劑的種類繁多，分子結構大致相近，每個分子都兼具疏水部分（親油基或疏水基）和親水部分（親水基），適度調整親油基和親水基的組合比例能改變界面活性劑的親油與親水傾向及諸多的使用性質。界面活性劑的疏水基部分通常只是單純的碳氫鏈，所以一般是依親水基部分的原子團特性加以分類。歸納起來大致可分為離子型與非離子型兩種，其中離子型又分陰離子型、陽離子型及兩性型。

一、陰離子型界面活性劑

　　陰離子型界面活性劑(Anionic surfactant)溶於水中時，親水性基團會解離成帶負電的陰離子基團，而其對離子(Counter ion)則為陽離子。在親水基方面，分成羧酸型、硫酸酯型、磺酸型、磷酸酯型等數種，再與對離子如鈉離子、鉀離子、三乙醇銨離子，形成可溶性的鹽類，至於親油基的部分則以長鏈烷基與異烷基為主（圖 4-2）。

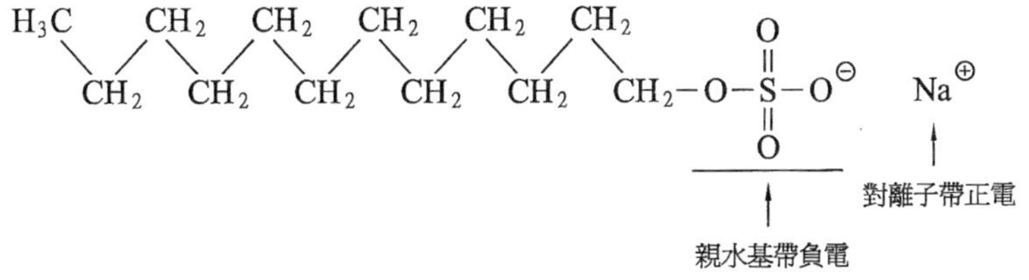

$$H_3C \quad CH_2 \quad CH_2 \quad CH_2 \quad CH_2 \quad CH_2$$

$$CH_2 \quad CH_2 \quad CH_2 \quad CH_2 \quad CH_2 \quad CH_2-O-S-O^{\ominus} \quad Na^{\oplus}$$

對離子帶正電

親水基帶負電

▌ 圖 4-2　月桂基硫酸鈉陰離子型界面活性劑

1. **肥皂(Soap)**：將動植物油脂和氫氧化鈉水溶液混合一起加熱、攪拌，經過皂化反應後即可生成肥皂（高級脂肪酸鈉鹽）和甘油。高級羧酸根肥皂具有清潔、去脂、起泡的作用。

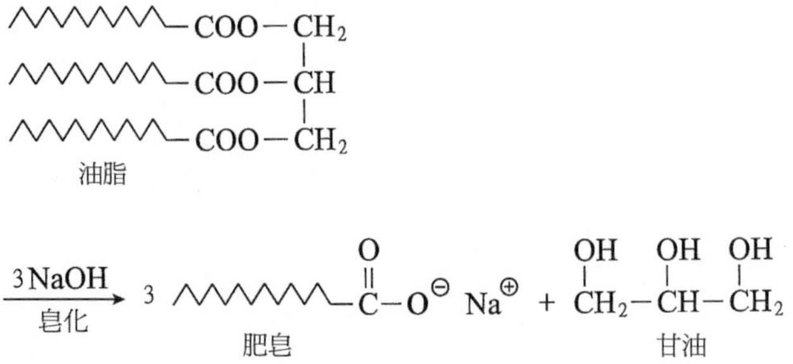

$$
\begin{array}{l}
\text{MWWW—COO—CH}_2 \\
\text{MWWW—COO—CH} \\
\text{MWWW—COO—CH}_2 \\
\qquad\text{油脂}
\end{array}
$$

$$
\xrightarrow[\text{皂化}]{3\,\text{NaOH}} \quad 3\ \text{MWWW—C—O}^{\ominus}\text{Na}^{\oplus} \ + \ \text{CH}_2\text{—CH—CH}_2
$$

肥皂　　　　　　　甘油

圖 4-3　皂化反應

2. **烷基硫酸酯鹽(Alky sulfates)**：先用氯磺酸(Chlorosulfonic acid)或無水硫酸將高級脂肪醇(Fatty alcohol)硫酸化，再用鹼中和即可製得烷基硫酸酯鹽。烷基硫酸酯鹽的洗淨力、發泡力均佳，可用來製造洗髮精和牙膏及其他洗劑產品。常用的原料有月桂基硫酸酯鈉鹽(Sodium lauryl sulfate, SLS)（圖 4-4）、月桂基硫酸酯銨鹽(Ammonium lauryl sulfate, ALS)。

$$
\text{C}_{12}\text{H}_{25}\text{OH} + \text{H}_2\text{SO}_4\,(\text{或 ClSO}_3\text{H}) \longrightarrow \text{C}_{12}\text{H}_{25}\text{OSO}_3\text{H} \xrightarrow{\text{NaOH}} \text{C}_{12}\text{H}_{25}\text{OSO}_3\text{Na}
$$

月桂基醇　　　硫酸　　　氯磺酸　　　　月桂基醇硫酸酯　　　　月桂基硫酸酯鈉鹽

圖 4-4　月桂基硫酸酯鈉鹽

3. **聚氧乙烯烷基醚硫酸酯鹽(Polyoxyethylene alkyl ether sulfate)**：高級脂肪族醇與環氧乙烷(Ethylene oxide)產生聚合反應後，再將其硫酸化並進一步以鹼中和即可製得。溶解性佳，洗淨力及發泡力強，可作為洗髮精、沐浴乳的原料，如聚氧乙烯月桂基醚硫酸酯鈉鹽(Sodium lauryl ether sulfate, SLES)。

4. **醯基 N-甲基乙磺酸鹽(Acyl N-methyl taurate)**：可由醯基氯化物(Acyl chloride)與甲基乙磺酸鹽(Methyl taurate)，在鹼的存在下產生脫酸反應或由高級脂肪酸和甲基乙磺酸鹽產生脫水縮合反應，皆可得到醯基 N-甲基乙磺酸鹽（圖 4-5）。這類陰離子型界面活性劑安全性高、耐酸鹼、耐硬水，具強起泡力、清潔力，可應用於洗髮精、沐浴乳、洗面乳、液體肥皂及家用清潔用品上。

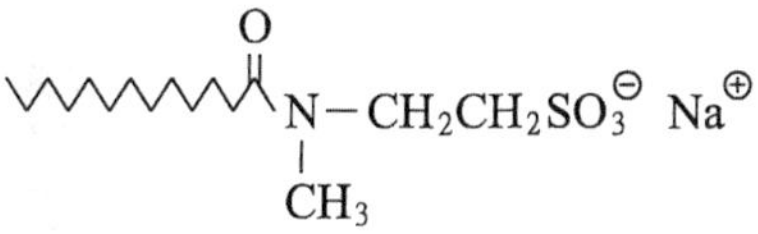

$$\text{\Huge\char`\~}\text{C}(=\text{O})\text{N}-\text{CH}_2\text{CH}_2\text{SO}_3^{\ominus}\ \text{Na}^{\oplus}$$
$$|$$
$$\text{CH}_3$$

▲ 圖 4-5　醯基 N-甲基乙磺酸鹽

常用原料有：油酸醯基 N-甲基乙磺酸鈉鹽(Sodium methyl oleyl taurate)、椰子酸醯基 N-甲基乙磺酸鈉鹽(Sodium methyl cocyl taurate)及椰子酸醯基 N-甲基-2-羧基乙磺酸鈉鹽(Sodium cocoyl isethionate)。其中醯基 N-甲基-2-羧基乙磺酸鈉鹽較溫和，無刺激性，對肌膚有柔軟作用。

5. **琥珀酸酯磺酸鹽(Sulfosuccinate esters)**：可由琥珀酸-2-磺酸鹽與高級脂肪醇產生酯化反應而得（圖 4-6），屬於無刺激性的起泡劑、泡沫安定劑，可搭配其他陰離子型洗劑或陽離子型調理劑。可應用於洗髮精、泡沫沐浴乳、液體皂，常用的原料有二辛基琥珀酸酯磺酸鈉鹽(Dioctyl sodium sulfosuccinate)、油醯胺 MIPA 磺基琥珀酸酯二鈉(Disodium oleamido MIPA sulfosuccinate)。

$$\text{R}\char`\~\text{O}-\overset{\overset{O}{\|}}{\text{C}}-\overset{\overset{SO_3^{\ominus}Na^{\oplus}}{|}}{\text{CH}}-\text{CH}_2-\overset{\overset{O}{\|}}{\text{C}}-\text{O}\char`\~\text{R}\qquad\char`\~\text{R}：長碳鏈烷基$$

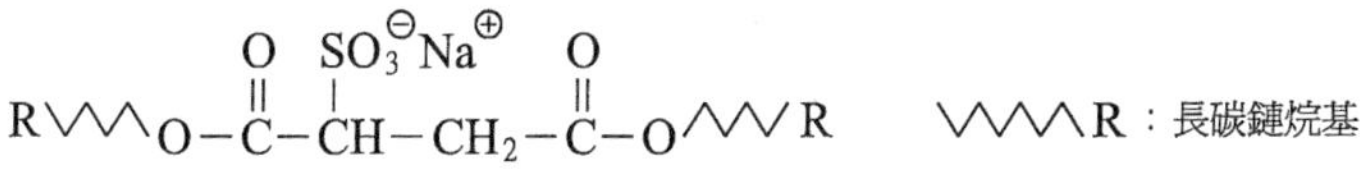

▲ 圖 4-6　琥珀酸酯磺酸鹽

6. **烷基醚磷酸鹽(Alkyl ether phosphate)**：可由高級脂肪醇或其聚氧乙烯衍生物的末端與磷酸進行酯化，再以鹼中和，即可製得烷基醚磷酸酯鹽。烷醚磷酸酯鹽可分成單酯、雙酯及三酯鹽三種（圖 4-7），但市面所售的通常是上述三種之混合物，可應用於洗面劑、洗髮精上。

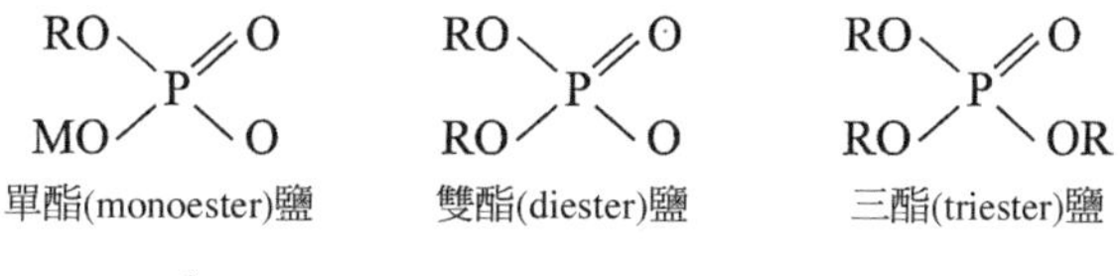

$$\begin{array}{ccc}\text{RO}\diagdown\hspace{-0.3em}\overset{\diagup O}{\underset{\diagdown O}{P}}\hspace{-0.3em}\diagup & \text{RO}\diagdown\hspace{-0.3em}\overset{\diagup O}{\underset{\diagdown O}{P}}\hspace{-0.3em}\diagup & \text{RO}\diagdown\hspace{-0.3em}\overset{\diagup O}{\underset{\diagdown OR}{P}}\hspace{-0.3em}\diagup \\ \text{MO} & \text{RO} & \text{RO} \\ \text{單酯(monoester)鹽} & \text{雙酯(diester)鹽} & \text{三酯(triester)鹽}\end{array}$$

▲ 圖 4-7　烷基醚磷酸鹽的種類

7. **N-醯基胺基酸鹽(N-Acylamino acid salts)**：胺基酸分子含胺基與羧基，前者可與高級脂肪酸產生脫水縮合反應而得到 N-醯基胺基酸鹽，可應用於洗面乳、洗髮精上。圖 4-8 是以麩胺酸舉例說明。

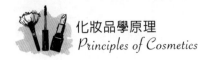
$$R \diagdown \underset{\underset{NHCHCH_2CH_2CO^{\ominus}}{\overset{O=C-O^{\ominus}Na^{\oplus}}{|}}}{\overset{O}{\|}} Na^{\oplus} \quad \text{N-Acyl glutamate}$$

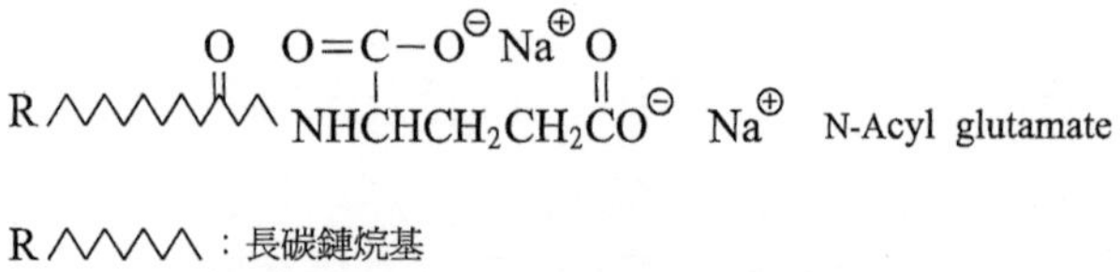

R∧∧∧：長碳鏈烷基

▮ 圖 4-8　N-醯基胺基酸鹽

二、陽離子型界面活性劑

陽離子型界面活性劑(Cationic surfactants)（圖 4-9）在溶於水時，其親水基的部分會解離為帶正電陽離子，而其對離子則為陰離子。通常我們都是應用陽離子型界面活性劑所具有的抗靜電功能，對頭髮有潤濕、柔軟作用，另外陽離子型界面活性劑亦有殺菌的作用。

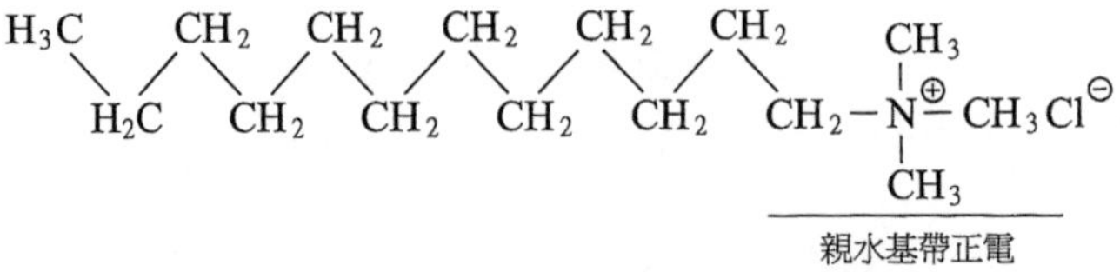

$$H_3C \diagdown \overset{CH_3}{\underset{CH_3}{\overset{|}{N^{\oplus}}}} CH_3 Cl^{\ominus}$$

親水基帶正電

▮ 圖 4-9　陽離子型界面活性劑

1. **十六烷基三甲基銨鹽**(Cetyl trimethyl ammonium chloride)：化學結構如圖 4-10 所示，具有使頭髮柔軟、抗靜電的作用，可應用在洗髮精、潤絲精上。

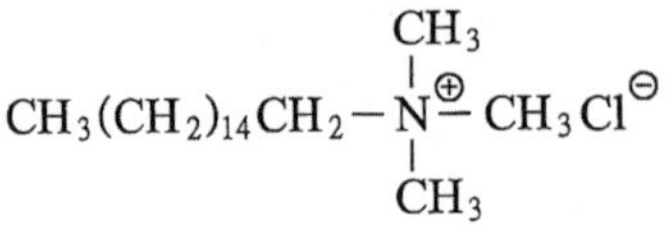

$$CH_3(CH_2)_{14}CH_2 - \overset{CH_3}{\underset{CH_3}{\overset{|}{N^{\oplus}}}} CH_3 Cl^{\ominus}$$

▮ 圖 4-10　十六烷基三甲基銨鹽的化學結構

2. **烷基二甲基苯甲基銨鹽**(Alkyl dimethyl benzyl ammonium chloride)：化學結構如圖 4-11 所示，通常當作殺菌劑使用，可作為洗髮精和潤絲精等產品之殺菌劑成分。

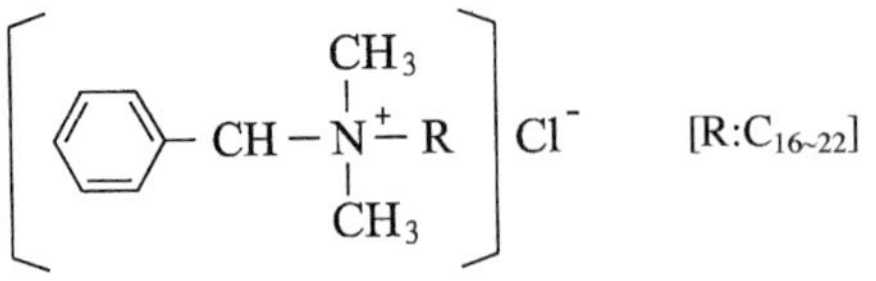

$$\left[\text{◯}-CH - \overset{CH_3}{\underset{CH_3}{\overset{|}{N^{+}}}} R \right] Cl^- \qquad [R:C_{16-22}]$$

▮ 圖 4-11　烷基二甲基苯甲基銨鹽的化學結構

三、兩性型界面活性劑

　　兩性型界面活性劑(Amphoteric sufactants)是指分子內同時具有陽離子型基團與陰離子型基團（圖 4-12）。一般來說，兩性型界面活性劑在鹼性環境下是屬於陰離子型，具有清潔、起泡的作用，反之在酸性環境下則是陽離子型，具有潤絲、抗靜電、殺菌的作用。若在等電點的環境下則又呈現非離子型的特性，有泡沫安定及增稠的效果。

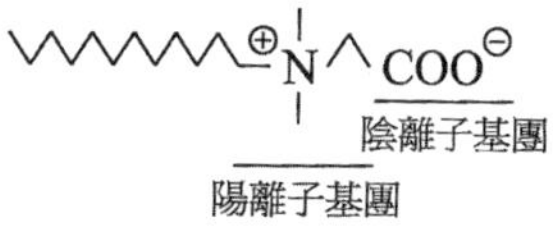

　▎圖 4-12　兩性型界面活性劑

　　兩性型界面活性劑可以降低一般陰離子型界面活性劑的刺激性缺點，而且它的毒性較小，具洗淨、殺菌、潤絲、發泡以及軟化的效果，可用來製造洗髮精和嬰兒用品。

1. **月桂基甜菜鹼**(Lauryl betaine)：化學結構如圖 4-13 所示，具有使毛髮柔順、濕潤及抗靜電作用，可應用於洗髮精和潤絲精上。

$$CH_3(CH_2)_{10}CH_2 - \overset{\overset{\displaystyle CH_3}{|}}{\underset{\underset{\displaystyle CH_3}{|}}{\overset{\oplus}{N}}} - CH_2 - COO^{\ominus}$$

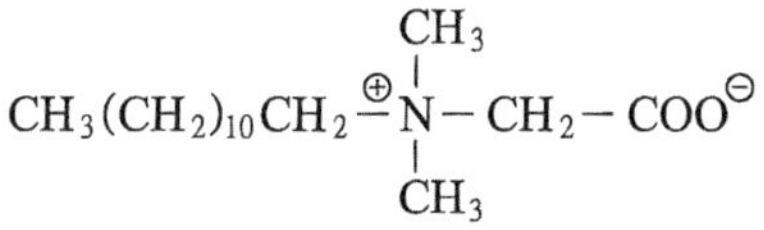

　▎圖 4-13　月桂基甜菜鹼的化學結構

2. **椰子醯胺丙基甜菜鹼**(Cocamido propyl betaine, CAPB)：化學結構如圖 4-14 所示，可滑順調理、助泡、增稠且較烷基甜菜鹼的刺激性低，是目前配方中最常見的次要界面活性劑。可改進主要界面活性劑的特性，調配出適當的產品，減少對皮膚及黏膜的刺激性，可應用於洗髮精和潤絲精上。

$$CH_3(CH_2)_{11} - \overset{\overset{\displaystyle O}{\|}}{C} - NH - CH_2CH_2CH_2 - \overset{\overset{\displaystyle CH_3}{|}}{\underset{\underset{\displaystyle CH_3}{|}}{\overset{\oplus}{N}}} - CH_2 - COO^{\ominus}$$

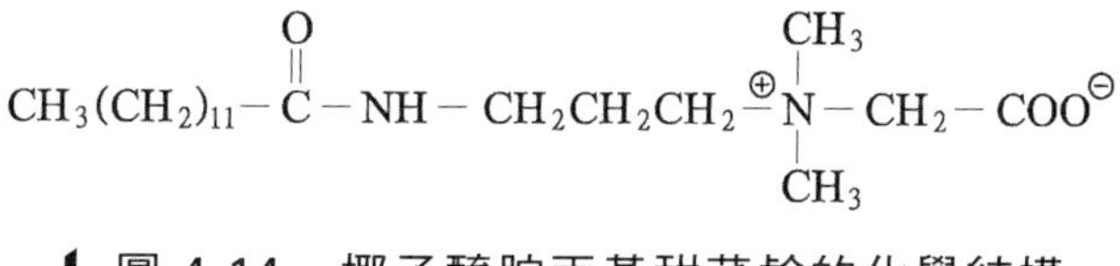

　▎圖 4-14　椰子醯胺丙基甜菜鹼的化學結構

3. **咪唑甜菜鹼(2-Alky-N-carboxymethyl-N-hydroxyethylimidazolinium betaine)：**
化學式如圖 4-15 所示，它在兩性界面活性劑中是毒性及刺激性最小的一類。具起泡、濕潤、浸透、防腐、耐硬水及改善頭髮柔軟度的功效，應用於溫和配方洗髮、潤髮用品及皮膚乳液上。

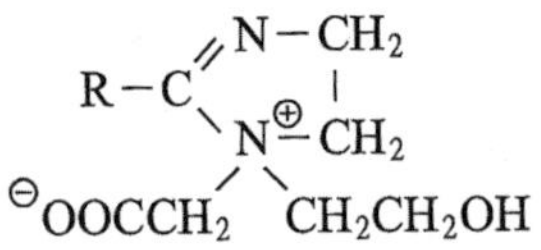

$$R-C \overset{N-CH_2}{\underset{\underset{\ominus OOCCH_2}{N^{\oplus}} \overset{}{CH_2CH_2OH}}{}}$$

圖 4-15　咪唑甜菜鹼的化學結構

四、非離子型界面活性劑

非離子型界面活性劑(Nonionic surfactants)（圖 4-16）分子的親水性原子團並不會解離，而是以極性官能基如羥基(-OH)、醚基(-O-)、醯胺基(-CONH-)、酯基(-COOR)等和水分子產生氫鍵。非離子型界面活性劑的溶解度變異極大，會隨親水基（聚氧乙烯鏈）長度與氫氧基數目的不同而改變，據此也可合成多種不同 HLB 值(Hydrophilic lipophilic balance)的非離子型界面活性劑。HLB 值代表非離子型界面活性劑傾向油性或傾向水性的指標，因此 HLB 值的差異可導致溶解度、濕潤性、滲透力和乳化力等性質的不同。

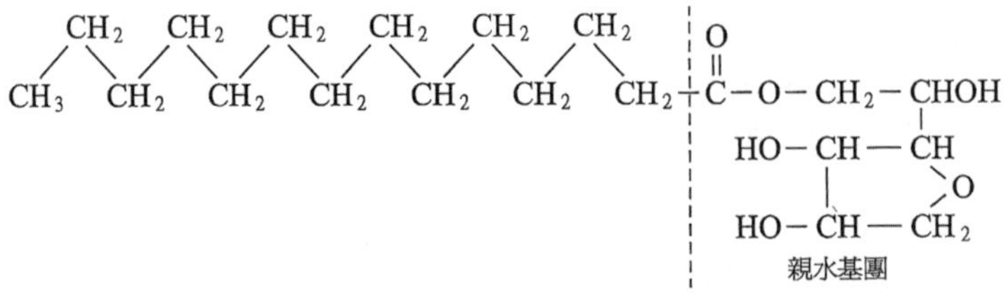

圖 4-16　非離子型界面活性劑

1. **月桂酸單乙醇醯胺(Cocamide MEA)：** 化學結構如圖 4-17 所示，由月桂酸和乙二醇胺產生脫水縮合而合成的黃色片狀，具泡沫安定及增稠作用，可適用的 pH 值範圍廣泛。可應用在洗髮精、個人清潔用品或其他洗劑上。

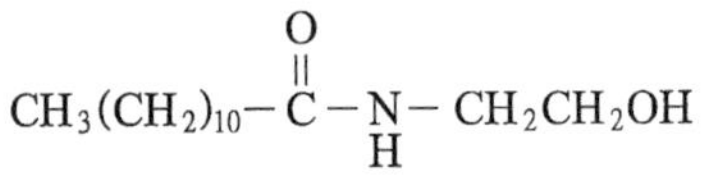

$$CH_3(CH_2)_{10}-\overset{O}{\overset{\|}{C}}-\underset{H}{N}-CH_2CH_2OH$$

圖 4-17　月桂酸單乙醇醯胺的化學結構

2. **月桂酸二乙醇醯胺(Cocamide DEA)**：化學結構如圖 4-18 所示，由月桂酸與 2 分子二乙醇胺產生脫水縮合反應而合成的，透明微黃色液體。具泡沫安定及增稠效果，可應用在洗髮精、個人清潔用品及清潔劑上。

$$CH_3(CH_2)_{10}-\overset{\overset{O}{\|}}{C}-N(CH_2CH_2OH)_2$$

▲ 圖 4-18　月桂酸二乙醇醯胺的化學結構

3. **Span & Tween 系列非離子型界面活性劑**：美國 Atlas 公司開發以山梨糖醇酐酯型非離子型界面活性劑的品種，皆以「Span」的商品名在市面出售。Span 系列是由山梨糖醇和碳鏈長度不同的高級脂肪酸，在強鹼高溫 230~250℃ 所合成的山梨糖醇酐脂肪酸酯，見圖 4-19，主要作為乳化劑使用。此類乳化劑幾乎不溶於水，所以須配合其他親水性乳化劑，始可發揮優良的乳化效果。

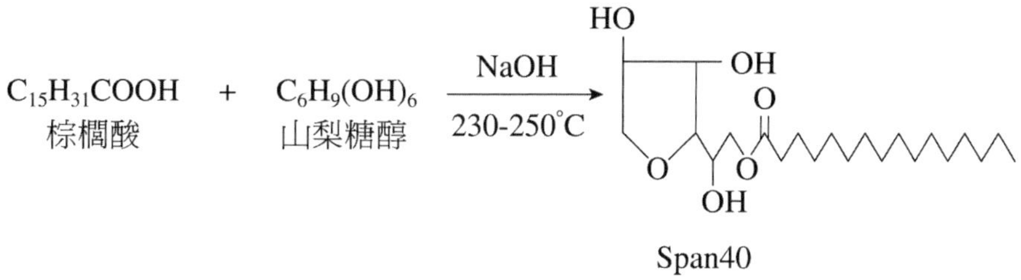

▲ 圖 4-19　Span 40 的合成

另外 Atlas 公司將環氧乙烷附加於 Span 系列，以增加該乳化劑的親水性，稱為 Tween 型非離子型界面活性劑，如圖 4-20。依 HLB 值不同，分別作為非離子型 O/W 乳化劑、助溶劑、乳化安定劑、色料分散劑，可應用在皮膚及頭髮保養霜及乳液、香水、芳香劑上。

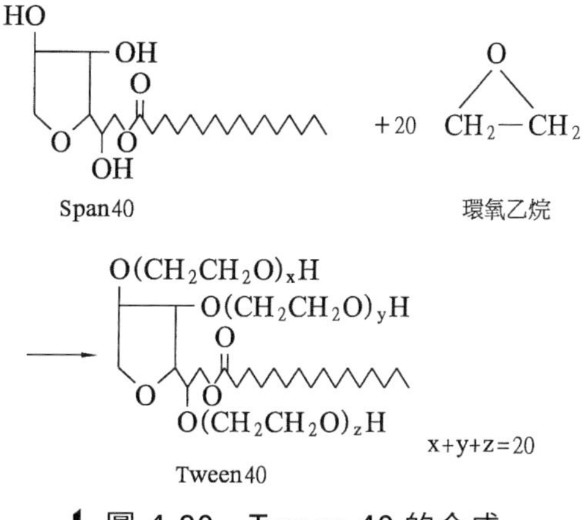

▲ 圖 4-20　Tween 40 的合成

表 4-1　Span & Tween 系列非離子型界面活性劑

商品名	中文名稱	英文名稱	HLB 值
Span 20	山梨糖醇酐單月桂酸酯	Sorbitan monolaurate	8.6
Span 40	山梨糖醇酐單棕櫚酸酯	Sorbitan monopalmitate	6.7
Span 60	山梨糖醇酐單硬脂酸酯	Sorbitan monostearate	4.7
Span 80	山梨糖醇酐單油酸酯	Sorbitan monooleate	4.3
Tween 20	聚氧乙烯山梨糖醇酐單月桂酸酯	POE 20 sorbitan monolaurate	16.7
Tween 40	聚氧乙烯山梨糖醇酐單棕櫚酸酯	POE 20 sorbitan monopalmitate	15.6
Tween 60	聚氧乙烯山梨糖醇酐單硬脂酸酯	POE 20 sorbitan monostearate	14.9
Tween 80	聚氧乙烯山梨糖醇酐單油酸酯	POE 20 sorbitan monooleate	15.0

4. 聚氧乙烯型非離子型界面活性劑 (Polyoxyethylene type nonionic surfactants)：在鹼的催化以及常壓或加壓的環境下，使環氧乙烷與親油基發生附加聚合反應即可製得，代表性的親油基有：高級脂肪族醇、高級脂肪酸。由於得自環氧乙烷的附加聚合，故此種界面活性劑並非單一成分，而是具有聚合度分布的混合物。

Ether type：　　　$R-(CH_2CH_2O)_n-OH$　$R=$ 烷基 $(C_{12}\sim C_{24})$　$n=$ 聚合度

例如：Laureth-4　　$CH_3(CH_2)_{10}CH_2(OCH_2CH_2)_4OH$　R：12 個碳　$n=4$

Ether type：　　　$R-\overset{O}{\overset{\|}{C}}-(OCH_2CH_2)_nOH$　$R=$ 烷基 $(C_{12}\sim C_{18})$　$n=$ 聚合度

例如：PEG-4Laurate　$CH_3(CH_2)_{10}\overset{O}{\overset{\|}{C}}-(OCH_2CH_2)_4OH$

(1) Ceteth-2：化學式為 $CH_3(CH_2)_{14}CH_2(OCH_2CH_2)_2OH$，為非離子型 W/O 型乳化劑及助乳化劑，HLB = 5.3。可應用於脫毛膏、冷燙液、染髮劑上。

(2) Ceteth-20：化學式為 $CH_3(CH_2)_{14}CH_2(OCH_2CH_2)_{20}OH$，為非離子型 O/W 乳化劑，HLB = 15.7。可與 Ceteth 搭配使用，常應用於脫毛膏、冷燙液、染髮劑上。

(3) Steareth-2：化學式為 $CH_3(CH_2)_{16}CH_2(OCH_2CH_2)_2OH$，為非離子型 W/O 型乳化劑或當作 O/W 系統的助乳化劑，耐酸鹼，HLB = 4.9。常應用於皮膚、頭髮保養產品及難乳化產品的賦形劑上。

(4) PEG-100 stearate：化學式為 $CH_3(CH_2)_{16}\overset{O}{\overset{\|}{C}}-(OCH_2CH_2)_{100}OH$，為極佳的非離子型 O/W 乳化劑，特別是難以乳化的化妝品，HLB＝18.8。常應用於皮膚及頭髮保養產品、難乳化產品的賦形劑上。

(5) 另外尚有 PEG-l50 Distearate(HLB＝l8.4)、PEG-40 stearate(HLB＝16.9)、PEG-8 Dioleate(HLB＝8)、PEG-8 Oleate(HLB＝11)、PEG-8 Stearate(HLB＝11.2)等聚氧乙烯脂肪酸酯類。

5. **烷基葡萄糖**(Akyl polyglycosides, APG)：烷基葡萄糖苷是由醣類與高級脂肪酸脫水縮合而成的非離子型界面活性劑，C_8~C_{16} 碳數的 APG 都傾向於生成 O/W 型乳化且不會受溫度影響而產生轉相現象。屬於低刺激性，常應用於個人保養品上。

6. **水分散型矽油** SilSense™ DW-18 silicone(Dimethicone PEG-7 Isostearate)：SilSense™ DW-18 silicone 是由異硬脂酸與聚甲基矽氧烷反應而成的水分散型液態蠟。提供頭髮和皮膚等個人用品潤滑的效果，但沒有油膩的感覺，如乳液、化妝水、面霜、膠凝體及香波等，也可當作化妝品的共乳化劑及改善產品的光澤。

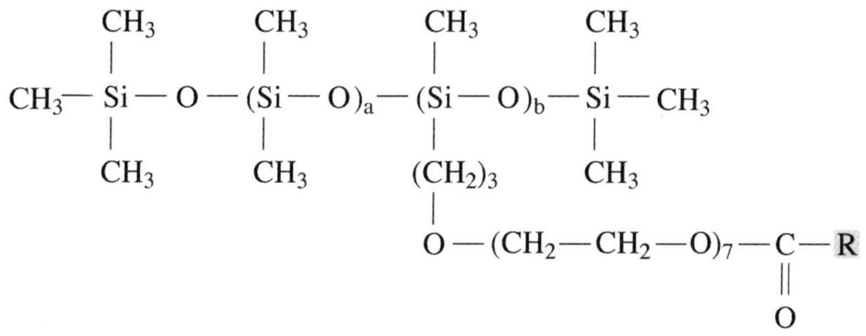

where "R" is derived from isostearic acid

▌ 圖 4-21　水性矽油

4-3 增稠劑

增稠劑(Thickening agents)（圖 4-22）可以調節產品的黏稠度並保持乳化系統之穩定。例如：洗髮精添加增稠劑在於控制液體流性，方便使用；添加在乳化製品中可幫助乳化系統的安定，防止油水分離；液態粉底添加增稠劑可保持系統的安定性，防止乳化粒子和粉末的分離。一般增稠劑的來源可分為天然高分子、合成高分子，使用上都以水溶性的原料為主。天然的高分子增稠劑由於品質不穩定且往往含有雜質，可能會影響化妝品的品質，所以目前大都以合成的高分子原料來代替。

1. **海藻酸鈉(Sodium alginate)**：屬於天然的增稠劑，由海藻經處理後製得。相較於其他天然高分子增稠劑，海藻酸鈉使用較為廣泛。

2. **矽酸鹽(Veegum)**：無機性天然增稠劑，可用於乳液或乳霜中。

3. **黃原膠(Xanthan gum)**：為微生物合成的天然膠質，屬於酸性黏多醣聚合物，常用於乳化製品。

4. **羥基乙基纖維素(Hydroxyethyl cellulose)**：為半合成的高分子膠，常用於乳液、乳霜。

5. **羧甲基纖維素(Carboxy methyl cellulose, CMC)**：為半合成的高分子，具有懸浮膠體與安定乳化的透明增稠劑，常用於乳液、乳霜及洗髮精。

6. **丙烯酸酯交聯共聚物(Carboxyvinyl polymer, Carbopol)**：由丙烯酸(Acrylic acid)聚合而成的高分子膠，含有羧基(-COOH)，故溶於水後呈酸性。在使用時通常須加入鹼劑，如氫氧化鈉、三乙醇胺，隨著 pH 值往上遞增至 5~6，水溶液會明顯增稠並成為透明膠體。增稠效果及使用觸感均佳是當前最常使用的增稠劑，使用這類增稠劑，應避免照光及使用硬水，因為紫外線和金屬離子會促其產生降解。

7. **有機皂土 (Quaternium-18 bentonite)**：化學式為 $[Al_{6/3}Mg_{1/3}Si_4O_{10}(OH)_2]$ · $(NR_4)_n$，常見的商品名為 S-BEN(W)，屬油性的增稠劑，為天然礦物精製而成的粉狀產品，在有機溶劑相中作澎潤增黏及粉體液中作沉降防止劑。化妝品油相中的增稠劑，建議添加量：1~10%。

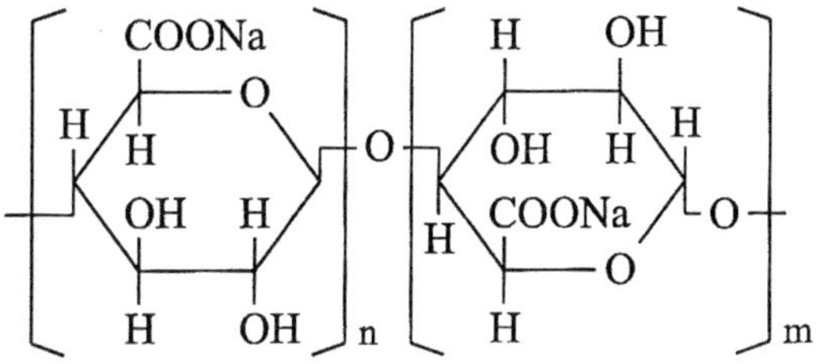

sodium alginate

M^+ = Na , K , or 1/2Ca

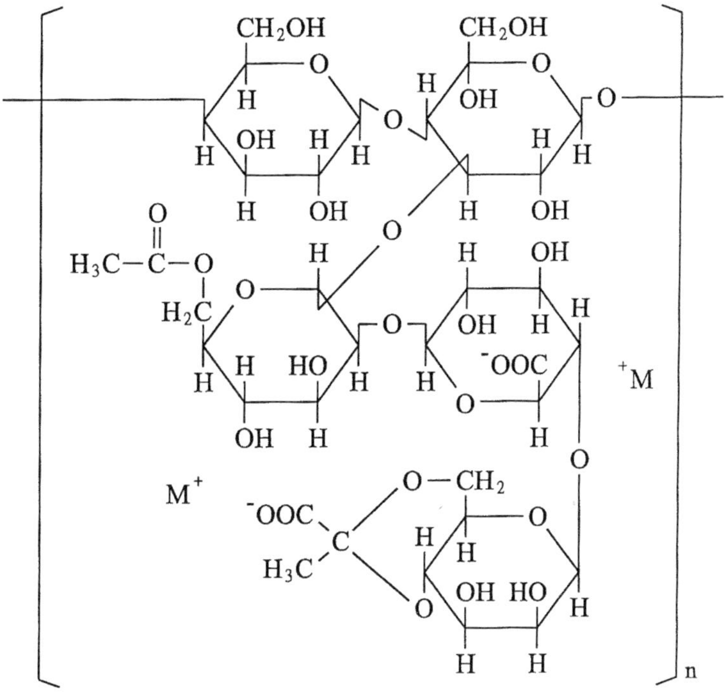

xanthan gum

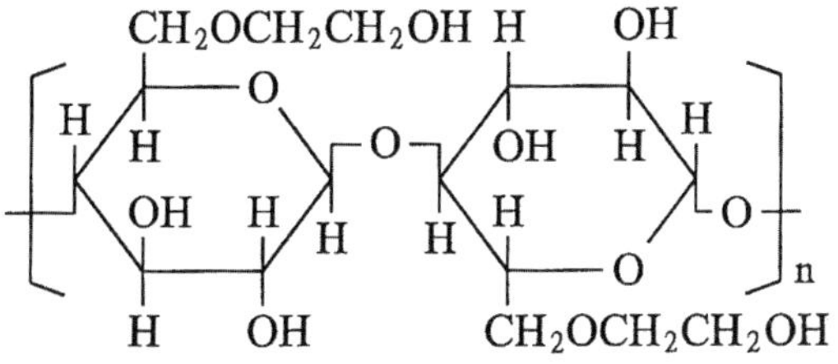

Hydroxyethylcellulose

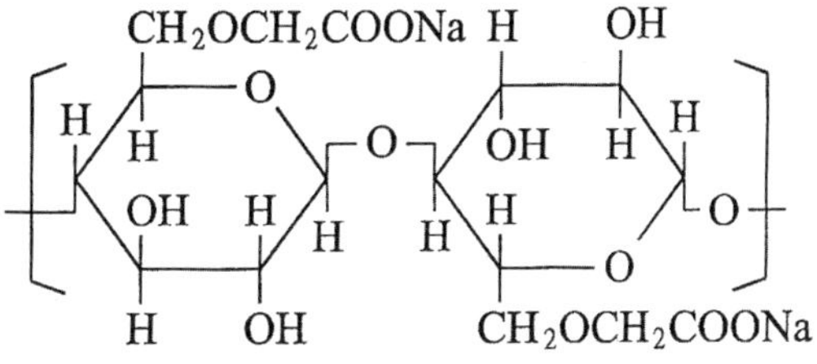

sodium carboxy methylcellulose

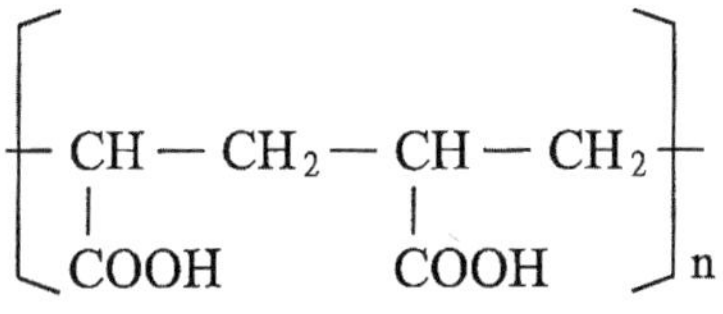

carboxyvinyl polymer

▎圖 4-22　增稠劑的類型

4-4　皮膜劑

　　皮膜劑(Film formers)為高分子原料，溶於溶劑時，在乾燥後會形成一層薄膜，並且具有黏性。

1. **聚乙烯吡咯烷酮(Polyvinyl pyrrolidone)**：以過氧化氫催化 N-vinyl pyrrolidone 發生聚合反應而製得（圖 4-23），分子量越大則其溶液的黏度就越大，溶於水而形成黏稠溶液，也可溶於酒精。利用其會形成薄膜及與毛髮密著的特性，可作為美髮造型產品的原料，常用於洗髮精、造型髮膠。

2. **聚乙烯醇(Polyvinyl alcohol, PVA)**：具皮膜形成作用，應用於敷面與美髮造型產品（圖 4-24）。另外，其膠體溶液也可以幫助乳液乳化安定。

3. **聚矽氧高分子(Silicone polymer)**：為高分子量、直鏈結構的二甲基聚矽氧烷(Dimethyl polysiloxane)，是一種軟質彈性體（圖 4-25）。若將其溶解於異構石蠟(Isoparaffin)或低分子量的聚矽氧油(Silicone oil)等揮發性油分中，待油分蒸發後，能在毛髮表面形成一層保護膜，除了修復分叉的毛髮，還具有保護髮絲、防止分叉的功效，常用於護髮產品、潤絲精。

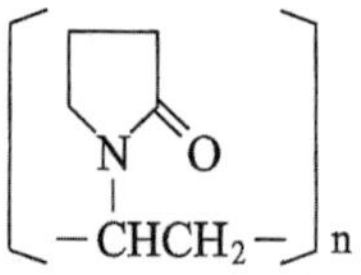

▌ 圖 4-23　聚乙烯吡咯烷酮

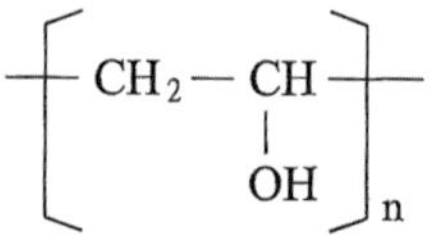

▌ 圖 4-24　聚乙烯醇

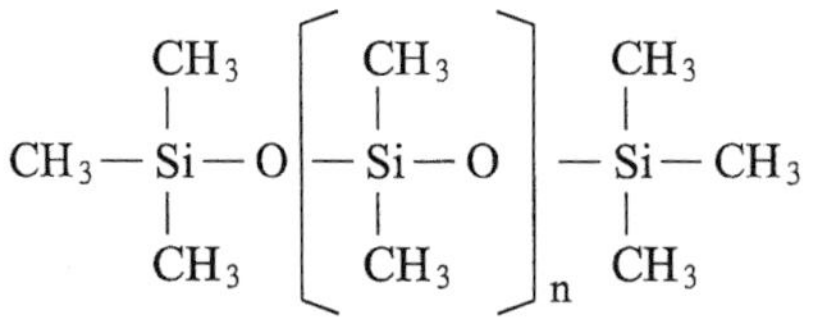

$$CH_3-\underset{\underset{CH_3}{|}}{\overset{\overset{CH_3}{|}}{Si}}-O\left[\underset{\underset{CH_3}{|}}{\overset{\overset{CH_3}{|}}{Si}}-O\right]_n-\underset{\underset{CH_3}{|}}{\overset{\overset{CH_3}{|}}{Si}}-CH_3 \quad n \fallingdotseq 5,000 \sim 8,000$$

▌ 圖 4-25　聚矽氧高分子

參考資料

1. 伊藤昌德、長嶋正人：Fragrance Journal, 23(4), Apr. 1995, p.65~72

2. 松本慶典、中田悟：Fragrance Journal, Aug. 1990, p.46~58

3. 金子大介、川崎由明：Fragrance Journal, 22(2), Feb. 1994, p.43~48

4. 清水徹、橫大路清美：Fragrance Journal, 21(2), Dec. 1993, p.22~30

5. 廖明隆：界面活學與界面活性劑

6. Alexander, P.: Manufacturing Chemist, Mar. 1992, p.26~27

7. Anna, D. C.; Alan, E.: Soap/ Cosmetics/Chemical Specialties, 71(3), Mar 1995, p.64~70

8. Clak, E. W.: J. Soc. Cosmet. Chem., 43, Jul / Aug. 1992, p.219~227

9. Dweck, T.: Soap Perfumery and Cosmetics, 66(11), Nov. 1993, p.37~40

10. Fribevg, S. E.: Soap/Cosmetics/Chemical Specialties, 70(2), Feb. 1994, p.40~44

11. Gray D.: Drug and Cosmetics Industry, May. 1992, p.38~40

12. Gruning, B.; Kaseborn, D.; Leid reither, H. I.: Cosmetics and Toiletrles, 112(2), Feb. 1997, p.67~76

13. Klein, K.: Cosmetics & Toiletries, Nov. p.87~90

14. Leidreither, H. I.: Drug and Cosmetics Industry, 60(1), Jan. 1997, p.42~48

15. Morrison, D. V.: Cosmetics and Toiletries, 111, Jan, p.59~69

16. Nil: Cosmetics and Toiletries, Jan. 1996, p.34~35

17. Nil: Soap/Cosmetics/Chemical Specialties, Aug. 1990, p.44~52

18. Noveon, Inc. Previous Editions: March, 2000/July, 2002/December, 2002/June, 2003. (The Lubrizol Corporation 29400 Lakeland Boulevard Wickliffe, Ohio 44092 US)

19. Ricks, D.: Cosmetics & Toiletries, 106, Feb. 1991, p.77~79

20. Rieger, M. M.: Cosmetics and Toiletries, 109(8), Aug. 1994, p.57~68

21. Shaw, A.: Soap/ Cosmetics/Chemical Specialties, 73(5), May. 1997, p.44~52

22. Smith, L. R.: HAPPI, 32(12), Dec. 1995, p.98

23. Thewlis, J.: Fragrance Journal, Sep. 1992, p.108~113

24. Wilson, R.: Drug and Cosmetic Industry, 151(5), Nov. 1992, p.43~48

Memo :

Principles of Cosmetics

化妝品的原料 （二）

本章大綱

前 言

在使用化妝品期間，開啟使用與直接接觸的機會頻繁，非常容易加速細菌等微生物的感染，因此若不適當添加所謂的抗氧化劑或者是抗菌劑，便容易造成化妝品的氧化或汙染變質。此外亦常為了增加化妝品的香味，都會添加香精、香料這些成分，但是有過敏體質的人，須特別注意這些添加香料的保養品或是化妝品，避免造成紅腫、出疹。

 ## 5-1 防腐劑

化妝品成分含有水分、油脂及其他的活性成分。這些都有可能成為微生物生長所需營養的來源，例如碳、氮、磷、硫。此外，化妝品的使用及儲存時間較長，所以很容易被微生物汙染。化妝品在工廠製造過程中，出現微生物的汙染稱作**一次汙染(Primary contamination)**，可能是因為使用已遭受汙染的水、原料、製程及不適當的包裝所致。消費者因為不當的使用和保存，所出現的微生物汙染稱作**二次汙染(Secondary contamination)**，例如：用手指直接挖取、瓶蓋未蓋及放在溫度高的地方。已遭到微生物汙染的化妝品通常可由一些現象來判斷，例如：異味產生、發霉、乳化產品的油水分離、黏度降低及透明化妝品外觀變混濁。因此，為了確保化妝品使用的安全，是有必要添加防腐劑。

添加防腐劑(Preservatives)可以對微生物菌群的細胞壁和細胞膜產生破壞作用，同時抑制細胞新陳代謝的酶活性，進而破壞微生物細胞結構及其生長繁殖。汙染化妝品的微生物源以細菌為主，常見的有大腸桿菌(Escherichia coli)、綠膿桿菌(Pseudomonas aeruginosa)、金黃色葡萄球菌(Staphylococcus aureus)，另外還包括黴菌，如青黴菌(Penicillium)、麴菌(Aspergillus)，以及酵母菌。

化妝品中防腐劑添加量的不同會對入侵的微生物繁殖及生長產生不同的影響，如果添加的量不足，可能不足以抑制微生物的繁殖生長，反而使其產生耐藥性，導致防腐劑失效。因此，在化妝品中防腐劑的添加種類及添加劑量都是其能

否正常發揮防腐作用的重要考量。市面上常有化妝品宣稱不含防腐劑，所以不會造成皮膚刺激與過敏，指的應該是添加天然防腐劑或其他不在法定公告內但具有抑菌的成分，發揮抑制微生物生長，降低產品汙染、延長保固期的作用。

一、防腐劑的必備條件

選擇防腐劑前，須先確定成分已得到審核機關的核准（表 5-1），再考慮所使用的濃度或配方中的酸鹼值、粉體顆粒的吸附及成分；如非離子界面活性或高分子膠的結合等等因素，皆會影響防腐劑的防腐效果。理想的防腐劑應具備下列條件：

1. 對人體及環境安全，無毒性、無刺激性和過敏性。

2. 對多種微生物都有抑制效果，如細菌、黴菌及酵母菌。

3. 不受化妝品中的成分而影響到防腐效果。

4. 在廣範圍的酸鹼值及溫度內，皆能維持安定。

5. 無色、無味且不影響產品的外觀。

6. 價格便宜、使用低濃度就可產生防腐的效果。

表 5-1 為行政院衛福部修正後公告之化妝品防腐劑成分使用及限量規定基準表，發布日期：106/02/15，107/04/01 開始生效。

表 5-1　化妝品防腐劑成分使用及限量規定基準表（106/02/15 公告）

編號	成分名	INCI 名	CAS No.	限量及規定
1	Alkylisoquinolinium bromide (Lauryl isoquinolinium bromide) (2-Dodecylisoquinolin-2-iumbromide	Lauryl isoquinolinium bromide	93-23-2	(a) 使用於立即沖洗掉產品，限量：0.5% (b) 使用於其他產品，限量：0.05% (a)&(b)：注意事項：使用時避免接觸眼睛。
2	Alkyl (C12-22) trimethy ammonium bromide and chloride	Behentrimonium chloride/ Cetrimonium bromide/ Cetrimonium chloride/ Laurtrimonium bromide/ Laurtrimonium chloroide/ Steartrimonium bromide/ Steartrimonium chloride	17301-53-0/ 57-09-0/ 112-02-7/ 1119-94-4/ 112-00-5/ 1120-02-1/ 112-03-8	0.1%

表 5-1　化妝品防腐劑成分使用及限量規定基準表（106/02/15 公告）（續）

編號	成分名	INCI 名	CAS No.	限量及規定
3	Benzalkonium chloride, bromide and saccharinate	Benzalkonium chloride/ Benzalkonium bromide/ Benzalkonium saccharinate	8001-54-5/ 91080-29-4/ 61789-71-7/ 63449-41-2/ 68391-01-5/ 68424-85-1/ 68989-01-5/ 85409-22-9	0.1%（以 benzalkonium chloride 計）注意事項：使用時避免接觸眼睛。
4	Benzethonium chloride	Benzethonium chloride	121-54-0	(a) 使用於立即沖洗掉產品，限量：0.1% (b) 使用於非立即沖洗掉產品，限量：0.1%（不得使用於口腔製劑）
5	Salts of benzoic acid and esters of benzoic acid	Ammonium benzoate/ Butyl benzoate/ Calcium benzoate/ Ethyl benzoate/ Isobutyl benzoate/ Isopropyl benzoate/ Magnesium benzoate/ MEA-benzoate/ Methyl benzoate/ Phenyl benzoate/ Potassium benzoate/ Propyl benzoate/ Sodium benzoate	1863-63-4/ 2090-05-3/ 582-25-2/ 553-70-8/ 4337-66-0/ 93-58-3/ 93-89-0/ 2315-68-6/ 136-60-7/ 1205-50-3/ 939-48-0/ 93-99-2/ 532-32-1	1%
6	Benzoic acid	Benzoic acid	65-85-0	0.2%
7	Benzyl alcohol	Benzyl alcohol	100-51-6	1%
8	2-Benzyl-4-chlorophenol	Chlorophene	120-32-1	0.2%
9	Cetylpyridinium chloride	Cetylpyridinium chloride	123-03-5	(a) 使用於立即沖洗掉產品，限量：5% (b) 使用於接觸黏膜部位產品，限量：0.01% (c) 使用於其他產品，限量：1%
10	Benzenesulfonamide	Chloramine T	127-65-1	(a) 使用於立即沖洗掉產品，限量：0.3% (b) 使用於其他產品，限量：0.1%
11	Chlorhexidine	Chlorhexidine	55-56-1	(a) 使用於立即沖洗掉產品，限量：0.1% (b) 使用於其他產品，限量：0.05
12	Chlorhexine gluconate	Chlorhexidine digluconate	18472-51-0	(a) 使用於立即沖洗掉產品，限量：0.1% (b) 使用於其他產品，限量：0.05% (a)&(b)：注意事項：使用時避免接觸眼睛

表 5-1　化妝品防腐劑成分使用及限量規定基準表（106/02/15 公告）（續）

編號	成分名	INCI 名	CAS No.	限量及規定
13	Chlorhexidine hydrochloride	Chlorhexidine dihydrochloride	3697-42-5	(a) 使用於接觸黏膜部位產品，限量：0.001% (b) 使用於其他產品，限量：0.1%
14	Chlorobutanol	Chlorobutanol	57-15-8	0.1% （不得使用於噴霧類產品）
15	Chlorocresol	p-Chloro-m-cresol	59-50-7	0.5% （不得使用於接觸黏膜部位產品）
16	Chloroxylenol	Chloroxylenol	88-04-0/ 1321-23-9	0.5%
17	1,2,3-Propanetricarboxylic acid, 2-hydroxy-, monohydrate and 1,2,3-Propanetricarboxylic acid, 2-hydroxy-, silver(1+) salt, monohydrate	Citric acid (and) Silver citrate	-	0.2%（相當於 silver 0.0024%） （不得使用於口腔與眼部製劑）
18	1-(4-Chlorophenoxy)-1-(imidazol-1-yl)-3,3-dimethylbutan-2-one	Climbazole	38083-17-9	0.5% 注意事項：避免同時使用三種以上含 Climbazole 之非立即沖洗掉產品。
19	Dehydroacetic acid and its salts	Dehydroacetic acid/ Sodiumdehydroacetate	520-45-6/ 16807-48-0/ 4418-26-2	0.5%（總量）
20	4,4-Dimethyl-1,3-oxazolidine	Dimethyl oxazolidine	51200-87-4	0.1% (pH>6)
21	6,6-Dibromo-4,4-dichloro-2,2'-m ethylene diphenol	Bromochlorophene	15435-29-7	0.1%
22	1,2-Dibromo-2,4-dicyanobutane	Methyldibromo glutaronitrile	35691-65-7	0.1% （限使用於立即沖洗掉產品）
23	3,3'-Dibromo-4,4'-hexamethylene dioxydibenzamidine and its salts (including isethionate)	Dibromohexamidine isethionate	93856-83-8	0.1%
24	2,4-Dichlorobenzyl alcohol	Dichlorobenzyl alcohol	1777-82-8	0.15%
25	Ethyl-N-alpha-dodecanoyl-L-arginate hydrochloride	Ethyl lauroyl arginate HCl	60372-77-2	0.4% （不得使用於口腔、脣部製劑及噴霧類產品）
26	5-Ethyl-3,7-dioxa-1- azabicyclo [3.3.0]octane	7-Ethylbicyclooxazolidine	7747-35-5	0.3% （不得使用於接觸黏膜部位產品）
27	Formic acid and its sodium salt	Formic acid/ Sodium formate	64-18-6/ 141-53-7	0.5% （以 acid 計）

📌 表 5-1　化妝品防腐劑成分使用及限量規定基準表（106/02/15 公告）（續）

編號	成分名	INCI 名	CAS No.	限量及規定
28	Glutaraldehyde (Pentane-1,5-dial)	Glutaral	111-30-8	0.1%（不得使用於噴霧類產品）
29	Halocarban	Cloflucarban	369-77-7	0.3%
30	Hexamidine and its salts, ester	Hexamidine/ Hexamidine diisethionate/ Hexamidine paraben	3811-75-4/ 659-40-5/ 93841-83-9	0.1%
31	Hexetidine	Hexetidine	141-94-6	0.1%
32	4-Chlorophenol	p-Chlorophenol	106-48-9	0.25%
33	Inorganic sulphites and hydrogensulphites	Ammonium bisulfite/ Ammonium sulfite/ Potassium metabisulfite/ Potassium sulfite/ Sodium bisulfite/ Sodium metabisulfite/ Sodium sulfite	10192-30-0/ 10196-04-0 16731-55-8/ 4429-42-9/ 10117-38-1/ 23873-77-0/ 7631-90-5/ 7681-57-4/ 7757-74-6/ 7757-83-7	0.2%（以 free SO_2 計）
34	3-Iodo-2-propynylbutylcarbamate	Iodopropynyl butylcarbamate	55406-53-6	(a) 使用於立即沖洗掉產品，限量：0.02%（不得使用於口腔與脣部製劑）（不得使用於三歲以下孩童之產品，但沐浴和洗髮產品除外）注意事項：不得使用於三歲以下孩童。 (b) 使用於非立即沖洗掉產品，限量：0.01%（不得使用於口腔與脣部製劑）（不得使用於身體乳液和身體乳霜產品）注意事項：不得使用於三歲以下孩童。 (c) 使用於止汗制臭劑，限量：0.0075%（不得使用於口腔與脣部製劑）（不得使用於三歲以下孩童之產品）注意事項：不得使用於三歲以下孩童。
35	4-Isopropyl-m-cresol	Isopropyl cresols/ o-Cymen-5-ol	3228-02-2	0.1%

📌 表 5-1　化妝品防腐劑成分使用及限量規定基準表（106/02/15 公告）（續）

編號	成分名	INCI 名	CAS No.	限量及規定
36	2-Methyl-2H-isothiazol-3-one	Methylisothiazolinone	2682-20-4	限量：0.01%（限使用於立即沖洗掉產品）（不得使用於接觸黏膜部位產品）
37	Mixture of 5-Chloro-2-methylisothiazol-3(2H)-one and 2-Methylisothiazol-3(2H)-one with magnesium chloride and magnesium nitrat	Methylchloroisothiazolinone and Methylisothiazolinone	55965-84-9, 26172-55-4, 2682-20-4	限量：0.0015%（5-Chloro-2-methyl-isothiazol-3(2H)-one and2-Methylisothiazol-3(2H)-one 混合比例為 3:1）（限使用於立即沖洗掉產品）
38	Biphenyl-2-ol, and its salts	o-Phenylphenol/ Sodium o-phenylphenate/ MEA o-phenylphenate/ Potassium o-phenylphenate	90-43-7/ 132-27-4/ 84145-04-0/ 13707-65-8	0.2%（以 phenol 計）
39	Parahydroxybenzoic acid and its salts and ester	Butylparaben/ Propylparaben/ Sodium propylparaben/ Sodium butylparaben/ Potassium butylparaben/ Potassium propylparaben	94-26-8/ 94-13-3/ 35285-69-9/ 36457-20-2/ 38566-94-8/ 84930-16-5	0.14%（以 acid 計）（總量）（非立即沖洗掉之產品，不得使用於三歲以下孩童之尿布部位）注意事項：非立即沖洗掉之產品，不得使用於三歲以下孩童之尿布部位。
		Methylparaben/ Ethylparaben/ 4-Hydroxybenzoic acid/ Potassium ethylparaben/ Potassium paraben/ Sodium methylparaben/ Sodium ethylparaben/ Sodium paraben/ Potassium methylparaben/ Calcium paraben	99-76-3/ 120-47-8/ 99-96-7/ 36457-19-9/ 16782-08-4/ 5026-62-0/ 35285-68-8/ 114-63-6/ 26112-07-2/ 69959-44-0	(a) 0.4%（以 acid 計，單獨使用）(b) 0.8%（以 acid 計，混合使用）（非立即沖洗掉之產品，不得使用於三歲以下孩童之尿布部位）注意事項：非立即沖洗掉之產品，不得使用於三歲以下孩童之尿布部位。
40	3-(p-chlorophenoxy)-propane-1,2-diol	Chlorphenesin	104-29-0	0.3%
41	Thiazolium, 3-heptyl-4-methyl-2-[2- (4-dimethylaminophenyl) ethenyl]- , iodide	Dimethylaminostyryl heptyl methyl thiazolium iodide	-	0.0015%（不得使用於接觸黏膜部位產品）
42	Phenol	Phenol	108-95-2	0.1%
43	2-Phenoxyethanol	Phenoxyethanol	122-99-6	1%
44	1-Phenoxypropan-2-ol	Phenoxyisopropanol	770-35-4	1%（限使用於立即沖洗掉產品）

表 5-1　化妝品防腐劑成分使用及限量規定基準表（106/02/15 公告）（續）

編號	成分名	INCI 名	CAS No.	限量及規定
45	Phenylmercuric salts (including borate)	Phenyl mercuric acetate/ Phenyl mercuric benzoate	62-38-4/ 94-43-9	使用於眼部化妝品，限量：0.007%（以 Hg 計）注意事項：含 Phenylmercuric compounds。
46	Photosensitizing dyes	Platonin	3571-88-8	0.001%
		Quaternium-73	15763-48-1	0.005%
		Quaternium-51	1463-95-2	0.005%
		Quaternium-45	21034-17-3	0.004%
47	1-Hydroxy-4-methyl-6-(2,4,4-trimethylpentyl)-2 pyridon and its monoethanolamine salt	1-Hydroxy-4-methyl-6-(2,4,4-trimethylpentyl)-2 pyridon, Piroctone olamine	50650-76-5/ 68890-66-4	(a) 使用於立即沖洗掉產品，限量：1% (b) 使用於其他產品，限量：0.5%
48	Poly(methylene),.alpha.,.omega.-bis[[[(aminoiminomethyl)amino]iminomethyl]amino]-, dihydrochloride	Polyaminopropyl biguanide	32289-58-0/ 133029-32-0/ 28757-47-3/ 27083-27-8	0.3%
49	Resorcinol	Resorcinol	108-46-3	0.1%
50	Propionic acid and its salts (Methylacetic acid)	Propionic acid/ Sodium propionate/ Ammonium propionate/ Calcium propionate/ Magnesium propionate/ Potassium propionate	79-09-4/ 137-40-6/ 17496-08-1/ 4075-81-4/ 557-27-7/ 327-62-8	2%（以 acid 計）
51	Salicylates	Calcium salicylate/ Magnesium salicylate/ MEA-salicylate/ Sodium salicylate/ Potassium salicylate/ TEA-salicylate	824-35-1/ 18917-89-0/ 59866-70-5/ 54-21-7/ 578-36-9/ 2174-16-5	0.5%（以 acid 計）（不得使用於三歲以下孩童之產品，洗髮產品除外）注意事項：不得使用於三歲以下孩童。
		Titanium salicylate	-	1%
52	Salicylic acid	Salicylic acid	69-72-7	0.2%（不得使用於三歲以下孩童之產品，洗髮產品除外）注意事項：不得使用於三歲以下孩童。
53	Silver Chloride deposited on titanium dioxide	Silver chloride	7783-90-6	0.004%（以 AgCl 計）（20% AgCl (w/w) on TiO2 不得使用於三歲以下孩童、口腔、唇部及眼部製劑）
54	Sorbic acid (hexa-2,4-dienoic acid) and its salts	Sorbic acid/ Potassium sorbate/ Calcium sorbate/ Sodium sorbate	110-44-1/ 24634-61-5/ 7492-55-9/ 7757-81-5	0.6%（以 acid 計）

表 5-1　化妝品防腐劑成分使用及限量規定基準表（106/02/15 公告）（續）

編號	成分名	INCI 名	CAS No.	限量及規定	
55	Thianthol	Thianthol	135-58-0	0.8%	
56	Thiomersal	Thimerosal	54-64-8	使用於眼部化妝品，限量：0.007%（總量）（以 Hg 計） 注意事項：含 Thiomersal。	
57	5-Chloro-2-(2,4-dichlorophenoxy) phenol	Triclosan	3380-34-5	0.3% （限使用於洗手液、香皂／沐浴乳、除臭劑（非噴霧劑）、粉餅、粉底或使用人造指甲前之清潔指甲與趾甲用之指甲產品）	
58	1-(4-Chlorophenyl)-3-(3,4-dichlorophenyl)urea	Triclocarban	101-20-2/ 1322-40-3	0.2%	
59	Undecylenic acid and its salts (Undecenoic acid)	Undecylenic acid/ mPotassium undecylenate/ Calcium undecylenate/ Sodium undecylenate/ Mea-undecylenate/ Tea-undecylenate	112-38-9/ 6159-41-7/ 1322-14-1/ 3398-33-2/ 56532-40-2/ 84471-25-0	0.2%（以 acid 計）	
60	Pyrithione zinc	Zinc pyrithione	13463-41-7	(a) 使用於立即沖洗掉之髮用產品，限量：1% (b) 使用於其他產品（不含口腔製劑），限量：0.5%	
61	Phenylmethoxymethanol	Benzylhemiformal	14548-60-8	0.15% （限使用於立即沖洗掉產品）	
62	5-Bromo-5-nitro-1,3-dioxane	5-Bromo-5-nitro-1,3-dioxane	30007-47-7	0.1% （限使用於立即沖洗掉產品；避免 Nitrosamines 形成）	化妝品中使用此類成分作為防腐劑時，其總釋出之 Free Formaldehyde 量，不得超過 1,000 ppm.
63	Bronopol	2-Bromo-2-nitropropane-1,3-diol	52-51-7	0.1% （避免 Nitrosamines 形成）	
64	1,3-Bis(hydroxymethyl)-5,5-dimethylimidazolidine-2,4-dione	DMDM hydantoin	6440-58-0	0.6%	
65	N-(Hydroxymethyl)-N-(dihydroxymethyl-1,3-dioxo-2,5-imidazolidinyl-4)-N'-(hydroxymethyl) urea	Diazolidinyl urea	78491-02-8	0.5%	
66	N,N''-Methylenebis[N'-[3-(hydroxymethyl)-2,5-dioxoimidazolidin-4-yl]urea]	Imidazolidinyl urea	39236-46-9	0.6%	

📖 表 5-1　化妝品防腐劑成分使用及限量規定基準表（106/02/15 公告）（續）

編號	成分名	INCI 名	CAS No.	限量及規定	
67	Methenamine (Hexamethylenetetramine)	Methenamine	100-97-0	0.15%	化妝品中使用此類成分作為防腐劑時，其總釋出之 Free Formaldehyde 量，不得超過 1,000 ppm.
68	Methenamine 3-chloroallylochloride	Quaternium 15	4080-31-3	0.2%	
69	Sodium hydroxymethylamino acetate	Sodium hydroxymethylglycinate	70161-44-3 *	0.5%	

※限量：係指該防腐劑成分在化妝品成品中之最高允許使用含量。

二、常用的防腐劑

使用防腐劑須注意化妝品中的成分可能對防腐劑所產生的影響，例如有加成效應的是：

1. **醇類**：乙醇、異丙醇，除了本身抗菌作用外，濃度在 20%以上可增加防腐的功效。

2. **抗氧化劑**：防腐劑與抗氧化劑合用可增加防腐效果。

3. **金屬螯合劑**：EDTA 可捕捉水中的鈣、減少這些離子與防腐劑形成錯合物而失去效用。

4. **精油**：有些精油的成分有制菌的作用。其他有些則具抑制效果的成分則更須注意。例如添加 Polysorbate 非離子型乳化劑、黃原膠(Xanthan gum)、粉粒皆會破壞部分防腐劑的活性。

5. **納米銀**：該防腐劑是較為新型的防腐劑類型，用來抑制細菌防腐效果明顯。

化妝品中常用的防腐劑種類越來越多，依化學結構可分為 4 類：

1. **苯甲酸及其衍生物**：主要包括苯甲酸以及對羥基苯甲酸酯類，其中對羥基苯甲酸酯類是最為常用的防腐劑，一般都以一種或幾種對羥基苯甲酸酯複配使用，適合在配方 pH 值 6 以下使用。

2. **甲醛類衍生物**：主要包括咪唑烷基尿素(Imidiazolidinyl urea)、重氮咪唑烷基尿素(Diazolidinyl urea)、1,3-二羥甲基-5,5-二甲基乙內醯脲(DMDMH)等，這類防腐劑適合在配方 pH 值 2~9 中使用，在高溫會分解釋放甲醛，會刺激皮膚，長期使用有致癌之虞。

3. **醇類**：主要有苯甲醇和苯氧乙醇，適合在配方 pH 值 3~10 中使用，其中苯氧乙醇最大的優點是對綠膿杆菌效果明顯。

4. **其他有機化合物**：最常見的有 3-碘代丙炔氨基甲酸丁酯(IPBC)，為有效的防黴劑。以及 2-溴-2-硝基-1,3-丙二醇防腐劑，於酸性至中性產品中使用效果最佳，在分解過程中會產生微量甲醛，使用時避免亞硝胺(Nitrosamines)形成和異噻唑啉酮類(Isothiazolone)，常見於水性化妝品中，適合在配方 pH 值 6 以下使用，對於肌膚於黏膜具有刺激性，因此不適合添加於長時間接觸之產品。其他常用的防腐劑如表 5-2，以對羥基苯甲酸酯(Paraben)類被使用的最多，其次是咪唑烷基尿素及重氮咪唑烷基尿素。依 FDA 的試驗，單獨使用一種 Paraben 防腐劑時，仍易受到菌種汙染，必須混合 Paraben 與 Imidazolidinyl urea 才可達到完全防腐效果，因此使用二種或二種以上的防腐劑是必要的。目前已有許多供應商是提供多種防腐劑混合物（表 5-3），供化妝品製造商使用。另外一些物理方式的防腐方法，也可應用在化妝品的配方，聚丙烯酸甘油酯(Glyerylpolyacrylate)凝膠，具強的滲透性，會吸收微生物周圍的水分，使其無法生存，因此可當作防腐劑使用，或減少其他防腐劑的用量。另外凝膠也有助於化妝品配方的安定，對皮膚有保濕效果。

表 5-2 市售常用的防腐劑與建議有效濃度用量（實際用量以衛福部公告為準）

化學名	有效濃度(%)
Methylparaben	1 以下
Propyl paraben	1 以下
Propyl glycol	
Citric acid	
Imidazolidinyl urea	0.05~0.5
Butyl paraben	1 以下
Ethyl paraben	1 以下
Methylchlorisr thiazolinone	0.02~0.1
Methyliso thiazolinone	0.02~0.1
Phenoxyethanol	0.5~2.0
DMDM hydantion	0.15~0.4
Diazolidinyl urea	0.03~0.3
Sorbic acid	0.1~0.3

表 5-3　市售混合型防腐劑與建議用量

商品名	成 分	用量(%)
Germaben II	Popyleneglycol, Diazolidinyl urea, Methylparaben, Propylparaben	0.5~1.0
Uniphen P-23	Phenoxyethanol, Methylparaben, Ethylparaben, Propylparaben, Butylparaben	1.0
Killitol	Butylenes glycol, Glycerin, Chlorphenesin, Methylparaben	3.0
Speicide HB	Phenoxyethanol, Methylparaben, Ethylparaben, Propylparaben, Butylparaben	0.5
Liquapar	Isopropyl paraben, Isobutylparaben, Butylparaben	1.0
Conservateur TW	Imidiazolidinyl urea, Sodium salt propylparaben	0.3

註：可應用各類型化妝品。

三、化妝品的天然防腐劑

近年深受綠色、環保、安全等觀念的不斷影響，化妝品中天然防腐與綠色防腐將逐漸受到人們的廣泛關注。同時，隨著化妝品使用性能的不斷提高，化妝品原料的添加日趨複雜及多樣化，使得化妝品對防腐劑的添加與使用提出了更高的要求。因此，複合型防腐劑將會成為化妝品中防腐劑添加與發展的主流，天然防腐劑將會是化妝品中防腐劑研發的趨勢之一。在天然植物萃取液中，具防腐、抑菌功效者，見表 5-4。

表 5-4　具防腐、抑菌功效的植物

具防腐功效者	具抑菌功效者
安息香樹(Benjamin)	香蜂草(Balm-Mint)
金雞納樹(Red bark)	佛手柑(Bergament)
迷迭香(Rosemary)	鼠尾草(Sage)
薰衣草(Lavender)	洋甘菊(Chamomile)
百里香(Thyme)	指甲花(Henna)
山金車(Arnica)	牛蒡(Great Burduck)

5-2 抗氧化劑

　　化妝品的原料有油脂、蠟和香料等，種類相當繁多，其中有些具有不飽和鍵的化合物成分容易氧化變質。尤其是乾性油，這類油脂皆含有相當豐富的不飽和脂肪酸，特別容易氧化酸敗，氧化反應所形成的產物，會刺激皮膚，引起接觸性皮膚炎。因此，為避免化妝品內的成分與氧反應，導致化妝品變質，一般皆會添加抗氧化劑(Antioxidants)。依據 FDA 的定義，所謂抗氧化劑就是作為延滯因氧化所引起的劣變、酸敗或變色的物質，而抗氧化劑的抗氧化活性(Inhitor)較弱者只能當延遲劑(Retarder)。

　　化妝品常用的抗氧化劑包括：異丁基對苯二酚(Tertiary butyhydroquinone，TBHQ)、2，6-二異丁基-4-甲基苯酚(Butylated hydroxy toluene, BHT)、3-異丁基-4-羥基苯甲醚(Butylated hydroxyl anisol, BHA)、沒食子酸丙酯(Propyl gallate)、維生素 E(Tocopherol)、阿魏酸(Ferulic acid)、去甲二氫癒創木酸(Nordihyroguaiaretic acid)等，皆可有效增加不飽和脂肪酸脂類的抗氧化性，維持化妝品中油性成分的安定，是化妝品中常用的抗氧化劑。而實驗證實對植物油的抗氧化活性效果為 TBHQ ＞ BHT ＞ BHA。混合兩種以上的抗氧化劑使用，會產生協同作用(Synergism)，因為來自不同的抗氧化機制，更能使抗氧化的作用發揮到極致，因此效果將比單一抗氧化劑為佳。目前市面上已有一些抗氧化產品利用上述的原理混合數種抗氧化劑及抗氧化助劑以發揮其強大的效果。

　　可作為抗氧化輔助劑的有：檸檬酸、維生素 C、丙二酸(Malonic acid)、琥珀酸(Succinic acid)、順丁烯二酸(Maleic acid)、反丁烯二酸(Fumaric acid)、磷酸、六偏磷酸(Hexametaphosphate)及乙二胺四乙酸鈉鹽(EDTA)等。

　　近年有人發表報告指出抗氧化劑會引起皮膚炎的病例，故對抗氧化劑的選用，必須顧慮安全性及安定性的問題。

5-3 香 料

一、添加香料的目的

香料(Fragrance)常添加在化妝品的配方，最主要的原因是遮蓋化妝品基本原料的原有味道，除了化妝品原本的使用訴求外，芳香的氣味可使化妝品更具吸引力。例如：清潔沐浴乳具洗淨、保濕、滑潤的特性外，若再添加花、水果和植物等新鮮的香味，就能讓使用者有清爽柔順的舒服感。因此消費者對化妝品氣味的選擇，也是購買指標之一。目前市售無香精的保養品乃是利用植物萃取液添加在化妝品內來蓋過化妝品成分的基本味道，一方面可顯示出植物萃取液的功效，另一方面可標榜無香精的特色，所採用的植物包括迷迭香、甘菊、麝香草、歐薄荷、鼠尾草等。然而天然的香料未必比人工合成香料更安全，只不過天然的香料會給人一種大自然神祕和浪漫的感覺。

二、香料的分類

香料的來源，歸納起來可分二類，天然香料和合成香料，大部分的天然香料皆來自於植物性香料及少許的動物性香料。植物性香料（表5-5）可由植物的花、葉、根莖、果實、樹皮分泌的樹脂等均有可能被採用，採用的部分則依植物種類而定，提煉的方法有萃取、蒸餾、壓榨等方式。動物性香料（表5-6）則採取動物腺體的分泌物或其他不正常的分泌物所提煉而成。合成香料（表5-7）可由植物精油分離出來的單離香料，經分析後藉由有機合成反應來製造，其化學構造有碳氫化合、醛、醇、酸、酯、酮和酚等類別。

表 5-5 常見的植物香料

名 稱	香 味	採香部位	主成分
橙花油 Bergamot oil	柑橘	香果	Linalool, Linalyacetate, d-Nerolidol Geraniol, Terpineol
肉桂油 Cinnamon bark oil	香料	樹皮	Cinnamic aldehyde, Eugenol, Pinene 1-phellandrene
茉莉花油 Jasmin oil	茉莉花香	花	Benzylactate, d-Linalool, Jasmone Benzylalcohol, Indole, Phytol, Benzylbenzoate
薰衣草油 Lavender oil	花香	花、花莖	Linalyacetate, Limonene, Ester of Linalool and Geraniol, Lavandulol
檸檬油 Lemon oil	柑橘香	果皮	Limonene, Terpinene, Citral, Piene Methyl heptenone
薄荷油 Peppermint oil	薄荷	花、葉、莖	Menthol, Menthone, Cineole Menthylactate
玫瑰花油 Rose oil	玫瑰	花	1-Citronellol, Geraniol, Linalool, Damascenone
迷迭香 Rosemary oil	草香	花、葉	Pinene, Camphene, Cineole, Borneol, Bornyl actate
瑞香草油 Thyme oil	草香	草 （開花時）	Thymol, Carvacrol, p-Cymene Linalool
白檀木油 Santal wood oil	木質香	材片	α.β-Santalol, Santene, Santenone Santenol
肉荳蔻油 Nut meg oil	芳香	種子	Sabinene, Pinene, Camphene, Limonene, Linalool
香橙油 Orange oil	柑橘皮	果皮	Limonene, Decylaldehyde, Citral Linalool, Terpineol
胡椒油 Pepper oil	芳香	果實	Pinene, Sabinenen Caryophyllene

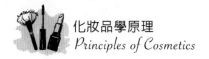
🖌 表 5-6　常見的動物香料

名　稱	採香來源	主成分
麝香 Musk	雄性麝香鹿之生殖腺分泌物	Muscone, Musocopyridine
靈貓香 Civet	雄性及雌性靈貓生殖器旁之分泌腺	Civetone, Skatole
海狸香 Castoreum	海狸生殖腺附近的分泌腺囊	Castorine, Isocastoramine
龍涎香 Ambergris	抹香鯨之腸內病理性結石	Amberine, Ionome

🖌 表 5-7　常見的合成香料

類　別	香料名稱	香　味	化學結構
碳氫化合物	Limonene	柑橘香	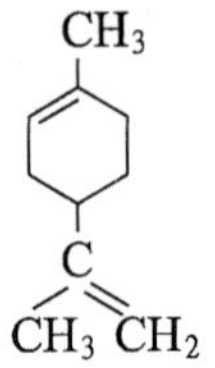 CH₃ ... C / CH₃ CH₂
脂肪醇類	· Menthol	薄荷香	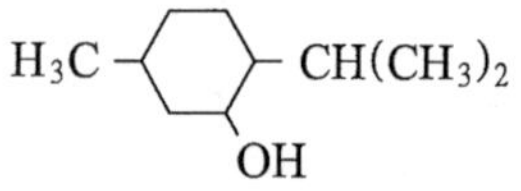 H₃C ... CH(CH₃)₂ / OH
	· Linalool	花香	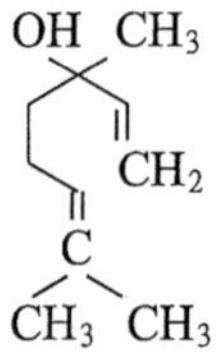 OH CH₃ / CH₂ / C / CH₃ CH₃
芳香族醇類	Benzylalcohol	茉莉花香	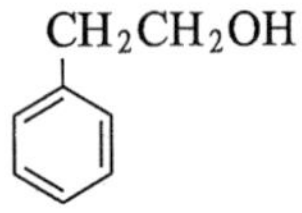 CH₂CH₂OH
醛類	Citral	柑橘香	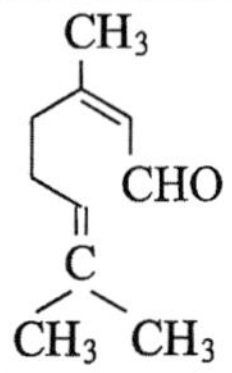 CH₃ / CHO / C / CH₃ CH₃
酮類	· 1-Carrvone	薄荷香	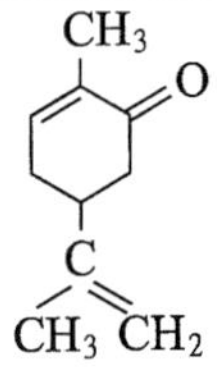 CH₃ / O / C / CH₃ CH₂

表 5-7　常見的合成香料（續）

類　別	香料名稱	香　味	化學結構
酮類	· Acetopheone	花香	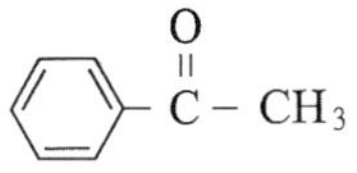
	· Cyclopentadecanone	麝香	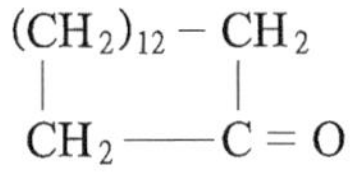 $(CH_2)_{12} - CH_2$ $CH_2 —— C = O$
酯類	Benzylacetate	茉莉花香	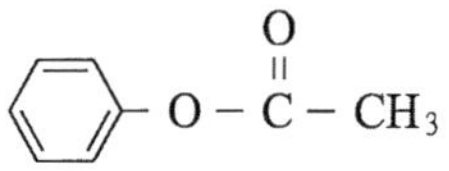
酚類	Eugenol	花香	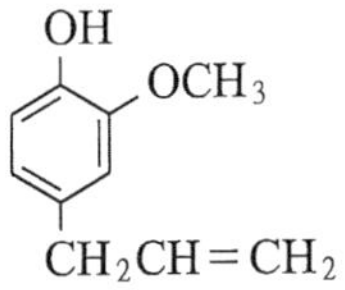
醚類	Rose oxide	花、草香	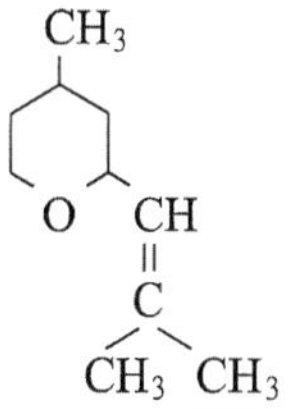

　　隨著化學合成技術的進步，藉由氧化、還原、縮合、轉位及酯化等化學反應，已能將石油化學原料製成合成香料。由於天然香料的品質和來源控制不易，故價格昂貴，所以合成香料的選用是必然的趨勢。經由各種合成香料的調配，調香師可調合出市場所流行的香味。

　　香料的組成極其複雜，可由數個到數百個不等，而某些成分可能引起光毒性和光過敏性等毒性，若被添加在化妝品，一旦接觸到皮膚，有可能會引起接觸性皮膚炎。所以產品研發者應該確認所添加香料的安全性，保障消費者。目前經臨床證實會引起過敏現象的香料成分有 Cinnamic alcohol, Citronellal, Geraniol, Eugenol, Coumarin, Jasmine 等。

5-4 化妝品活性成分的載體

　　護膚及彩妝保養品內活性成分的運載是現今產品研究重要的環節。利用與皮膚結構相似的物質包覆活性成分，穿透角質層，使活性成分釋放到表皮的深層或者延長活性成分的作用時間，例如長時間的保濕、防曬、抗氧化等。今日大多數的化妝品所包含的活性成分，多是以微脂粒(Liposome)來包覆。

一、微脂粒

　　微脂粒於(Liposome)1961年時發現，英國科學家幫曼(Alec D. Banham)在實驗中，以磷脂(Phospolipid)做測試，發現含有磷脂和水的燒瓶內突然產生很細微的小泡，經分析是由磷脂組成的脂雙層構造，內部有少量的水分。後來科學家塞沙(Sessa)和魏斯曼(Weissmann)將它正式命名為微脂粒。

　　微脂粒與細胞膜分子相似，中空的球形小氣泡，可由不同來源的磷脂質（圖5-1）所組成。實驗證實大豆卵磷脂具有降低皮膚水分散失，強化皮膚保濕效果，同時也能幫助細胞修復，促進細胞新陳代謝，因此同樣具有磷脂質成分的微脂粒也可產生相同的功效。

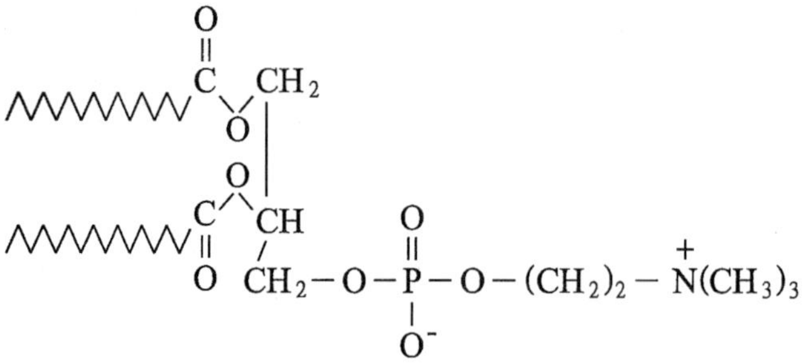

$$\begin{array}{c}
\text{O}\\
\|\\
\text{C} \quad \text{CH}_2\\
\text{WWW} \\
\text{O}
\end{array}$$

圖 5-1　磷脂質的化學結構

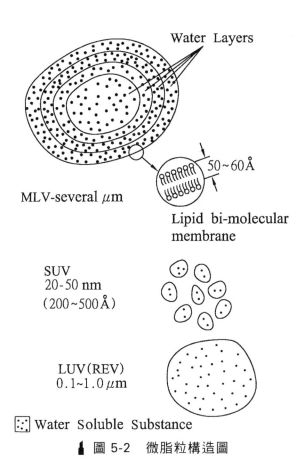

Water Layers

MLV-several μm

50~60Å

Lipid bi-molecular membrane

SUV
20-50 nm
(200~500Å)

LUV(REV)
0.1~1.0 μm

Water Soluble Substance

圖 5-2　微脂粒構造圖

　　微脂粒的型態有三，分別為多層球體(Mutilamellar vesicles, MLV)、單層小球體(Small unilamellar vesicles, SUV)、單層大球體(Large unilamellar vesicles, LUV)，見圖 5-2。單層小球體(SUV)的微脂粒平均粒徑大約是 350 nm，而較廣泛使用的單層大球體(LUV)微脂粒，其平均粒徑大約是 630 nm。由於微脂粒的特殊構造與細胞膜有很強的親和力，同時可攜帶親水性或親油性的各種有效成分（圖5-3），如保濕劑、美白劑、抗氧化劑等，摻入皮膚增強有效成分被吸收的效果。經實驗證實微脂粒包覆保濕因子(NMF)比單純含有保濕因子的保濕霜有更佳的保濕效果（圖 5-4），微脂粒包覆超氧化歧化酶(SOD)可增加皮膚的抗氧化能力防止皮膚老化。另外，以微脂粒包覆維生素 C、E，除了當傳送的載體外，也可維持其在化妝品中維生素 C、E 的安定保持化妝品的作用活性。

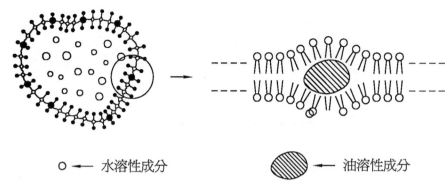

○ ← 水溶性成分　　　　　◯(斜線) ← 油溶性成分

▌圖 5-3　微脂粒結合水溶性成分和油溶性成分的構造圖

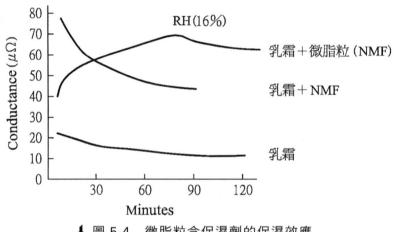

▌圖 5-4　微脂粒含保濕劑的保濕效應

二、液晶

　　市面上推出的透明的外觀基劑凝膠保養品摻雜類似珍珠狀或螺旋狀的凝球，使得化妝品看起來相當有質感，而其中的凝球就是液晶(Liquid crystal)。液晶是結晶態的液體可反射光線，因此不同比例的液晶混合，會呈現不同的光澤。

　　膽固醇液晶(Cholesteric liquid crystal)是由膽固醇脂肪酸酯和膽固醇鹽類所混合而成，二者間的比例不同會有不同顏色的變化。將膽固醇液晶加入凝膠狀的化妝品內，由於不會溶解在水性的凝膠中，因此能一直以懸浮的狀態固定，藉由光線的入射產生特殊的光學效果。液晶可包覆油溶性的活性成分有效維持活性成分的安定，免於氧化、光解，更具有活性成分的緩釋作用延長化妝品功能的訴求。另外，其特殊外觀也可創造產品的附加價值。

三、α-環糊精

將澱粉利用環糊精轉移酶(Cyclodextrin transpherase, CG Tase)作用可得到 α-環糊精(α-Cyclodextrin)，其由 8 個 D-吡喃葡萄糖(D-glycopyranose)以 α-1.4 配糖（苷）鍵結合成皇冠狀的環狀化合物。冠狀構造外側排列著親水性的羥基(OH)，內側則排列親油性基團，所以冠狀構造內部可包覆脂溶性的活性成分，因此 α-環糊精在化妝品的應用中可當作傳送活性成分的載體使用。

四、多孔性高分子系統(Porous polymeric system)

多孔性的球狀尼龍微粒(Nylon particle)能增進化妝品對皮膚的觸感和活性成分吸收性，另外其多孔的特性可控制活性成分的傳送，將活性成分注入微粒中，可達到活性成分的保護與緩釋性，使活性成分慢慢被肌膚吸收。

5-5　植物萃取物

植物中富含大量功效性成分，研究證明可用於化妝品中的植物成分主要有類黃酮(flavonoids)、多醣、生物鹼、精油、有機酸等。類黃酮化合物屬天然酚類化合物，在植物體內多以游離態或苷類形式存在，可以有效抑制酪氨酸酶活性，從而減緩黑色素形成，具美白功效。部分化合物中含有大量具有還原性和親水性的酚類羥基，可以抗氧化清除自由基，從而延緩衰老。此外，類黃酮化合物降低發炎介質，有效抗敏消炎；可裂解微生物細胞膜導致細胞膜通透性提高，有抑菌效果；能有效吸收紫外光，防曬作用良好。

多醣屬天然大分子物質，具有保濕、抗氧化、抑菌、美白等作用。多醣分子中的羥基使其易與水結合，且多醣分子間可相互連接以提高保水性，具有優異的吸濕和保濕性能。此外，多醣可以捕獲多種自由基或與產生活性氧自由基所需的金屬離子發生螯合作用；可以改變大腸桿菌細胞壁和細胞膜的通透性，導致細胞內物質滲出；可以抑制酪氨酸酶活性，減緩黑色素的形成，發揮抗氧化、抑菌及美白功效。

生物鹼生物活性顯著，具有抗炎、抑菌、抗氧化等作用。能調節發炎細胞因子的產生和釋放，降低發炎；可以破壞細菌細胞膜結構的完整性，產生抑菌作用；增強體內抗氧化物質的作用效果。精油是由多種化合物組成的混合物，具有抑菌、抗發炎、抗氧化等作用。植物精油能破壞細菌的細胞壁和細胞膜完整性，從而殺滅細菌。植物精油中一般含有豐富的酚類物質，可以減少自由基，並與金屬離子螯合，同時還可以調節抗氧化酶的活性，發揮抗氧化作用。

有機酸是一類酸性化合物，具有破壞細胞膜結構完整性、與微生物進行能量競爭、阻止大分子合成、加大細胞內滲透壓、誘導宿主細胞抗菌胜肽表達等抑菌機制有關。可以有效抑制黑色素合成相關酶的活性，發揮美白作用；可以結合自由基，從而阻斷或減緩氧化過程的進行。此外，植物中的皂苷類化合物具有抗氧化、美白的功效，木脂素類化合物具有抗發炎、抗氧化的功效等，如表 5-8 所示。

表 5-8　應用於化妝品的植物有效成分之化學組成及作用

植物有效成分之化學組成	作　用
單萜烯類(Monoterpene)	芳香療法
倍半萜烯類(Sesquiterpene)	抗發炎、抗過敏
甘菊環(Azulenen)	抗發炎、抗過敏、皮膚再生功能
類胡蘿蔔素(Carotenoids)	吸收紫外線
酚類(Phenol)	抗菌、防腐、抗發炎、吸收紫外線
丹寧(Tannins)	收斂
蒽醌(Anthraquinones)	吸收紫外線
皂素(Saponins)	清潔、柔軟
類黃酮(Flavonoids)	抗氧化、美白、抑菌、血液循環
黏蛋白(Mucins)	保濕、柔軟
胺基酸(Aminoacid)	保濕、緊膚
葉綠素(Chlorophyll)	除臭
酵素(Enzyme)	皮膚再生、清潔
礦物質(Mineral salts)	保濕
維生素(Vitamin)	活化、保護

❧ 植物萃取液

化妝品的發展新趨勢是在配方中添加天然物或中草藥的有效成分，近來，在環保意識、天然成分訴求以及疾病預防等概念的發展下，天然成分的應用已是市場主流。

1. **柳蘭(Onagraceae)**：源自北美原住民傳統藥草柳蘭，含有天然的單寧酸、類黃酮等酚類複合物及大環丹寧成分(Oenothein B)，有抗老化特性，助舒緩並調理肌膚，維持柔軟與光滑的外觀和觸感。也能快速舒緩因化學刺激或 UV 照射引發的肌膚發紅症狀，也能有效抑制痤瘡桿菌增生。適合用於敏弱肌護理、抗痘產品，建議用量：1~3%。

2. **毛果一枝黃花（學名：Solidago virgaurea）**：為菊科植物。來自北美原住民傳統藥草毛果一枝黃花(Goldenrod)，富含抗氧化成分蘆丁(Rutin)與綠原酸(Chlorogenic Acid)，具有清除自由基與刺激膠原蛋白聚合功效。適合用抗老產品，建議用量：1~2%。

3. **積雪草(Centella Asiatica)**：又稱雷公根，含積雪草苷與羥基積雪草苷能降低受傷部位發炎反應，達到舒緩效果，並加速真皮層纖維母細胞移動、膠原蛋白生成、血管新生等，進而縮短傷口癒合時間，恢復肌膚完整性，並預防妊娠紋產生。建議用量：0.1~0.5%。

4. **紅楓樹(Acer)**：含三萜類化合物被證實有抗發炎及抗氧化的活性。有高含量的莽草酸，為苯丙胺酸及類黃酮的前驅物，是高效的抗氧化劑，有效保護並激發彈力蛋白和膠原蛋白適合用在抗老化，除皺，緊實等產品，也可用於熟齡護理產品，建議用量：0.1~0.25%。

5. **兩耳草(Polygonum aviculare)**：全球首創遠紅外線(IR)防護概念原料，具有降低因 UV 或遠紅外線(IR)照射而活化的 Cathepsin G 與 MMP-1 表現，進而保護彈力蛋白，減少皺紋，緊實肌膚，提升肌膚彈力的功效，建議用量：0.5~2%。

6. **牡丹（學名：Paeonia suffruticosa）**：牡丹根皮為毛茛科植物牡丹(Paeonia suffruticosa Andr.)的根皮。在中藥的應用上具有清熱涼血、活血化淤的作用效果。現代的科學研究結果顯示，牡丹皮裡頭的主要成分包括牡丹酚原苷、牡丹酚新苷、芍藥苷、氧化芍藥苷、沒食子酸等成分，具有抗氧化、抗炎、抗菌等

多種作用，結合牡丹萃取與美白成分 4-Butylresorcinol 以微乳化方式包覆活性成分。可改善膚色，減少黑斑，建議用量：1%。

7. **西酸模草(Rumex Occidentalis)**：屬肌膚調理劑與舒緩劑，能抑制酪氨酸酶的活性，抑制黑色素的形成淡化色素沉著。實驗證實也能同時降低 UV 引起的肌膚發紅與曬黑，使用 3 週即可感受到美白效果，建議用量：1~3%。

8. **海茴香(Criste Marine)**：富含神經醯胺修復因子及輔酶 Co Q10，維他命 A、E、K 等，能激發 CeramideⅢ，Ⅵ合成的先驅物，調節 Ceramide 新陳代謝，可以促進基底層再生，並預防發炎及油脂過度分泌，能有效改善乾燥脫皮現象，避免鬆弛，維護皮膚脂質結構，保持水分平衡，表皮更健康緊緻，建議用量：1~2%。

9. **海甘藍籽油(Crambe Abyssinica Seed Oil)**：富含 β 胡蘿蔔素、維生素 A、C 與 K，也是強效的抗氧化物。具有保護幹細胞，刺激 Ceramide II 的合成，抑制發炎現象，同時保護並增加細胞間質，延緩肌膚老化現象，建議用量：1%。

10. **紅花苜蓿(Red clover)**：屬於豆科植物，傳統草藥有淨化血液效果，常被用於治療皮膚相關疾病、改善循環、幫助肝臟排毒。紅花苜蓿葉子及根部含有異黃酮(Isoflavones)，能在人體內產生類雌激素功效，因此被廣泛用於改善女性更年期荷爾蒙失調相關症狀。紅花苜蓿萃取，含抑制 5α-還原酶抑制劑，具有降低皮脂分泌、收斂毛孔、改善表皮分化三合一功效、使用一個月即能減少皮脂分泌、降低毛孔大小，建議用量：0.5~2% 。

11. **檸檬香桃木(Lemon Myrtle)**：保護皮膚角鯊烯避免氧化，減少發炎，維持皮膚油脂平衡，減少皮膚泛油光，適用於油性和痘痘肌膚護理或城市抗汙染護膚產品。

12. **膠石花菜(Gelidium cartilagineum)**：膠石花菜是一種紅藻，萃取物可以刺激脂肪分解，消除水腫，對橘皮有平滑、緊緻的作用，建議用量：2~5%。

13. **黃金洋甘菊(Chrysanthellum indicum)**：為德國洋甘菊種，乾燥花朵可萃取出洋甘菊精油做為芳香療法、花草茶使用，有安神鎮定、助眠的功效，含三萜類化合物，抑制毛細血管通透性而具有抗敏消炎作用；同時富含多酚與類黃酮能消除自由基抗氧化；能抑制黑色素細胞也有美白祛斑的功效。另外，能

促進脂肪分解，適合用於瘦身產品。本產品亦可用於眼部護理產品，人體實驗證實使用 28 天後能明顯改善眼袋下垂問題，建議用量：2%。

14. **濱海刺芹(Eryngium maritimum)**：為鹽生植物，其特化的根、莖、葉系統以適應惡劣的環境。富含黃酮類化合物，氨基酸和醣類，其成分可強化因紫外線照射老化、衰退的表皮—真皮連接乳頭層，促進細胞外間質增生，加速角質形成細胞的增生及更新。適合用於抗老產品，建議用量：0.05%。

15. **龍血樹(Harungana Madagascariensis)**：能抑制發炎反應與脂肪分解酶活性，避免脂質過氧化，進而抑制痤瘡丙酸桿菌，減少粉刺、痤瘡，建議用量：1~2%。

16. **海紫菀(Aster Tripolium)**：血管壁保護因子，調節血液微循環並保護血管壁，適用敏感肌膚，改善臉頰易產生紅血絲或因荷爾蒙改變造成臉頰發紅發熱的情形，建議用量：1%。

17. **胡椒莓(Tasmannia obovate)**：富含蘆丁、花青素等具有抗氧化、抗發炎功效成份，具有抑制 IL-1 釋放、降低因 UV 或化學物質刺激造成的肌膚發紅、灼熱或搔癢症狀。最適合添加在面膜與刮鬍相關商品，建議用量：1~2%。

18. **白夏菊(Tripleurospermum maritimum)**：萃取自冰島俗稱巴爾德的特殊鹽土植物，能舒緩神經過度敏感造成的不適，同時減少肌膚發紅、降低紅斑、發癢以及腫脹等相關問題。可用於各類產品或特殊醫美護理需求之產品，建議用量：1~5%。

19. **卡卡杜李(Kakadu plum)**：是維生素 C 含量高的果實，也含有大量多酚類，如：沒食子酸、鞣花酸。能提供肌膚立即與長效的抗氧化，並能促進膠原蛋白、玻尿酸表現。人體實驗證實，使用兩週後即有提亮肌膚、均勻膚色的效果，建議用量：1~2%。

20. **人參(Ginseng)**：人參中含有多種胺基酸、肽類、葡萄糖、果糖、麥芽糖、維生素 B_1、B_2、菸鹼酸等，具有顯著的生物活性和藥理作用，有促進核醣核酸、蛋白質和脂質生物合成的作用，預防和延緩皮膚老化及促進血液循環。

21. **當歸(Chinese angelica)**：含有揮發油和抗生育醇，能促進血液循環使皮膚柔軟、美白。

22. **意苡仁(Jobs tears)**：含胺基酸、意苡二素(Coixol)、意苡仁酯(Coixenolide)等，能鎮靜、消炎、防曬。

23. **蘆根(Reed tears)**：含有苡二素(Coixol)、首蓿素(Tricin)、豐富的維生素 C，促進皮膚代謝、營養的吸收，具美白、抗老化作用。

24. **桔梗(Balloon flower)**：學名 Platycodon grandiflorum，含豆甾烯醇、皂苷、菊糖及桔梗聚糖，應用在化妝品上可美白、防曬、制菌。

25. **白芷(Dahurian angelica)**：含白芷素(Angenomaline)、香豆精(Furocoumarin)，具防曬、美白的作用。

26. **何首烏(Polygonum multifllrum)**：含大黃酚、大黃素、澱粉及卵磷脂，具抗菌護髮、黑髮及促進頭髮生長。

27. **三七(Panax pseudoginseng)**：含皂苷，能滋潤及清潔皮膚，且能淡化臉部黃褐斑及減少斷髮、脫髮及延緩白髮產生。

28. **黃耆(Astragalus membranaceus)**：含多種胺基酸、甜菜鹼、微量元素及葉酸，應用在頭髮化妝品上可營養頭皮、防止脫髮及促進毛髮生長；應用在護膚保養品上可防止皮膚老化、減少皺紋、嬰兒濕疹。

29. **朝鮮薊、水芹芽、多醣複合物(Depolluphane EpiPlus)**：是一種新型抗汙染妝品原料，不僅可以保護皮膚免受環境侵害，對抗在城市生活的日常壓力，而且還可以長期保護皮膚細胞免受汙染引起的表徵遺傳變化。含有蘿蔔硫素，它來自有機水芹芽，促進細胞解毒和抗氧化酶的產生。其次，多醣複合物可保護皮膚免受有害大氣顆粒的黏附與侵害。最後，結合朝鮮薊萃取物的長期預防作用，從而使皮膚細胞免受有害的表徵遺傳變化。

30. **Pfaffia Paniculata 根提取物（和）Ptychopetalum Olacoides 樹皮／莖提取物（和）百合花提取物**：Bioskinup™ Contour 3R (PPLAC)是針對眼部區域的完整治療，抗炎和抗氧化機制。使用 5.0% PPLAC 每天兩次，持續 28 天可改善黑眼圈。PPLAC 透過影響前列腺素 E2、白三烯 B4、組織胺和超氧化物歧化酶達到抗發炎和抗氧化作用，保持血管內皮完整，預防充血導致黑眼圈。局部應用可改善皮膚與眼眶區域亮度、皺紋與緊實度，並且減少眼袋、黑眼圈。

5-6 生化萃取物

生物科技是生命科學的一環，利用生物本質的機能與技術，製造出對人類有用的產品。以化妝品而言，近幾年來出現所謂的生技保養品，基本上便是由生物科技衍生而來的，代表高科技、高效能的屬性，其實範圍很廣泛，只要是含有取自於生物體萃取物的成分、以微生物發酵的方法製造以及含有可促進皮膚生化反應的成分等產品皆是。

生技保養品的原料來源可直接來自動物的腺體、組織的萃取，經濃縮、精製、消毒而製得，其中包含胺基酸、醣類、核酸、酵素、維生素、蛋白質、荷爾蒙、微量元素等化學成分。化妝品業者常利用這些對皮膚具有生理活性的物質，添加在化妝品的配方內，以期達到保濕、抗氧化、除皺、延緩老化等功效。而利用生物科技，以微生物所生產的化妝品基本原料之代表假絲酵母菌(Candida bombicola)酵母菌培養的醣脂質(Sophorolipid)、各種鏈球菌(Streptococcus)屬菌株培養的玻尿酸及乳酸發酵培養液含乳酸、葡萄糖、胺基酸及胜肽等，皆是化妝品活性成分的重要來源。

1. **褐色巨藻昆布**(brown macroalga Laminaria ochroleuca)：提高皮膚防禦機制，調整敏感和提升脆弱肌膚的耐受性程度，對抗來自環境產生的各種皮膚症狀如微生物感染、氧化壓力、汙染、紫外線輻射。減少短期陽光曝曬造成的皮膚紅斑，推薦用量：2%。

2. **仿海葵蛋白**(SensAmone P5)：一種仿生肽(Pentapeptide-59)，含精氨酸、組氨酸、苯丙氨酸和纈氨酸等胺基酸，被證明可以減少皮膚過敏、減少發紅。為了將這種肽輸送到皮膚並在使用過程中保持穩定，它通常與潤膚脂肪酸（如乳木果油或卵磷脂）搭配使用，建議用量：1~2%。

3. **嗜熱菌發酵**(Thermus Thermophillus Ferment)：嗜熱棲熱菌發酵的生物科技產品 Venuceane™，在皮膚受熱和光照下可抑制 ROS，保護細胞和皮膚免受 UVA 損害，有效抗氧化。實驗證實該發酵萃取物可提升受熱情況下抗氧化酶排毒皮膚自由基的功效；3% Venuceane™ 在高溫 40°C 對 UVA 光保護比 0.1%維生素 E 提升約 40%，使用 1%的濃縮提取物，半小時的陽光照射可減少達 46%的細胞損傷；1.5%萃取物可減少由紅外線引起的皮膚炎症，減少細胞發炎介質

PGE2，IL-6，IL-8 達 50％及抑制 MMP-1 膠原蛋白金屬分解酶的作用，減少皺紋。

4. **硫酸乙醯肝素(LMW-HS)**：混和添加紫羅蘭色種子萃取物(1~4%)、甲殼類浮游生物萃取物(E Crustaceum plankton extract)(1~4%)、山柳菊萃取物(1~3%)和雛菊萃取物(1~3%)，受試者使用了含有 LMW-HS 的眼霜改善眼眶周圍色素沉著，浮腫以及細紋和粗紋的外觀，實現全面的皮膚年輕化，在第 2 週就觀察到眶週色素沉著過度和細紋和粗紋的出現有所改善，直至 12 週持續改善。受試者浮腫減少(73%)和黑眼圈減少(93%)。

5. **幾丁質(Chitin)**：來源：蝦蟹甲殼、昆蟲表皮、細菌細胞壁。由胺基葡萄糖以 β-4,4 結合成的多醣體。添加在保養品中，可在皮膚表面形成保護膜，達到肌膚保濕效果。添加在頭髮製品中，避免頭髮分叉、斷裂。親水性衍生物可應用在整髮製品，如定型液、髮膠。作為減肥食品，可抑制油脂被人體吸收。

6. **玻璃醣醛酸(Hyaluronic acid)**：俗稱玻尿酸，從雞冠、眼睛的玻璃體、關節潤滑體、臍帶等處萃取。玻尿酸是一種多功能基質，廣泛分布於人體各部位。其中皮膚也含有大量的玻尿酸。人類皮膚成熟和老化過程也隨著玻尿酸的含量和新陳代謝而變化，它可以改善皮膚營養代謝，使皮膚柔嫩、光滑、去皺、增加彈性、防止衰老。

7. **胎盤素(Placecta)**：來源：母羊、母牛胎盤，內含許多酵素、激素、維生素等，可溶於水。可促進皮膚再生及增加新陳代謝能力，促進血液循環，使皮膚年輕、透明而有光澤，可去斑、美白。

8. **尿囊素(Allantoin)**：臨床試驗發現對皮膚可促進細胞增殖，對皮膚創傷有修復作用，具抗菌、收斂、止血作用。

9. **海藻提煉物(Marine algae extract)**：萃取深海中的海藻，內含 Superphyco D(SPD) 抗氧化、Phycocorail 抗紅外線、Aosaine 抑制彈力蛋白分解酶的活性與 Bioextender：強化微血管功能，促進微循環等等，預防肌膚老化；另外，Phlorogine：抑制脂肪合成酶作用，有去脂功效。

10. **擬蕨素 A (Pseudo pterosin A)**：取自於一種加勒比海柳珊瑚 Pseudopterogorgia elisabethae，具有抗敏消炎或修復因日照所引起的皮膚傷害，屬於海洋天然物皮膚保養原料，化學結構如圖 5-5 所示。

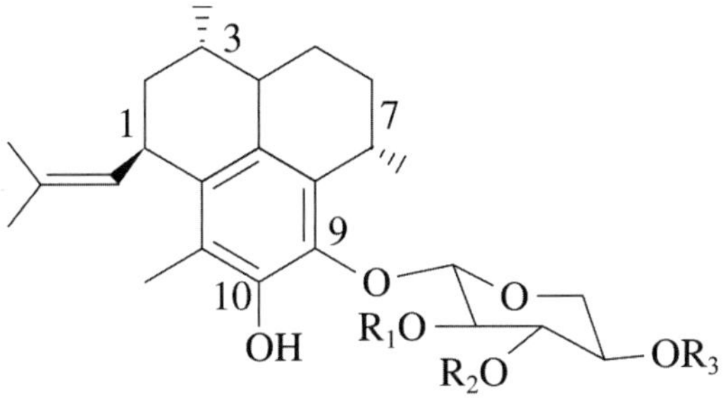

PsA (1)　$R_1 = R_2 = R_3 = H$

圖 5-5　Pseudo pterosin A 化學結構

11. **環狀七肽(Cyclomarin A)**：Cyclomarin A 是由一種特定的海洋放線菌產生，類似氫化可體松(Hydrocortisone)具有抗敏消炎的作用，化學結構如圖 5-6 所示。

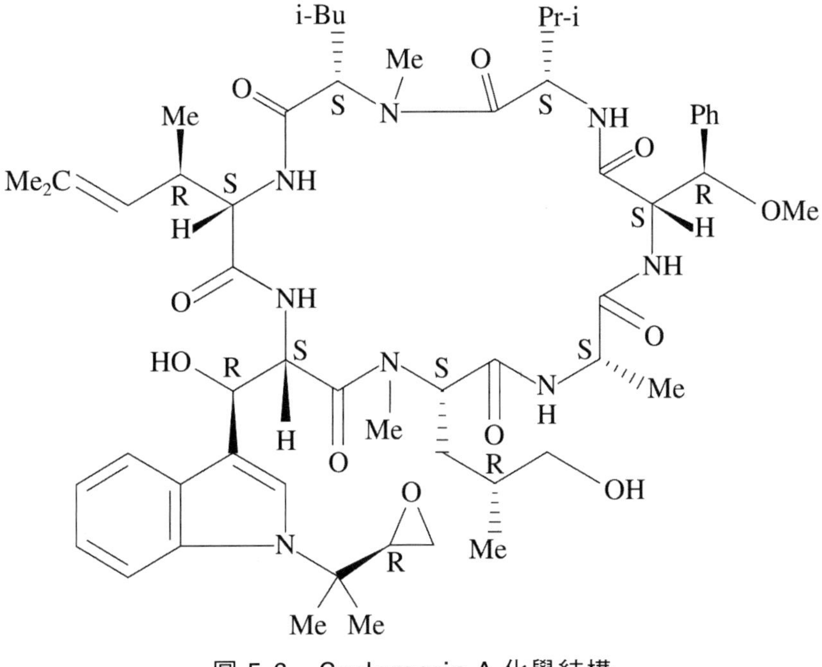

圖 5-6　Cyclomarin A 化學結構

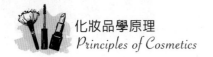

1. 王發昇等：化妝品用防腐劑的研究現狀及發展趨勢[J]，日用化學品科學，Dec.2007, 30(12), p.15~18

2. 平野茂博：Fragrance Journal, Oct. 1990, p.70~73

3. 伊藤進：Fragrance Journal, Jan. 1993, p.19~23

4. 衛生福利部食品藥物管理署：http://www.fda.gov.tw

5. 李連滋、賴惠敏：化工資訊與商情，第 18 期，中草藥在化妝品的應用

6. 鹿子木宏之、西山聖二、三口道廣：Fragrance Journal, May. 1991, p.49~55

7. Alexander, P.: Manufacturing Chemist, Sep. 1992, p.31~33

8. Anderw, J. B.; Gheorghe, C; Konstantinos, M. L.: Cosmetics & Toiletries, 106, May 1991, p.53~56

9. 楊華東：化妝品中防腐劑的應用和發展趨勢窺探[J].科學與信息化.2019(25).

Principles of Cosmetics

維生素 A 酸、
果酸及 B-柔膚酸

本章大綱

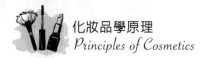

前 言

果酸的流行，可說是維生素 A 酸的衍生，而近期 B-柔膚酸的炙手可熱，則與果酸密不可分。這些酸性的活性物質，都是化妝品界的寵兒，具有活化角質形成細胞、促進增生及加速老舊角質的剝離，故常視之為抗老化的化妝品。

6-1 維生素 A 酸

一、發表源起

在 1988 年 Weiss 及工作夥伴發表維生素 A 酸(Retionic acid)可改善老化肌膚粗糙及細紋，開啟了化妝品抗老化的新世紀。維生素 A 酸是維生素 A 的衍生物(圖 6-1)，維生素 A 和維生素 A 酸可以改變基因表現模式影響細胞功能，減弱上皮細胞向鱗片狀的分化，增加上皮生長因子受體的數量。因此，維生素 A 可以調節上皮組織細胞的生長，維持上皮組織的正常形態與功能，保持皮膚濕潤，防止皮膚黏膜乾燥角質化，不易受細菌傷害，維持皮膚功能恆定。缺乏維生素 A 會使上皮細胞的功能減退，導致皮膚彈性下降，乾燥粗糙失去光澤。由於維生素 A 極不穩定，直接添加在化妝品外用效果不佳，大都作成維生素酯類或維生素 A 醛等衍生物，如維生素 A 棕櫚酸酯(Retinyl palmitate)以增加穩定性，局部使用維生素 A 衍生物有助於對青春痘、日光損傷、老年斑等症狀的改善。

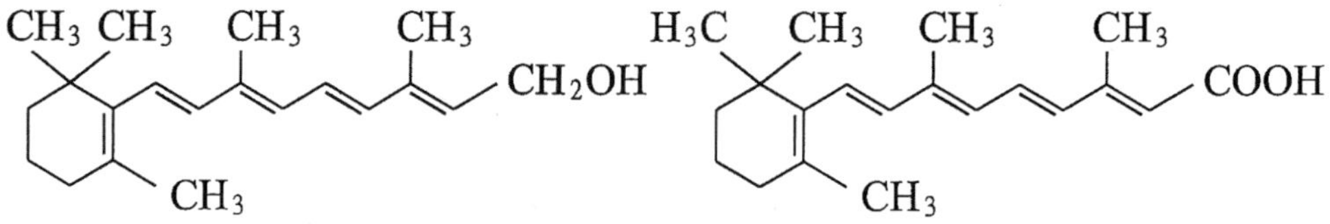

CH3 CH3
CH3
CH3
CH2OH
CH3
H3C
CH3
CH3
CH3
COOH
CH3

Vitamin A　　Retinoic acid

圖 6-1 維生素 A 和維生素 A 酸的化學結構

二、生理作用

在生理作用上，不論是維生素 A 酯(Vit. A ester)或前維生素 A 原(Provitamin A; β-carotene)都必須先轉化成維生素 A，再經由皮膚的維生素 A 醇脫氫酶氧化成維生素 A 醛，然後可再迅速透過維生素 A 醛氧化酶氧化成維生素 A 酸。在細胞核中存在有能影響基因表現的維生素 A 酸受體，透過基因調控發揮其生理活性。

三、在皮膚上的應用

外用維生素 A 酸可以改善毛孔角化異常、促進角質代謝、溶解粉刺並加速排除；口服 A 酸更具有收縮皮脂腺、抑制皮脂分泌、促進角質細胞分化等功效。除此之外，A 酸也是被認可的抗光老化外用藥物，對於淡化斑點、美白、抗老、改善膚質也都有一定功效。

外用維生素 A 酸很容易會出現泛紅脫皮、乾燥、搔癢、灼熱感，甚至造成光敏感性皮膚發炎，另外口服 A 酸具有致畸胎性，因此衛福部決議，不論維生素 A 酸濃度多少，一律以藥品申請，並不得輸入或製造含有維生素 A 酸的化妝品，所以製造商大都以其他的維生素 A 衍生物來代替。已知，透過維生素 A 醇約 10% 的轉化率，同樣可轉化成維生素 A 酸產生一樣的作用，且因為刺激性比維生素 A 酸低，所以可以添加在保養品中，一樣發揮促進角質代謝、促進膠原蛋白生成淡化細紋、抑制皮脂分泌及抑制發炎等，在這幾年已成為「抗老化」和「痘痘肌」的熱門護膚保養成分。

6-2　果　酸

早期果酸(Alpha hydroxyl acids, AHAs)主要是被當作保濕劑使用和用來調整化妝品的酸鹼值（pH 值），後來發現水果酸功效的是 Eugene Van Scott，分別在 1976 年與 RueyJ. Yu 申請專利，主要用於調理乾性肌膚，後來用於治療青春痘、老人斑。直到 1990 年在市場才有產品問市，1992 年 2 月雅芳(Avon)推出 Anew 系列（含有甘醇酸 4%），推動果酸護膚的風潮，2003 年秋天 Chanel、Clinique、Arden 與 La Prairie 等國際知名化妝品公司陸續跟進，使果酸成為 90 年代席捲全球抗老化的功能性化妝品。但依衛福部公布含果酸及相關成分的化妝品，其酸鹼值不可低於 3.5。

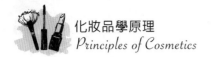

一、果酸的定義

　　果酸為一群化學結構相近的化合物，共同具有 HO-C-COOH 的部分。其英文名稱為 Alpha hydroxyl acids(AHAs)，表示在 α 位置的碳原子上有一個羥基 (Hydroxyl group-OH)，見圖 6-2。有很多這類的化合物都可在天然水果中找到，所以用果酸來稱之。

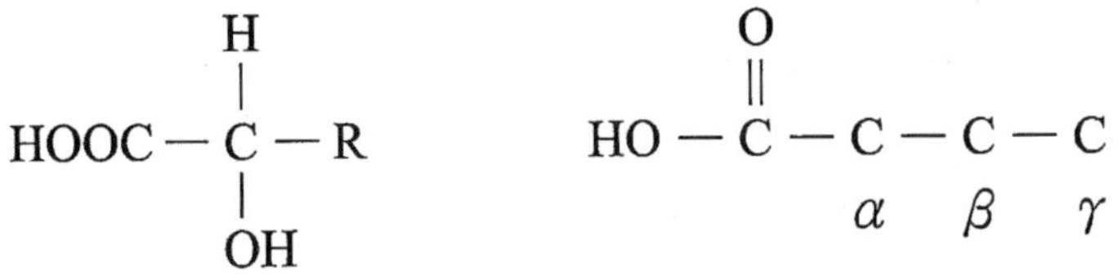

$$
\begin{array}{c}
\mathrm{H} \\
| \\
\mathrm{HOOC - C - R} \\
| \\
\mathrm{OH}
\end{array}
\qquad
\begin{array}{c}
\mathrm{O} \\
\| \\
\mathrm{HO - C - C - C - C} \\
\quad\; \alpha \quad\; \beta \quad\; \gamma
\end{array}
$$

圖 6-2　果酸的化學結構

二、果酸在皮膚的作用

　　果酸（大都使用甘醇酸）對一些角質化異常的皮膚病也有治療上的意義。像最早應用於魚鱗癬類皮膚病、角化性的老人斑等，甚至拿來治療疣。另外長青春痘的病人可藉由長期使用果酸減少毛孔角質栓塞的形成，作為主要或一種輔助治療。

　　果酸在皮膚科學的應用因濃度不同而稍有差異，一般而言，低 pH 及游離酸濃度越高，效果越顯著，但是發生副作用的機會也相對增加。在低濃度時，它是一種保濕劑，可增加角質的含水量，溫和破壞角質間的凝聚力，有去角質、促進皮膚新陳代謝。在高濃度下破壞效果大，會造成表皮剝離稱作化學換膚（或稱作化學磨皮）。另外，塗抹果酸保養品可有效刺激真皮層膠原蛋白、彈性纖維、酸性黏液多醣與玻尿酸之增生及重新排列，改善皮膚緊實度使皮膚變得較光滑有彈性，甚至使細紋、皺紋淡化。一般保養品所含的果酸是在低濃度範圍，可以由消費者自行購買使用，高濃度的果酸則須由醫師來指示使用。

　　果酸雖然是美容聖品，但也可能產生副作用。特別是敏感型皮膚的人或是剛開始使用的人，會發生不同程度的皮膚刺痛、發紅、癢、脫皮等不適症狀，甚至會有暫時性的色素沉著增加。使用時，可以由較低濃度開始，讓皮膚漸漸地對果酸適應，增加對果酸的耐受性，日後再嘗試較高濃度的果酸。要注意的是使用果

酸時，皮膚因為角質層較薄，有可能對一些外來刺激較敏感，如日曬、風吹及一些含酒精成分的化妝保養品等。故一些保護措施，如避免曬太陽或適時使用防曬乳液等，有時是必要的。

三、化妝品常見的果酸種類及其作用

　　果酸的種類繁多，分子大小也不同。一般說來，分子越小，滲透效果越好，所以甘醇酸的效果較佳。

1. **甘醇酸(Glycolic acid)**：自甘蔗中萃取的甘醇酸（圖 6-3）是所有果酸中分子最小，對皮膚的滲透效果最佳，對皮膚的作用較其他果酸快。如保濕、去角質、促進角質形成細胞的增生、促進真皮層黏多醣體與膠原蛋白的合成和消除皺紋，使皮膚光滑細緻有彈性，所以有人稱之為活膚酸。甘醇酸的去角質原理是通過螯合作用降低角質形成細胞間鈣黏蛋白(Cadherin)的鈣離子濃度，達到破壞細胞間的黏著或利用甘醇酸的羧基(-COOH)，與 Ceramide 的羥基作用，藉此轉移原本的酯類鍵結，因為位於角質細胞間的神經醯胺(Ceramide)利用其碳結構上的羥基(-OH)與角質蛋白上的麩胺酸(Glutamic acid)產生酯類鍵結，使角質細胞彼此連結（圖 6-4）。如此降低了神經醯胺對角質層的作用，角質將更易剝落。

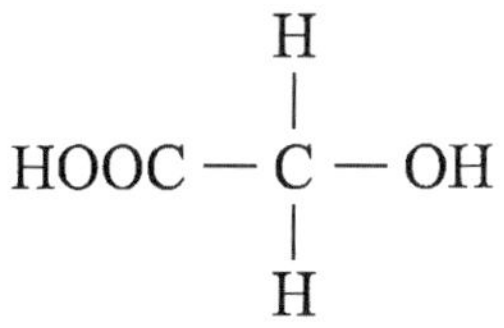

$$HOOC - \overset{\overset{\displaystyle H}{|}}{\underset{\underset{\displaystyle H}{|}}{C}} - OH$$

圖 6-3　甘醇酸的化學結構

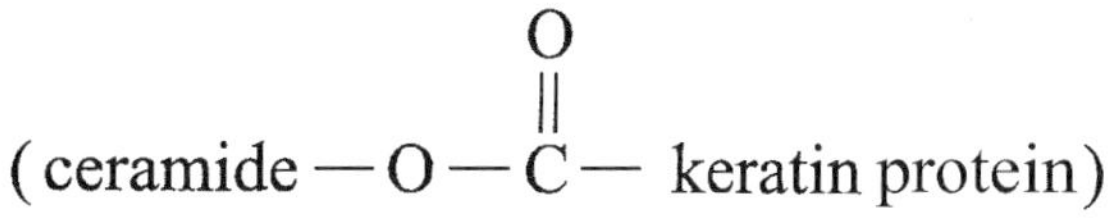

$$(ceramide - O - \overset{\overset{\displaystyle O}{||}}{C} - keratin\ protein)$$

圖 6-4

2. **乳酸(Latic acid)**：來源為酸奶、澱粉、楓糖、水果，其化學結構如圖 6-5 所示。它是存於皮膚角質層的天然保濕因子，其鹽類的結構具有極強的吸濕性，所以使用在皮膚上可增加角質水合的能力，達到保濕的功效。

3. **檸檬酸(Citric acid)**：來源為檸檬、葡萄、桃子、鳳梨，其化學結構如圖 6-6 所示。Kando 及其工作夥伴發現檸檬酸可抑制磷酸果糖蛋白質激酶(Phosphofructokinase)活性減少皮膚糖解(Glycolysis)，增加葡萄糖醛酸的合成，促進真皮層黏多醣體的生合成，另外也具有收斂、保濕作用等功效。

$$HOOC - \overset{\overset{\displaystyle H}{|}}{\underset{\underset{\displaystyle CH_3}{|}}{C}} - OH$$

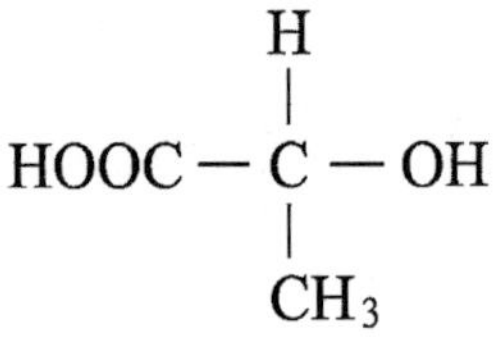

▌ 圖 6-5　乳酸的化學結構

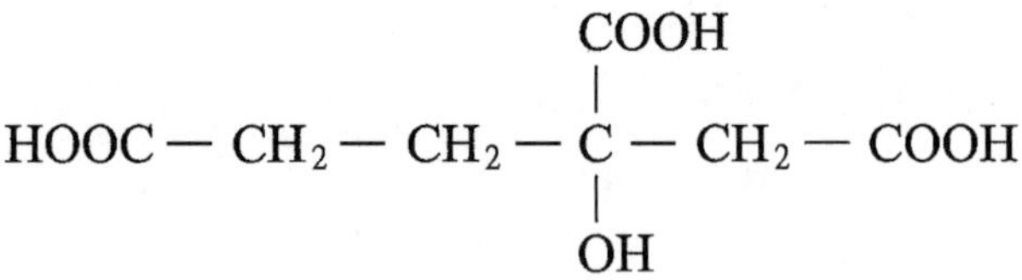

$$HOOC - CH_2 - CH_2 - \overset{\overset{\displaystyle COOH}{|}}{\underset{\underset{\displaystyle OH}{|}}{C}} - CH_2 - COOH$$

▌ 圖 6-6　檸檬酸的化學結構

4. **蘋果酸(Malic acid)與酒石酸(Tartaric acid)**：來源分別為蘋果與葡萄酒，其化學結構如圖 6-7、6-8 所示。它們都是身體代謝途徑中的產物，所以可強化皮膚的生化功能，另其有保濕與溶解老舊角質的作用。

5. **氫氧基辛酸(Hydroxyl caprylic acid)**：來源為蛇麻草，可保濕與溶解老舊角質。其化學結構詳見圖 6-9。

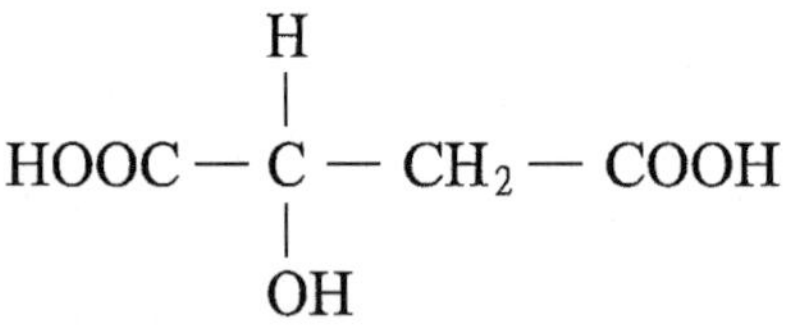

$$HOOC - \overset{\overset{\displaystyle H}{|}}{\underset{\underset{\displaystyle OH}{|}}{C}} - CH_2 - COOH$$

▌ 圖 6-7　蘋果酸的化學結構

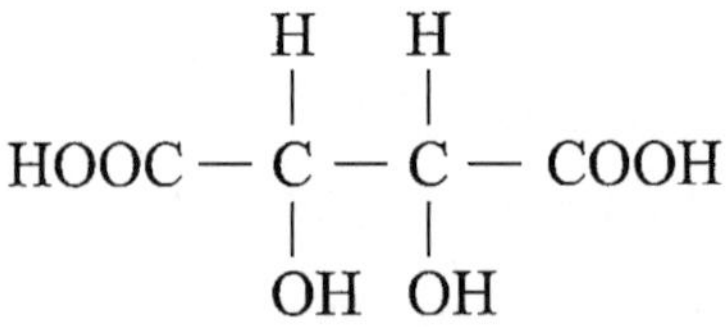

$$HOOC - \overset{\overset{\displaystyle H}{|}}{\underset{\underset{\displaystyle OH}{|}}{C}} - \overset{\overset{\displaystyle H}{|}}{\underset{\underset{\displaystyle OH}{|}}{C}} - COOH$$

▌ 圖 6-8　酒石酸的化學結構

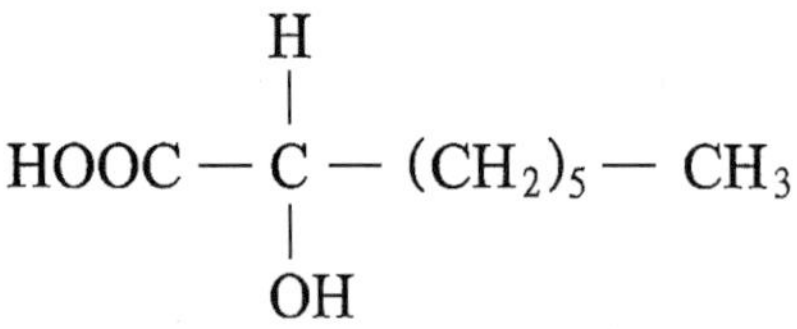

$$HOOC - \overset{\overset{\displaystyle H}{|}}{\underset{\underset{\displaystyle OH}{|}}{C}} - (CH_2)_5 - CH_3$$

▌ 圖 6-9　氫氧基辛酸的化學結構

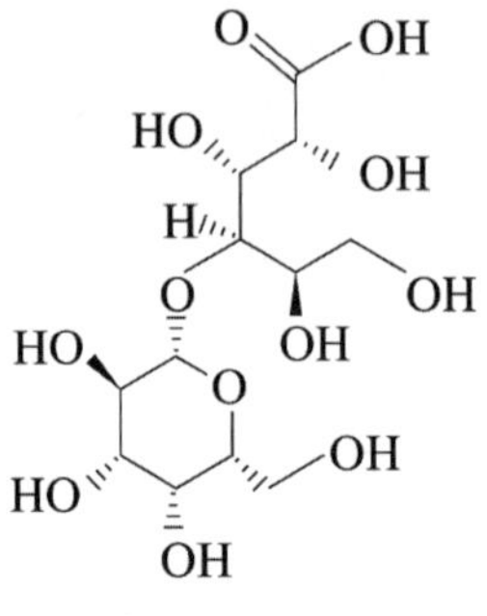

▌ 圖 6-10　乳糖酸的化學結構

6. **有內酯葡萄糖酸和乳糖酸(Lactobionic acid)**：新一代的 α-羥基果酸，稱為多羥基果酸(PHAs)，分子上有更多的羥基使 PHAs 在吸濕性方面較傳統的 AHAs 更為顯著，增添保濕、潤膚的效用。由於為多個羥基結構，也具抗氧化及清除自由基的功能，有抗老化的效果，臨床上使用多羥基果酸不會有增加皮膚對日曬的光敏感性，較不具刺激、灼熱或刺痛感，所以也適用於敏感肌膚（酒糟或異

位性皮膚炎）的患者。常用的有內酯葡萄糖酸和乳糖酸，內酯葡萄糖酸只有在環形結構打開，形成葡萄糖酸時才暴露出該分子的 AHAs 形式，而在環形結構時，酸性基團被遮蔽起來，因此與傳統 AHAs 相比刺激性較小。乳糖酸又稱新一代果酸，結構中帶有八組氫氧基，可強力與水分子結合，因此保濕的效果遠大於甘醇酸、乳酸、檸檬酸和葡萄糖酸等一般果酸。另外，也與一般果酸一樣有加速細胞更新、促進皮膚新陳代謝的功效，亦能促進真皮層基質與膠原蛋白生成，使皮膚變得年輕有彈性。因此，在醫學美容方面，乳糖酸亦被應用於抗老化保養上，臨床試驗上使用含 8%乳糖酸的乳霜（pH 約 3.5），在 8 天後，肌膚開始變得更明亮光滑，新陳代謝效果明顯，其化學結構如圖 6-10 所示。

7. **胜肽酸(Peptide-acid complex)**：胜肽酸屬第三代的新型的果酸換膚，目前國內醫療院使用醫療用「化學換膚液」有凱氏國際有限公司的 BST 胜肽酸原液，以及京美生化科技將苦杏仁酸結合三胜肽(Palmitoyl Tripeptide)的 30%胜肽酸液。凱氏國際有限公司商品 Aqua Bella Peeling Gel 原液有高濃度單一果酸換膚效果，其中甘醇酸濃度達到 60%，pH 值有 1.05，由果酸發明人 Dr. Scott 和 Dr. Yu 的研究小組所研發的產品。獨特的控釋劑型(control-release)，利用多重分子間氫鍵(multiple intermolecular hydrogen bonds)將多種胜肽(2~6 peptides)與高濃度甘醇酸為主的複合式果酸結合，產生胜肽酸(Peptide-acid Complex)，分子量介於 100~600 之間，利於吸收作用。使用胜肽酸換膚，果酸會持續穩定緩慢的釋放，刺激性相對降低。胜肽酸換膚多了胜肽可進行細胞修護功能，療程可縮短為一週一次，也可安撫痛覺神經、無光敏感性，降低換膚所造成的刺痛感。

 6-3　B-柔膚酸

一、發表源起

1998 年皮膚美容學界頗負盛望的克里門(Kligman)博士來台發表了有關 B-柔膚酸(Beta hydroxy acid, BHA)的最新研究成果，使得醫界重新注意到了水楊酸（B-柔膚酸）的新功能。水楊酸存在自然界中，而人類使用水楊酸（柳酸）的歷史也

十分久遠。緣起一世紀時，就已經嘗試使用柳樹皮來治雞眼及老繭，1860 年以來則用以治療脂漏性皮膚炎、青春痘及頭皮屑，後來水楊酸的衍生物還可當作吸收 UVB 中波紫外線的防曬劑。

二、生理作用

在醫學美容方面，由於發現 BHA 果酸的促進淺層老化角質的脫落功能較傳統型 AHA 果酸為優異，因此被醫界認為是深具潛力的新一代換膚物質。能有效改善皮膚的膚質、膚色與平滑度，使臉部的整體表現變得更好，而且它只需要傳統果酸 1/4 的使用濃度，所以在化妝品業炙手可熱。

BHA 還有優越的清除黑頭粉刺的能力。傳統 AHA 型果酸是水溶性，而 BHA 果酸則為脂溶性，因此可以藉由與脂質成分融合的方式，滲透進入角質層及毛囊中以消除黑頭粉刺。此外，BHA 的吸收速率較甘醇酸或乳酸等果酸為慢，約 6~12 小時，因此刺激性較不明顯且本身兼具消炎、止癢的作用，使得消費者有較少刺痛、灼熱的感覺。

綜合以上優點，使化妝品業一窩蜂的將水楊酸應用於一系列的保養品中，而引起衛福部的關切，規定美容化妝品所使用的水楊酸濃度要在 2.0%以下。且須標示警語，避免消費者使用不當引起中毒。若添加量在 0.2%以下得為化妝品之防腐劑，屬一般化妝品，毋需辦理查驗登記。

註：107 年行政院衛福部特定用途化粧品成分名稱及使用限制表中規定，水楊酸(Salicylic acid)限量在 0.2~2.0%，用於軟化角質、面皰預防，但不得長期使用接觸於皮膚，三歲以下嬰孩不得使用。(洗髮用化妝品除外)。

6-4　果酸換膚

化學換膚的深度可分為四級，如表 6-1 所示分別為表淺層換膚(very super-ficial peel)、淺層換膚(superficial peel)、中層換膚(medium peel)，及深層換膚(deep peel)。化學換膚的深度與使用的剝脫劑種類、濃度、酸鹼值等有關，因此，雖然淺層換膚的安全性較高恢復時間短，但是臨床上能達到的改善也較為有限。越深層的換膚不良反應越大，恢復期越長，效果也越明顯。由於淺層換膚安全、方便，

是目前臨床上最常使用的換膚手術，對於表淺性的色斑及輕度的皺紋有效。對於深的皺紋、疤痕及較嚴重的皮膚老化，還是需要用中層甚至深層的換膚，但這兩種換膚對皮膚的傷害較大，容易導致疤痕，由於東方人體質比較容易在換膚手術後留下色素沉著，所以很少被採用。

表 6-1 化學換膚的分類

種類	作用深度	試劑(%)
最淺層換膚	角質層	甘醇酸、水楊酸、傑士尼溶液
淺層換膚	乳突狀真皮層	10~20％三氯醋酸
中層換膚	上網狀真皮層	35~50％三氯醋酸、88％酚
深層換膚	中網狀真皮層	Baker-Gordon formula

化學換膚的原理是將化學試劑塗抹在表皮，降低角質細胞的凝聚力及破壞胞橋小體的連接，有效控制老舊角質及皮膚不同程度的破壞與剝離、促進角質形成細胞更新與再生及加快黑色素代謝。水楊酸的作用機制主要來自角質層的角質分解效果，本身無法跟 α-羥基酸一樣，破壞深層細胞的黏聚力。多羥基果酸具有螯合金屬離子的能力，除可降低鈣離子濃度外，也可增加清除自由基抗氧化的能力，優異的吸水保濕特性，有效提高角質層含水能力，恢復乾性肌膚的表皮新陳代謝。果酸換膚的發展比較，如表 6-2。

果酸換膚對於皮膚的老化、粗糙、日光傷害的皮膚及青春痘、黑斑、老人角化斑，都有不錯的療效，屬於複雜的療程，需要一定的操作技巧，而且要在患者非常配合下，才能使化學換膚達到最佳效果。療程中，操作者要依據患者的需求設計換膚程序，選擇適當的化學換膚劑，嚴格控制換膚及酸鹼中和的時間，而患者換膚後也要注意護理，徹底做好防曬措施，以免色素沉澱。

表 6-2　果酸換膚的發展比較

發展現況	代表性果酸	優缺點	臨床效果
第一代果酸	甘醇酸、乳酸、酒石酸、檸檬酸、杏仁酸	容易引起皮膚發紅、脫皮及結痂，有刺痛、燒灼感，耐受性低	1. 濃度小於 10%：可以去除老化角質，改善粗糙與暗沉 2. 濃度 10~30%：果酸到達真皮層組織，改善青春痘、淡化黑斑、撫平皺紋 3. 果酸濃度大於 30%：加速除皺去斑的功能
第二代果酸	內酯型葡萄糖酸、乳糖酸、麥芽糖酸	溫和不刺痛、安全無毒性、燒灼感，適用敏感性肌膚，換膚效果較慢	1. 兼顧抗氧化及保濕的抗老化除皺功能 2. 溫和去角質適用於發炎性皮膚 3. 淡化色素沉澱
第三代果酸	胜肽、甘醇酸、精胺酸、肌肝酸、離胺酸、半胱胺酸	刺激性低、療程同時進行修護、無光敏感性、療程時間縮短、使用方便無需中和液、可搭配超音波導入	1. 改善膚質、平衡油脂分泌 2. 淡化黑色素沉澱，還原美白功效 3. 改善粉刺、青春痘及青春痘所造成的淺層凹疤 4. 增加皮膚之保水能力，改善肌膚的乾燥、粗糙現象 5. 刺激膠原纖維增生改善細紋及皺紋

參考資料

1. 正木仁、神幸子：Fragrance Journal, 22(12), Dec. 1994, p.25~29

2. Bio-Function Technology: http://www.bf-tek.com

3. Biotechnology in Cosmetics: Concepts, Tools and Techniques Cosmetics & Toiletries

4. Darbyshire, J.: Soap Perfumery and Cosmetics, Jun, 1993, p.29~31

5. Donald, A, D.: Drug and Cosmetics Industry, 154(5), May. 1994, p.38~44

6. Erling, T.: Journal of Applied Cosmetology, 11(3), Jul. / Sep. 1993. p.71~76

7. Idson, B.: Drug and Cosmetics Industry, 156(5), May. 1995, p.24~28

8. Neo Strata 1996~1997 Lab Experimental Data

9. Nidholas, J. D.: HAPPI, 33(10), Oct. 1996, p.48~50

10. Raoul, H.: Cosmetics & Toiletries, 107, Jul. 1992, p.63~67

11. Sargisson, S.: Drug and Cosmetics Industry, 154(1), Jan. 1994, p.24~30

12. Smith, W.: Cosmetics and Toiletries, 109, Sep. 1994, p.41~48

13. Sung, F. Y.：全球資訊網／健康天地

14. Tsai, C. F.：現代美容，p.81

Memo :

Principles of Cosmetics

保濕化妝品

本章大綱

前 言

　　皮膚過度缺水會使肌膚外表乾燥、粗糙、脫屑並使表皮的柔軟性、彈性降低，而造成乾燥皮膚。其主要原因是角質層的保水能力及障壁功能降低，而導致經皮水分流失(TEWL)程度上升，所以在皮膚的保濕保養品中，如何維持角質保水的機能及調節皮膚水分與油脂間的平衡功能，為一熱門訴求。

 7-1 ## 水分與皮膚的關係

一、水對皮膚的重要性

1. **皮膚的含水量**：要保持肌膚的年輕，水分是相當重要的一環。由以下的數據便能凸顯水的重要性：水分占肌膚的 70%，占表皮的 65%，占角質層的 10~20%。健康的皮膚應當是光滑柔軟富有彈性，這很大程度上歸功於皮膚角質層內的水分含量保持正常。皮膚乾燥或疾病狀態與表皮屏障(Epidermal barrier)功能障礙有關，屏障功能破壞會使表皮保水性下降，皮膚失去大量水分就會使皮膚變的敏感或破壞皮膚正常的外觀。皮膚要維持正常的生理功能，可使用保濕化妝品通過仿生皮膚天然保濕系統，保持皮膚水分含量，維持皮膚正常新陳代謝。

2. **細胞間質形成磚牆理論**：角質層磚牆理論認為表皮角質層的角質細胞層層相疊好比是磚(Bricks)，而層層相疊細胞間的脂質好比泥漿(Mortar)。彼此緊密排列黏著發揮皮膚屏障功能，有效防止真皮和表皮水分的蒸發，角質層含水量正常，可進行正常的角質脫屑，維持皮膚正常的新陳代謝；角質層缺水會發生脫屑不完全，出現皮膚乾燥、細紋的現象，如圖 7-1 所示。左邊角質含水量正常所以正常脫屑；右邊角質含水量不足所以角質附著表皮，脫屑不完全造成皮膚粗糙、屑片狀角質剝離。

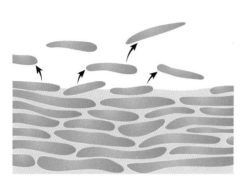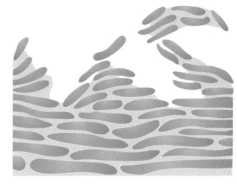

▌ 圖 7-1　皮膚角質脫屑狀況

二、皮膚缺水的因素

1. **高溫、低濕、過度暴曬等外在環境的刺激**：由圖 7-2 與圖 7-3 得知經皮水分流失(TEWL)速度與溫度成正比而與濕度成反比。在臺灣地區冬天反而較夏天容易造成皮膚缺水，乃是冬天造成皮表溫度低，汗腺、皮脂腺的分泌汗液及皮脂量降低，皮脂在表皮不易流動成均勻的皮脂膜，使得減少皮膚水分蒸發的屏障機能降低所致。

2. **化學物質的刺激**：過度使用界面活性劑會溶解、清除表皮的天然保濕因子(NMF)和皮脂。

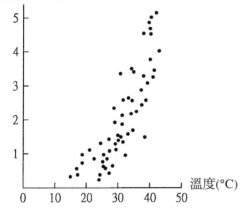

▌ 圖 7-2　皮膚水分散失率與溫度關係
（每 5 平方公分的皮表做單位）

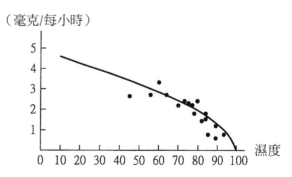

▌ 圖 7-3　皮膚水分散失率與濕度關係
（控制溫度在 39±1℃）

3. **老化及營養障礙**：老化導致細胞再生遲緩與皮膚器官萎縮，使皮脂與汗液分泌減少，以及參與角質形成細胞代謝的酵素不足，造成角質層中的天然保濕因子與細胞間脂質的不足，同時在角質層損傷後其自行修復的速度也變慢。

 7-2　皮膚保濕組成

一、天然保濕因子

　　角質層中存在一些角質代謝過程所生成的親水性吸濕物質（表 7-1），其化學結構具有與水分子產生氫鍵或其他與水結合的能力，所以皮膚角質層裡的天然保濕因子(Natural moisturizing factor, NMF)除了能結合水之外也能吸引真皮層水分到角質層，而使角質層充分保有水分（圖 7-4）。

表 7-1　天然保濕因子(NMF)組成

成　分	含　量
胺基酸(Amino acids)	40%
2-吡咯-5-羧酸鈉鹽(Sodium pyrrolidone carboxylate)	12%
乳酸鹽(Lactate)	12%
尿素(Urea)	7%
氨、尿酸、檸檬酸、肌酸酐、葡萄糖胺 (Amonia、Uric acid、Citrate、Creatinine、Glucosamine)	1.5%
鈉(Sodium)	5%
鉀(Potassium)	4%
鈣(Calcium)	1.5%
鎂(Magnesium)	1.5%
磷(Phosphate)	0.5%
氯(Chlorine)	6%
醣類、有機酸、胜肽類和其他未確定的物質 (Sugar、Organic acids、Peptides and other unidentified substances)	8.5%

1. **胺基酸(Amino acid)**：在角質中合有多種的游離胺基酸，如甘胺酸、丙胺酸、絲胺酸、酥胺酸等，皆為保濕因子之重要組成，藉由水合的方式增加角質含水量，使角質柔軟、不乾澀粗糙。

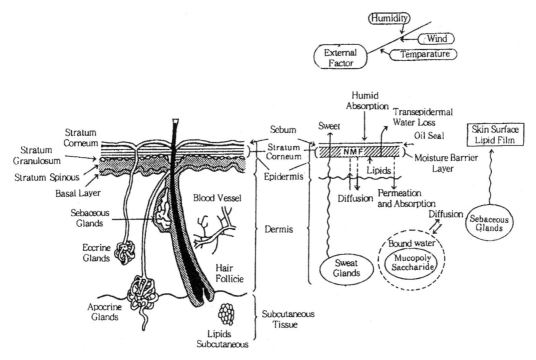

▋ 圖 7-4　皮膚保濕機制

參考資料：Muneo Tanaka(1994), Fragrance Journal, 9.14.

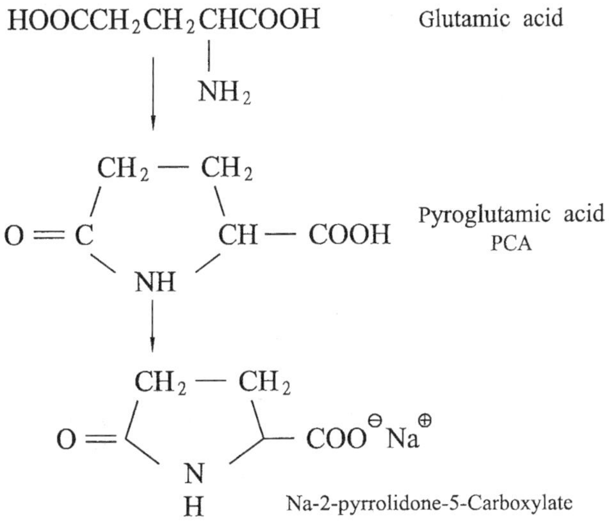

$$HOOCCH_2CH_2CHCOOH \qquad \text{Glutamic acid}$$
$$| \qquad\qquad\qquad NH_2$$

Pyroglutamic acid
PCA

Na-2-pyrrolidone-5-Carboxylate

▋ 圖 7-5　2-吡咯-5-羧酸鈉鹽的生成

2. **乳酸鹽(Lactate)**：以鹽類狀態存在時吸濕力強，以游離酸的形式存在，則為 α-羥基果酸(AHA)的一種，具有去角質、保濕之作用。

3. **2-吡咯-5-羧酸鈉鹽(Na-2-pyrrolidone-5-carboxylate)**：是天然保濕因子中相當重要的保濕成分，由麩胺酸(Glutamic acid)經脫水反應而成，見圖 7-5，吸水能力極強，是保濕化妝品常添加的保濕劑。

二、真皮層中的黏多醣體

黏多醣體(Mucopoly saccharide)是皮膚中最重要的水分來源，蛋白聚醣(Proteoglycane)（圖 7-6）存於真皮層的基質，主要是由葡萄糖胺聚醣(Glycosaminoglycans)和醣蛋白(Glycoprotiens)所構成，其結構含有大量的羥基、羧酸根及硫酸根。圖 7-7 玻尿酸屬於多價陰離子聚合物，藉由羧酸根及羥基透過氫鍵吸引水，有很強的吸水性。

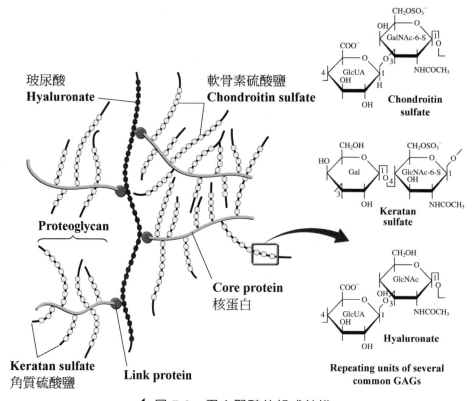

▌ 圖 7-6　蛋白聚醣的組成結構

參考資料：2005 Pearson Education, Inc. publishing as Benjamin Cummings.

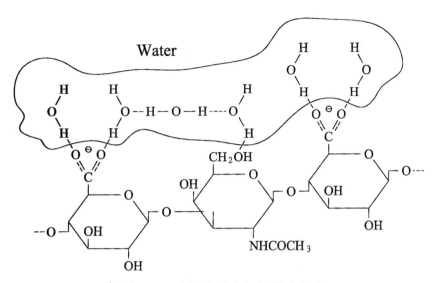

▲ 圖 7-7　玻尿酸藉由氫鍵與水結合

1. **玻璃醣醛酸(Hyaluronic acid)**：俗稱玻尿酸，是一種酸性黏多醣體，為 D-葡萄糖醛酸和 N-乙醯胺基葡萄糖之雙醣鍵結聚合而成，可保濕、平滑肌膚。在化妝品中當作保濕劑，鎖水的能力與其高分子量、流變性及結構上官能基的特性有關，以往來源多來自小牛氣管、眼睛玻璃體、雄雞雞冠或人類臍帶，因此價格昂貴。目前可藉生物技術利用鏈球菌(Streptococcus zooepidemicus)與葡萄糖液發酵而製得，藉由控制分子量大小可影響該原料的流變性及內黏滯性，間接影響其保濕效果。

2. **軟骨素硫酸鹽(Chondroitin sulfate)**：為 D-葡萄糖醛酸和 N-乙醯胺基半乳糖 4 或 6 硫酸鹽之雙醣鍵結聚合而成，具強吸濕性，溶於水呈凍膠狀。在化妝品中當作保濕劑，鎖水能力強。

三、皮膚表面的皮脂膜

　　皮脂腺分泌的皮脂和表皮角質形成細胞代謝產生的細胞間脂質共同構成皮膚表面的皮脂。皮脂腺分泌的脂質主要包括三酸甘油酯、蠟酯類、固醇酯類、角鯊烯及其他油性成分等，可參考表 7-2 男性皮脂腺分泌的組成。皮脂腺在不同的部位及分泌階段，分泌的皮脂成分不同，分泌的皮脂會與表皮水分、汗液乳化並在皮膚表面形成皮脂膜。皮脂膜在保持皮膚表面水分、調節皮膚 pH、保持表皮完整、促進局部外用藥妝品吸收及抑制微生物等方面起重要作用。

表 7-2　男性皮脂腺分泌的組成

成　分	百分比%
魚鯊烯(Squalene)	12~14
固醇類(Sterols)	2
蠟酯類(Wax esters)	26
固醇酯類(Sterol esters)	3
三酸甘油酯(Triglycerides)	50~60
游離脂肪酸(Free fatty acids)	14
單或雙酸甘油酯(Mono-and diglycerides)	5.5
脂肪醇(Fatty alcohols)	2

四、角質細胞間質

皮膚角質形成細胞的組成在分化的過程中所有的磷脂質及醣脂質都完全被分解，只剩下神經醯胺(Ceramide)、膽固醇(Cholesterol)及脂肪酸留於皮膚的角質層以發揮保護皮膚屏障的功能。角質層細胞間脂質(Intercellular lipids)主要由天然脂質及神經醯胺構成（表 7-3），顯示圖 7-8 雙極性細胞間脂質使親水基的「頭部」與水層吸引，而疏水基的「尾部」彼此吸引，形成交互脂雙層模板。這種有規律的排列，控制水分在角質細胞間的滲透和運動，封閉了角質層中的天然保濕因子，這樣就保持了角質細胞間的水分。神經醯胺、游離脂肪酸與膽固醇在角質層分布的最佳摩爾比例為 3：1：1。脂雙層模板是物質進出表皮時所必經的通透性屏障，不僅可防止體內水分和電解質的流失，還能阻止有害物質的入侵，有助於皮膚機能的維持。

表 7-3　角質細胞間脂質的組成

成　分	百分比%
神經醯胺(Ceramide)	40%
膽固醇(Cholesterol)	25%
游離脂肪酸(Free fatty acid)	25%
膽固醇硫酸酯(Cholesteryl sulfate)	10%

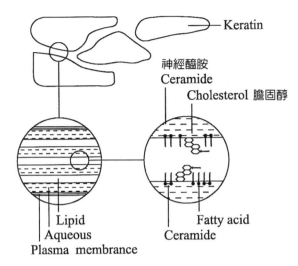

▮ 圖 7-8　角質細胞間脂質的分布

1. **魚鯊烯(Squalene)**：$C_{30}H_{50}$ 三十碳六烯在常溫下呈液體，將 Squalene 氫化即得海鮫油(Squalane)，具柔軟、保濕作用，在化妝品原料中是一種安全性高、化性穩定的油性基劑。

2. **三酸甘油酯與游離脂肪酸(Triglycerides & Free fatty acid)**：此二種為皮脂的主要成分，具有柔軟、減少角質水分散失及增加水合保濕能力。

3. **膽固醇(Sterols)**：使角質固著，也參與修復和調節皮膚障壁功能，能柔軟、滋潤皮膚。

4. **神經醯胺(Ceramide)**：其構造有 6 種（圖 7-9），是角質中主要的極性脂，目前認為神經醯胺對調節角質層水分含量、維持角質層結構及屏障功能扮演極重要的角色。其中 Ceramide 1 特別重要，由於結構有末端羥基(ω-OH)，其中 80% 會與亞麻油酸酯化，這樣延長的碳鏈可以通過疏水區，延伸至鄰近的脂層膜中，促進脂雙層狀結構的穩定形成極佳的保濕障壁屏障。

　　神經醯胺-3 接近人體皮膚的神經醯胺結構組成，所以在化妝品的應用可改善皮膚表皮層的保濕及細緻柔軟度，調整皮脂質的正常代謝，提升皮膚的修復，如：脫屑乾燥現象、界面活性劑的傷害、機械性磨擦等。神經醯胺透過生物技術及化學合成的反應，可參考如下：

(1) 酵母菌＋營養素→神經醯胺醇(Sphingosine)或植物鞘氨醇(Phyto sphin- gosine)

(2) 神經醯胺醇或植物鞘氨醇＋脂肪酸→神經醯胺

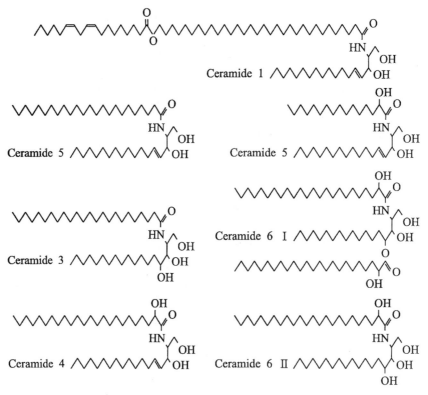

Ceramide 1

Ceramide 5

Ceramide 5

Ceramide 3

Ceramide 6 I

Ceramide 4

Ceramide 6 II

圖 7-9　多種神經醯胺的化學結構

 7-3 ## 保濕化妝的成分與功能

　　如果角質層含水量不足，脫屑反應所需的酵素功能會受到抑制導致表皮的角質黏附與聚積，造成皮膚外觀粗糙脫屑與乾燥。保濕產品解決皮膚乾燥、缺水的問題，成分包含水、保濕劑、脂質等成分。

水(Water)

　　具柔軟皮膚效果，可打斷角質蛋白內氫鍵，快速柔軟角質。

吸濕性(Humectant)的保濕劑

　　這類物質屬於親水性，分子結構具有極性基可藉由氫鍵而與水結合，增加角質層對水分的吸收，能從皮膚深層和外界環境中吸收水分並保存於角質層中。這類吸濕劑在相對濕度高的條件下對皮膚有很好保濕效果，當皮膚周圍相對濕度達

到 70%以上時，可從外界環境中吸收水分。而在相對低濕度時，吸濕劑主要從真皮吸收水分，調整角質層保濕狀態。

1. **天然保濕因子(NMF)**：它組成有胺基酸 40%、2-吡咯-5-羧酸鈉鹽 12%、乳酸鹽 12%、尿素 7%。這些物質皆為水溶性成分可維持皮膚水分含量正常，保持皮膚的彈力及柔軟。

2. **多元醇類**：結構含有許多羥基產生氫鍵，與水有較好的親和性，故適合用作化妝品的保濕劑。在多元醇的保濕劑中以甘油的保濕效果最佳，是化妝品中使用較早的保濕劑，也可增加防腐劑的溶解與產品的抗凍。其他的多元醇類可參考圖 7-10。

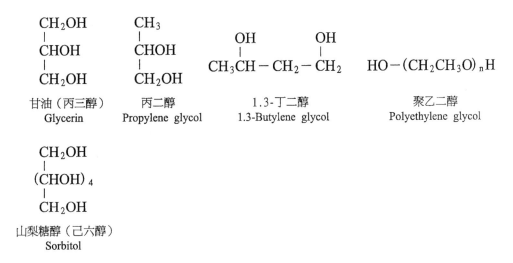

圖 7-10　常見的多元醇類與甘油衍生物

3. **多胜肽類**：是由多數的胺基酸縮合而成，結構上附有-NH$_2$、-OH、$-\overset{\overset{\text{O}}{\|}}{\text{C}}-\text{N}-$等極性基，與水合力強的高分子化合物，對皮膚及頭髮中的角質蛋白有很強的親和力，會形成保濕滑順的保護膜。以下是化妝品常用的多胜肽類成分保濕劑有：

(1) 膠原蛋白(Collagens)：使用親水佳的水解膠原蛋白，含有大量的極性胺基酸，具極佳的保濕能力，多由小牛的皮膚萃取而得。

(2) 卵殼膜蛋白(Hen egg membrance protein, H-EMP)：是由鳥類的卵殼內膜取得，卵殼膜的主要成分為蛋白質、醣類、脂質及一些無機物，經臨床試驗確認對乾燥皮膚或輕度乾皮症有很高的保濕效果。

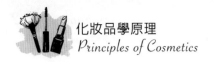
(3) 黏蛋白(Mucin)：存於牛顎下腺軟骨中黏液的一種醣蛋白成分，研究發現對人體皮膚具有相當好的保濕效果。

(4) 絲蛋白(Sericin; Silk protein)：是由絲心蛋白(Fibroin)及絲膠蛋白(Sericin)組成，分別占 70~80%與 20~30%。對角質蛋白有強親和力，所以對表皮有保濕效果，可降低表皮水分散失。

4. **黏多醣體**：醣類的分子具有強的吸濕性，而玻尿酸黏多醣體（圖 7-11）在低濕度有很好的吸水性，是皮膚保水的重要成分，隨著年齡的增長會相對遞減。因此添加黏多醣體類的原料於保養品中，塗抹皮膚可增強保濕功能。

(1) 玻尿酸(Hyaluronic acid)：使用於皮膚時會在皮膚表面形成一層透明具潤滑、保濕的薄膜可保護皮膚，減緩水分散失。

(2) 醣胺多醣(Pentaglycan)：從結締組織所萃取出的醣胺多醣，有立即保濕作用，可滋潤、平滑肌膚，調節皮膚含水量。

(3) 異構寡醣(Isooligo)與寡糖(GGF)：由 D-半乳糖、D-葡萄糖及 D-果糖構成的天然水凝潤膚劑（圖 7-12）。可以回復乾糙肌膚角質層水分含量，減緩角質層水分經皮散失及提高敏感肌膚的抗敏能力。

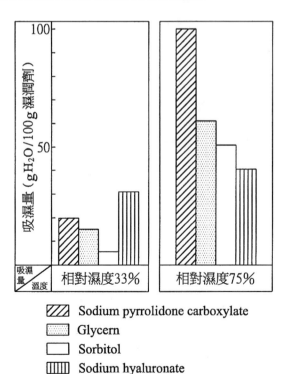

▌ 圖 7-11　不同濕潤劑的吸濕比較

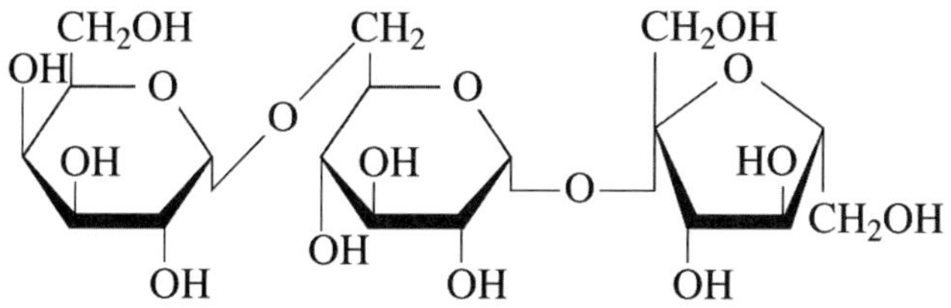

▎ 圖 7-12　寡糖(GGF)的化學結構

(4) 幾丁聚醣：資源豐富價格低廉的天然高分子化合物，具有良好的吸濕、護
髮、潤膚等功效。在酸性條件為帶正電的高分子，具有抑制靜電荷的作用，
在毛髮表面可形成一層有潤滑保濕作用的保護膜，減少摩擦、柔軟毛髮，
結構如圖 7-13。

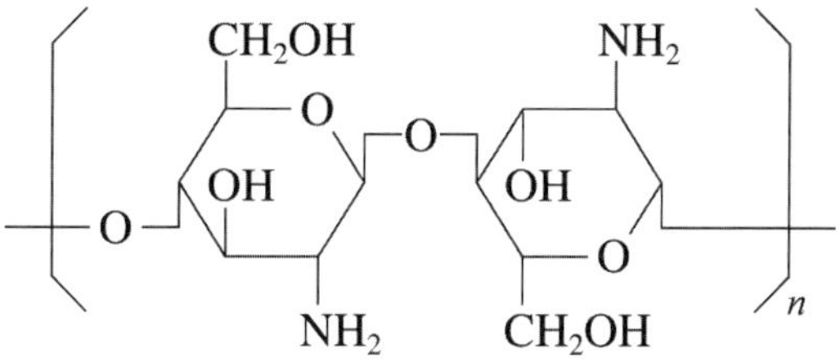

▎ 圖 7-13　幾丁聚醣結構

5. **複合胺基酸鎖水因子**(Sodium dilauramidoglutamide lysine, Pellicer L-30)：為
脂肪酸和多重胺基酸結合作成的強效鎖水因子（圖 7-14），是 Asahi Kasei 針對
修復皮膚及頭髮而開發出來的化妝品新素材。由於月桂基疏水基和三個胺基酸
形成的兩性結構，同時加強了親油和親水的機能，維持皮膚與毛髮的含水量以
及防止水分散失，改善受損髮之毛髮強度、粗度、彈性和滑順度，另外，生物
分解性高及安定性佳。

6. **綠藻萃取**(Water algae extract)：是從一種小型綠藻(Blidingia minima)萃取細胞
壁多醣體和蛋白質。主要功能為修復皮膚保濕，使皮膚水分不易流失，修復顆
粒層細胞內的脂質及確保角質細胞橋小體完整，恢復屏障機能。

7. **聚麩胺酸**(γ-(D, L)-PGA)(gamma-polyglutamic acid)：為當前化妝品應用上有
潛力的多功能生物可分解性高分子(biopolymers)（圖 7-15）。目前聚麩胺酸鹽的
水凝膠(γ-Polyglutamate hydrogels)在化妝品的應用廣泛，除了安全性及環保的
特性外，有極佳的吸水保濕、柔軟成膜、幫助活性成分吸收等優點。

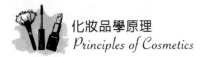

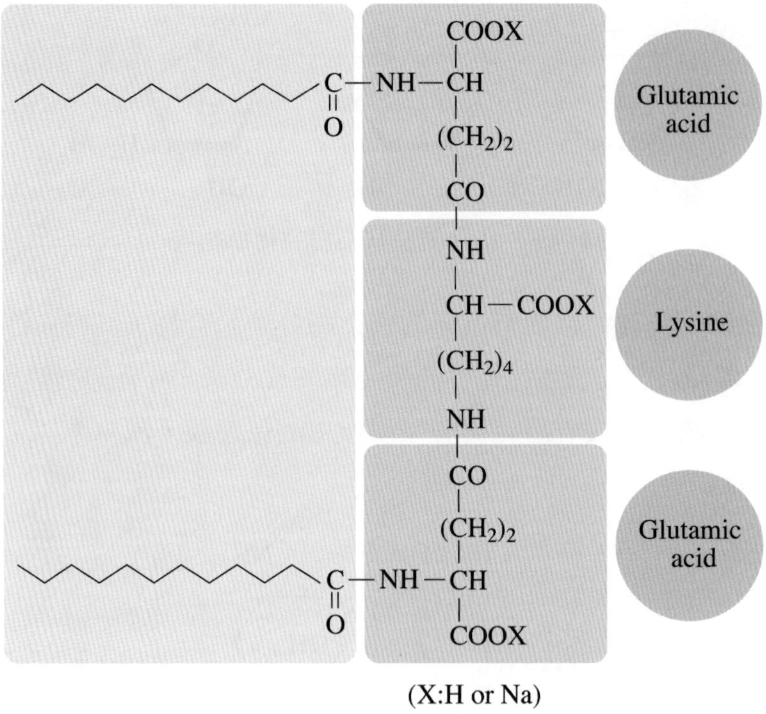

COOX

C—NH—CH

O

(CH₂)₂

CO

Glutamic acid

NH

CH—COOX

(CH₂)₄

NH

Lysine

CO

(CH₂)₂

C—NH—CH

O

COOX

Glutamic acid

(X:H or Na)

圖 7-14 複合胺基酸鎖水因子的化學結構

參考資料：Asahi Kasei Chemical CO., LTD.

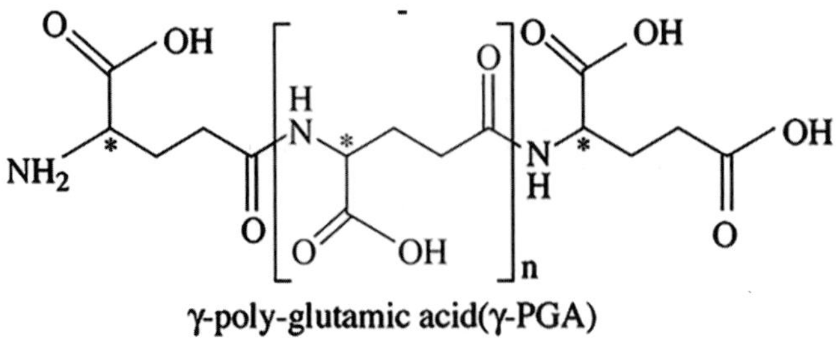

γ-poly-glutamic acid(γ-PGA)

圖 7-15 聚麩胺酸(γ-PGA)化學結構

參考資料：Bioindustry, Vol. 16, No. 3 (2005)

∞ 閉塞性(Occlusive)的保濕劑

　　一般親油性的脂質成分具有閉塞性效果，用於皮膚表面會形成一層封閉性的疏水性油膜，阻止或延緩水分的蒸發和流失。塗抹後也能填充在乾燥皮膚角質細胞間的縫隙中，使皮膚表面紋理更光滑，增加潤膚的效果。

1. **碳氫化合物**：如礦物油、凡士林、矽靈、海鮫油。

2. **油、脂、蠟合成酯類**：如植物油、多元不飽和脂肪酸（十六酸、十八酸）、烷基酯類(IPM、IPP)、天然磷脂質、荷荷芭油、羊毛脂、大豆卵磷脂等潤膚劑皆可在角質層形成一防水障壁，防止水分從角質層散失。

3. **脂溶性維生素**：外用的維生素用於皮膚的保濕，防止皮膚乾燥的有維生素 A、E 及泛醇(Panthenol)。維生素 E 可以保護細胞膜，維持角質緊密結合，防止水分散失，維生素 A 可增加皮膚的防水性，而泛醇因其是小分子較易滲入皮膚、頭髮，人體吸收後也可轉化為 D-泛酸，呈現出維生素的生物活性有助於傷口的癒合，是一種滲透性好的潤濕劑與營養調節劑。

4. **皮脂及細胞間脂質成分**：神經醯胺、膽固醇、魚鯊烯、三酸甘油酯及脂肪酸等這些脂類由於是皮膚的組成成分，所以與皮膚的相容性佳、刺激性低，因此添加皮脂和細胞間脂質的成分在化妝品中使用，則有助於修護皮膚屏障及保濕功能。

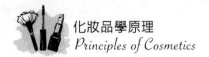
參考資料

1. 五十嵐正美、鈴木正：Fragrance Journal, Jul. 1993, p.68~74

2. 正木仁、岩本敦弘：Fragrance Journal, 21(8), Aug. 1993, p.33~38

3. 伊藤美：Fragrance Journal, May. 1991, p.40~48

4. 何觀輝：γ-Polyglutamic acid (γ-PGA)-Structural Characteristics and Industrial Application. Bioindustry, Vol. 16, No. 3 (2005). 聚麩胺酸之結構與工業應用。

5. 佐佐木一郎、鈴木正：Fragrance Journal, Jul. 1992, p.22~28

6. 松井正：Bio Industry, Sep. 1996, p.36~41

7. 秦孝子：Fragrance Journal, 23(1), Jan. 1995, p.30~37

8. 細川宏：Fragrance Journal, Oct. 1995, p.89~95

9. 森本秀樹、中甲悟、小西宏明：Fragrance Journal, May. 1991, p.14~21

10. Asahi Kasei Chemical CO., LTD

11. BiotechMarine：www.biotechmarine.com

12. Conti, A.; Verdejo, P.: International Journal of Cosmetic Science, 18(1), Feb. 1996, p.1~12

13. Petersen, R.: Cosmetics & Toiletries, 107, Feb. 1992, p.45~49

14. Rieger, M.: Cosmetics & Toiletries, 107, Nov. 1992, p.85~94

15. Roseveare, D.: SPC, May 1991, p.34~38

16. Stevens, F.; Allardice, A.: HAPPI, May. 1991, p.76~78

17. Voegeli, R.; Meier, J.; Blust, R.; Cosmetics and Toiletries, 108. Dec. 1993, p.101~108

Principles of Cosmetics

防曬化妝品

本章大綱

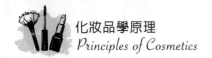

前 言

工業化產品氟氯碳化物(CFCs)分子會破壞臭氧層，使得臭氧層破洞越來越大，相對紫外線的照射必然增加。皮膚長時間暴露在陽光下，容易受到紫外線對皮膚傷害，如角質層增厚、皮膚缺乏水分而失去彈性、乾燥龜裂、皮膚出現紅斑、結締組織衰退、真皮層纖維組織變性而失去彈性、皮膚組織不正常分裂，造成角化病、免疫力減弱，皮膚發生癌變機會增大。

 ## 8-1　紫外線概論

一、紫外線波長範圍

太陽光的光譜從紫外線一直延伸到紅外線，最長波長約為 4,000nm。不過以能量分布來說，主要是在狹窄的可見光線波段，占 50%，其他則為紫外線占 7%（UVA 占陽光比例約 5.5~6.5%；UVB 占陽光比例約 0.5~1.5%），紅外線占 43%。紫外線的波長從 200~400nm（圖 8-1），依波長的範圍，分別為短波長紫外線(UVC：200~290nm)、中波長紫外線(UVB：290~320nm)、長波長紫外線（UVA：320~400nm，可細分為 UVA I(340~400nm)與 UVA II(320~340nm)）。

紫外線的輻射強度與太陽的角度有密切的關係，在日正當中（太陽天頂角為 0 度）時，紫外線輻射最強，為保護民眾免於紫外線的傷害，目前將每日的紫外線指數定義為午時所計算出來的輻射量。目前我國依據紫外線對人體健康的影響將紫外線指數(UVI)分級，指數小於等於 2 的為低量級、指數 3~5 為中量級、指數 6~7 為高量級、指數 8~10 為過量級，而指數大於等於 11 以上則為危險級。

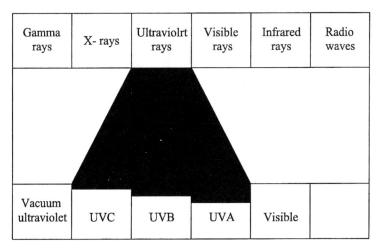

圖 8-1　黑色部分為紫外線的波長範圍 200~400 nm

二、紫外線對皮膚的穿透程度

　　一般來說，短波長的紫外線易被表皮反射，且穿越臭氧層即被吸收，長波紫外線則較容易深入皮膚而造成皮膚的傷害（表 8-1，圖 8-2）。中波紫外線大部分被表皮吸收，被照射部位產生急性紅斑效應，少量透過真皮。長波紫外線輻射穿透能力遠遠大於中波紫外線，大部分穿透真皮，少量會穿透到皮下組織。長期照射積累易破壞皮膚內的彈力與膠原纖維，使皮膚失去彈性，導致皮膚鬆弛，造成皮膚的光老化。

表 8-1　紫外線對皮膚的穿透程度

波　長	對皮膚的穿透程度
200~250 nm	只到達角質層
250~280 nm	只到達顆粒層
290~320 nm	能到達真皮層乳頭的血管，而使皮膚發紅、曬傷及造成黑色素增加
320~390 nm	會透過真皮，破壞真皮層結締組織，造成肌膚嚴重傷害，會曬黑但很少產生紅斑
390~1400 nm	造成皮下組織充血、發熱

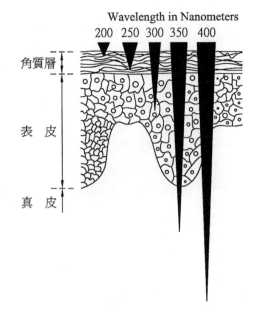

圖 8-2　各波段紫外線透入皮膚的程度

參考資料：Marzulli, F. (1983)，皮膚光毒（第二版），p.327.

三、紫外線的生物效應

✆ 維生素 D₃

　　適當的紫外線照射對健康有正面的影響，儲存在皮膚裡的 7-去氫膽固醇經陽光照射而產生維生素 D_3，可以增強我們對鈣和磷的吸收，這二種元素都是構成我們骨骼的重要成分。

✆ 曬黑反應(Suntan)

　　皮膚曬黑，是指日光或紫外線照射後引起的皮膚黑化作用。通常限於光照部位，對黑色素細胞直接的影響。皮膚發炎後色素沉澱也會引起膚色變深，但一般限於炎症部位的皮膚，色素分布不均，主要是發炎介質誘發黑色素細胞的作用所致。

1. **立即曬黑(Immediate suntan)**：黑色素細胞內合成的淺色黑色素前驅物，經長波紫外線 UVA 照射，使還原型黑色素前驅物吸收光輻射能而發生氧化反應，產生一種不穩定、深色的半醌氧化型結構，造成立即的曬黑。這一反應是可逆

的，但隨著輻照劑量的增加或輻照時間的延長，這種半醌氧化型結構經多次氧化、聚合反應而轉變為成熟的黑色素，皮膚黑化持續。

2. **滯後曬黑**(Delayed suntan)：中波長紫外線 UVB 激化基底層黑色素細胞，產生黑色素小體(Melanosome)，增加黑色素小體輸送至角質形成細胞內的數量和體積，誘發皮膚變黑的其中一種主要機制。紫外線照射皮膚會誘發角質形成細胞分泌 IL-1α，以自分泌的方式作用在本身，分泌內皮素-1、幹細胞生長因子、顆粒球巨噬細胞群落刺激因子、鹼性纖維母細胞生長因子等持續誘導黑色素細胞的樹突延長和黑色素增加。紫外線同時也影響了黑色素細胞內黑色素小體向角質形成細胞內的轉運。

❀ 曬傷反應(Sunburn)

皮膚日曬紅斑是紫外線照射後在局部引起的一種急性光毒性反應，主要是由中波紫外線 UVB 所引起，受傷的細胞會產生發炎的介質，使微血管擴張、充血、水腫、滲出，紅斑幾天後逐漸消退，會出現脫屑以及色素沉澱。影響皮膚紅斑反應的因素很多，例如照射波長、劑量以及不同膚色或部位對紫外線照射的反應性等影響。由於 UVB 的能量高於 UVA，所以相較之下對皮膚的灼傷、紅斑，會比較嚴重（圖 8-3）。

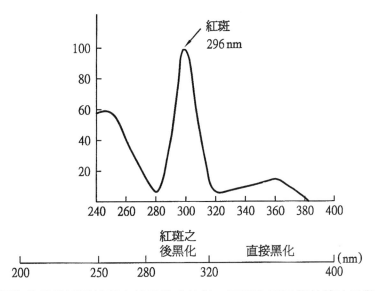

圖 8-3 上圖為紫外線不同波長之能量強度比較；下圖為不同紫外線波長與曬黑之關係圖

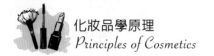

❀ 皮膚病變

陽光暴曬下紫外線容易引起皮膚細胞的病變，造成日光性角質化，使皮膚變厚、變紅及變得粗糙。容易發生的部位為手、手前肘及頸部，在暴露的時間及次數持續加長下可能導致日光性角化或更進一步產生鱗狀上皮細胞癌、基底細胞癌甚至黑素瘤的產生。

 8-2 皮膚對陽光的防護

1. 緊密的角質層，其角質蛋白可吸收與散射部分的紫外線，減少日曬對皮膚的傷害。

2. 表皮中的黑色素可適量的吸收紫外線和捕捉自由基，保護角質形成細胞及真皮層的纖維組織。

3. 皮下組織內的抗氧化酵素和抗氧化分子可擴散到表皮與真皮層，去除活性氧所產生有害的自由基，保護細胞核內的 DNA 與安定細胞膜，免於氧化。

4. 皮膚細胞內的核酸內切酶，可增強 DNA 的修護，降低皮膚癌變的發生。

5. 角質層中的犬尿酸(Urocanic acid)（圖 8-4）來自於組胺酸脫氨反應，為角質代謝過程中所產生的防曬成分，故又稱皮膚的天然防曬因子(NSF)。犬尿酸利用其順式與反式結構的互變來吸收紫外線能量。

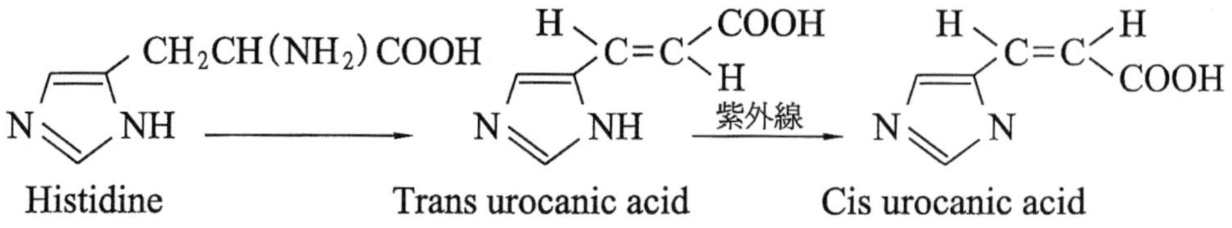

$$CH_2CH(NH_2)COOH \longrightarrow \text{Trans urocanic acid} \xrightarrow{紫外線} \text{Cis urocanic acid}$$

Histidine   Trans urocanic acid   Cis urocanic acid

▌ 圖 8-4 犬尿酸吸收紫外線的模式

8-3 防曬劑原理

UVB 易引起紅斑而 UVA 會引起皮膚老化，因此需用含防曬劑保養品加以阻隔。防曬劑依化學組成及作用原理的不同，如圖 8-5 所示，可區分為化學性防曬劑及物理性防曬劑。

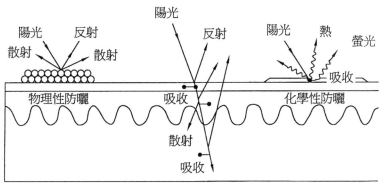

光線對未防護的皮膚穿透

图 8-5　防曬劑作用原理

一、化學性防曬劑

化學性防曬劑利用紫外線吸收劑吸收陽光中的紫外線，然後轉變成熱能或螢光釋放出來。其常因吸收達飽和而喪失防曬作用，故須重覆塗抹，且有時激發態的防曬劑自由基對皮膚有刺激性易造成肌膚過敏，如 Para-ammno benzoic acid(PABA)。在化妝品常用的化學性防曬劑的種類，一般可分為五大類：鄰氨基苯甲酸甲酯類 (Anthranilates)、二苯甲酮類 (Benzophenones)、桂皮酸酯類 (Cinnamates)、對氨基苯甲酸及衍生物(PABA & derivatives)、水楊酸酯類 (Salicylates)，如表 8-2 所示。表中各防曬劑的吸收波長的範圍如右邊所標示；例如，Parsol MCX 吸收波長的範圍為 290~320nm，因此屬於 UVB 吸收劑。圖 8-6 為防曬劑的吸收光譜圖，吸收波長的範圍為 320~400nm，最大吸收在 360 nm，因此屬於 UVA 吸收劑。

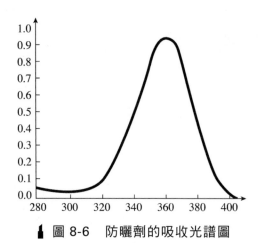

圖 8-6　防曬劑的吸收光譜圖

表 8-2　衛福部公告特定用途化粧品防曬劑成分表

化學性防曬劑	吸收波長的範圍	使用限量%
二苯甲酮類(Benzophenones)		
Hydroxy methoxybenzophenone (Oxybenzone)	UVA	6
Dihydroxy methoxybenzophenone (Dioxybenzone)	UVA	5
Hydroxy methoxybenzophenone	UVA	10
Sulphonic acid		
Diethylamino Hydroxybenzoyl Hexyl Benzoate	UVA	10
桂皮酸酯類(Cinnamates)		
Ethylhexyl methoxycinnamate	UVB	10
Octyl cyano-phenylcinnamate (Octorcylene)	UVB	10
Isoamyl p-methoxycinnamate	UVB	10
二苯甲醯甲烷衍生物		
Butyl methoxydibenzoylemthane (Parsol 1789)	UVB	5
對氨基苯甲酸及衍生物(PABA & derivatives)		
Octy dimethyl PABA(Padimate O)	UVB	8
2-(4-Diethylamino-2-hydroxybenzoyl)-benzoic acid hexylester	UVA	10
Ethoxylated ethyl-4-aminobenzoate	UVB	10
水楊酸酯類(Salicylates)		
Ethylhexyl salicylate	UVB	5
Homomenthyl salicylate(Homosalate)	UVB	10
三嗪類		
Bis-ethylhexyloxyphenol methoxyphenyl triazine	UVA	10
Tris-biphenyl triazine（不得使用於噴霧製劑）	UVA II + UVB	10

表 8-2　衛福部公告特定用途化粧品防曬劑成分表（續）

化學性防曬劑	吸收波長的範圍	使用限量%
樟腦類		
Polyacrylamidomethyl benzylidene camphor	UVB	6
Benzylidene camphor sulfonic acid	UVB	6
Camphor benzalkonium methosulfate	UVB	6
4-Methylbenzylidene camphor	UVB	4
Polyacrylamidomethyl benzylidene camphor	UVB	6
苯基苯並咪唑磺酸		
Phenylbenzimidazole sulfonic acid	UVB	8
Terephthalylidene dicamphor sulfonic acid	UVA+ UVB	10
Drometrizole trisiloxane	UVA+ UVB	15
Methylene bis-benzotriazolyl tetramethylbutylphenol	UVA+ UVB	10
聚矽氧烷		
Polysilicone-15	UVB	10
三嗪酮		
Ethylhexyl triazone	UVB	5
Diethylhexyl butamido triazone	UVB	10
咪唑類		
Disodium phenyl dibenzimidazole tetrasulfonate	UVA	10
※ 倘成分作為化粧品本身之保護劑，而非防曬劑用途，且未標示其防曬相關效能者，得以一般化粧品管理。		

二、物理性防曬劑

　　主要為水不溶性的無機金屬氧化物，利用對紫外線光譜區和可見光區均有反射與散射的效果來達到防曬的目的。防曬的效果優於吸收作用的化學性防曬劑，且較無刺激性。如二氧化鈦、氧化鋅、高嶺土、滑石粉、雲母及氧化鐵等，但仍以二氧化鈦、氧化鋅的隔離紫外線效果最佳，另外這類半導體礦物也有吸收紫外線的能力。

1. **二氧化鈦**(Titanium dioxide)：一般顏料用的二氧化鈦粒徑約 220nm 屬微米顆粒，如圖 8-7 所示，遮蔽可見光比隔離紫外光好，所以塗抹在皮膚會有白感與良好的遮瑕。當二氧化鈦的顆粒減小至 40~60nm 時，則可提高隔離 UVA 與 UVB 的能力，且在可見光區呈現透明，因此可降低塗抹時的白感，這樣的二氧化鈦

粉末適合當作物理性防曬劑。若是顆粒小到 20 nm，則二氧化鈦趨向短波長紫外線的吸收，反而不適合當作 UVA 與 UVB 的遮蔽劑。

　　防曬產品同時添加物理性防曬劑與化學性防曬劑可得到高的 SPF 值，有的防曬係數(SPF)有相乘效果（圖 8-8）。依據我國現行管理規定，防曬類化粧品除二氧化鈦(Titanium dioxide, TiO2, 非奈米化)成分以一般化粧品管理外，其餘防曬劑成分係以特定用途化粧品管理，上市前須向衛生福利部辦理查驗登記。

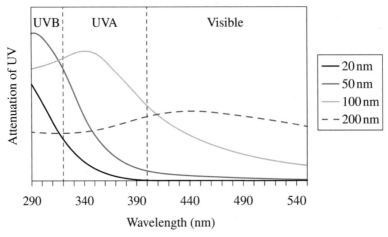

▮ 圖 8-7　TiO₂ 顆粒大小防曬的效應

參考資料：JP Hewitt, The Chemistry arid Manufacture of Cosmetics, Third Edition.

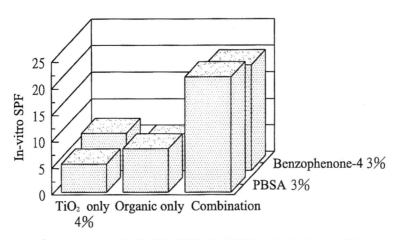

▮ 圖 8-8　物理性與化學性防曬劑混合時的相乘效應

2. **氧化鋅(Zine oxide)**：與二氧化鈦一樣有寬光譜範圍的紫外線保護作用，相較二氧化鈦，則在長波紫外線 UVA 範圍的防曬效果較佳（圖 8-9）。從圖 8-9 中可以看出，在 290~330 nm UVB 波長範圍二氧化鈦濾光效果較佳，340 nm 以上抗 UVA 效果則越來越弱，反而以氧化鋅的效果較佳，最大紫外線濾光效果在 370nm 左右。衛福部公告氧化鋅防曬劑使用限量為 25%。

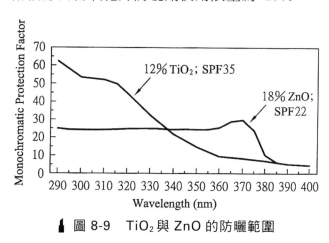

▌ 圖 8-9　TiO$_2$ 與 ZnO 的防曬範圍

化學性防曬劑與物理性防曬劑的比較詳見表 8-3。

▌ 表 8-3　化學性防曬劑與物理性防曬劑的比較

化學性防曬劑	物理性防曬劑
吸收紫外線	反射、散射、部分吸收紫外線
通常只有個別 UVB 或 UVA 的防禦	可同時具備 UVA 及 UVB 的防禦
需混合多種才有高的 SPF	只要一種，依用量比例不同可得到不同的 SPF
有機防曬劑成分易與配方中的其他成分產生反應	較安定,但有時也要注意是否會引起其他油脂的催化反應
安定性、溶解度較差	沒有溶解度的問題,但須避免凝聚的問題
可能會使產品變色	不會有變色的問題、偏白
有刺激性,可以被皮膚吸收	無毒性、不被皮膚吸收

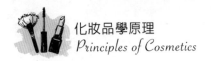

8-4 防曬產品的選擇

一、理想的防曬產品

一個適合的防曬保養品，需具備以下條件：具備寬光譜 UVA+UVB 的紫外線防禦範圍；對皮膚沒有刺激性，不會造成過敏；產品於各溫度範圍下應有良好的穩定性；具保濕功效，方便使用且觸感良好；擁有長時間的保護作用及產品須有防水性、抗水性，不易因水分而喪失防曬作用。

二、防曬製品的防曬效果

防曬效果用 SPF(Sun protection factor)來表示防曬產品對 UVB 防禦能力的一種指標，又稱防曬係數，數值越大效果越好。SPF 防曬係數公式可簡化為使用防曬產品時皮膚被曬傷所需的時間／沒使用防曬產品時皮膚被曬傷所需的時間，正確的公式如下所示：

$$SPF = \frac{MED \text{ with sunscreen}}{MED \text{ without sunscreen}}$$

註：MED(Minimal erythemal dose)乃是將皮膚暴露在特定波長下，首次產生皮膚紅腫現象的最低放射能量(J/cm^2)。

如果皮膚沒塗抹防曬產品$(2mg/cm^2)$5 分鐘曬傷紅斑，而有塗抹防曬產品經過 50 分鐘才曬傷，則防曬產品的 SPF 防曬係數就是 50/5=10。也就是說 SPF10 的防曬產品可以有效抵禦 UVB 紫外線，「延長 10 倍」的時間，才可能曬傷。另外，UVB 的遮蔽率計算公式為(SPF-1) / SPF×100 %。例如 SPF50 防曬產品計算方式：(50-1)/50×100 % = 98 %，代表防曬時間內可以隔離 98%的紫外線 UVB。目前衛福部要求國內防曬產品 SPF 標示不得超過實際測試結果，係數標示也以 50 為限；若進口產品 SPF 超過 50 以上，則標示「SPF 50 +」或「SPF 50 Plus」。

PA(Protection grade of UVA)是國際標準機構(ISO)參照日本發布之 in vivo UVA 檢測方法，於 2011 年公布「ISO 24442：2011- Cosmetics-Sun protection test methods-In vivo determination of sunscreen UVA protection」。又日本 JCIA 自 2013 年採用前述 ISO 標準，同時將 PA+表示可延緩皮膚曬黑的時間倍數為 2~4 倍防護，

PA++表示可延緩皮膚曬黑的時間倍數為 4~8，PA+++ 改為 8~16 倍防護，新增至 PA++++標示可延後皮膚曬黑效果 16 倍以上的時間，屬超強防護等級，產品 PA 檢測方式均採人體測試；若提供非人體測試資料，則僅能標示「★⋯」星級。美國於 2007 年公布抗 UVA 效能測定方法，採用人體模式(in vivo)與非人體模式(in vitro)的混合型模式測試法，其中 in vivo 模式採用前述日本 JCIA 之 PPD 法；in vitro 模式則使用分光光度法。比較 in vitro 及 in vivo 測定值之相對應分類，取兩種測試方法所得較低者，做為抗 UVA 效能之標示，標以不同星號數，效能最低 1 個「★」星號，最高 4 個「★★★★」星號。日本厚生省宣布 2013 年 1 月起，阻隔紫外線 UVA 的 PA 防曬最高標準將由過去的 PA+++，向上修訂為 PA++++，讓重視防曬與美白的日本女性，能夠擁有更佳的防護選擇。而國內衛福部同年 3 月起開始實施 PA++++為最高 UVA 防曬標準。防曬化妝品在國內申請查驗登記，倘若僅提供非人體試驗之防曬測試資料時，則僅能以「★」星級標示，不得標示「PA+⋯」。PA 的檢測方式與 SPF 相近，同樣是計算使用防曬產品後皮膚產生變黑現象所需時間，與不擦防曬產品所需時間的比值，正確的公式如下所示：

$$PA = \frac{MPPD \ with \ sunscreen}{MPPD \ without \ sunscreen}$$

註： MPPD(Minimal persistent pigment darkening dose)乃是將皮膚暴露在特定波長下，首次產生皮膚黑化的最低放射能量(J/cm^2)。

IPD(Immediate pigment darkening)和 PPD 同為歐洲對紫外線 UVA 的防護標示，指照射 UVA 的立即曬黑程度。例如原先的皮膚經過 15 分鐘暴曬就會曬黑，擦上 IPD10 的防曬乳後，則可以延長被 UVA 立即曬黑的時間為 15×10=150 分鐘，此指標現在已較少使用。

三、正確選購及使用防曬產品

為確保防曬效果及使用安全，消費者須依個人膚質及活動場合選擇適當防曬係數的產品，購買產品時應留意標示完整及具有衛福部許可字號。另外，建議民眾應於出門前 30 分鐘塗抹足夠量的防曬產品，且為防止防曬成分流失，應適時重覆塗抹補充。

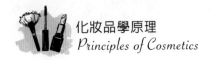
防曬品最好每天使用，日曬前 20 分鐘塗抹，便於防曬品緊緊吸附於皮膚上，效果較佳。如果在戶外時間少，例如一般上班族，建議選擇 SPF15、PA++的防曬品；但多從事戶外運動者，應使用 SPF30、PA+++以上的產品；游泳之類的則要選擇具有防水功能的防曬霜，SPF 數值最好在 30~50、PA++++之間，並且要兩三小時補一次防曬。

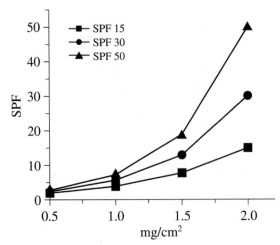

圖 8-10　防曬產品塗抹劑量與防曬係數的關係（非線性）

防曬化妝品依規定的標準用量乃是每平方公分的皮膚需塗上 2 毫克，才能達到產品標示的防曬係數，見圖 8-10 所示發現消費者實際塗抹劑量明顯不足標準使用劑量時，防曬效果不佳，圖 8-10 中的三種防曬產品若只塗抹正確用量的一半，$1mg/cm^2$ 的劑量，其防曬係數都不到 SPF10。

參考資料

1. 光井武夫：新化妝品學，p.151~152

2. 富田清：Fragrance Journal, 21(11), Nov. 1993, p.18~22

3. Davis, D. A.: Drug and Cosmetics Industry, 153(6), Dec. 1993, p.28~34

4. Fed Reg 43(266) 38206-38269, Aug. 1978

5. Fox, C.: Skin Inc., Mar. 1991, p.7~10

6. Fukda, M.; Naganuma, M.: J. Soc Cosmet chem. Japan, 22(1), 1988

7. Hewitt, J. P.: Drug and Cosmetics Industry, Sep. 1992, p.26~32

8. Hewitt, J. P.: The Chemistry arid Manufacture of Cosmetics, Third Edition. volume III. book one. USA (2002), p.527~550

9. Mitchnick, M. A.: Cosmetics & Toiletries, 107, Oct. 1992, p.111~116

10. Robb, J. L.; Sinpson, L. A.; Tunstall, D. F.: Drug and Cosmetics Industry, May. 1994. p.33~39

11. Sayre. R. M.: Cosmetics & Toiletries, 107, Oct. 1992, p.105~109

12. Shath, N.: Cosmetics & Toiletries, 101, 1986

13. Shaw, A. H.: Soap/Cosmetics/Chemical Specialties, 69(11), Nov. 1993, p.52~76

14. Sun Protection, verlag fur chemische industrie. H. Ziolkowsky GmbH. Augsburg, Germany.

15. 行政院環境保護署網頁資訊

16. Sunscreen Testing According to COLIPA 2011/FDA Final Rule 2011 Using UV/Vis LAMBDA Spectrophotometers.

17. Australian regulatory guidelines for sunscreens (ARGS)

18. Giulio Pirotta：An overview of sunscreen regulations in the world

19. 衛生福利部食品藥物管理署發文字號：FDA 器字第 1030036081 號

Memo :

Chapter 09

美白化妝品

本章大綱

9-1　皮膚概論

9-2　黑色素與皮膚的關係

9-3　美白化妝品的美白原理

9-4　衛福部公告之美白成分

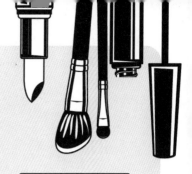

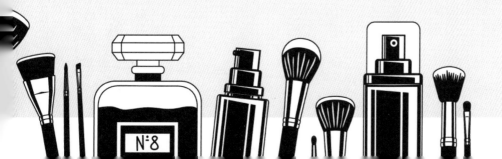

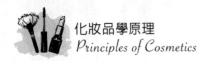
前 言

在正常情況下，黑色素會隨著肌膚的新陳代謝而淡化。但是若過度暴曬在陽光下，由於受紫外線的激化，會使皮膚生成大量的黑色素，使黑色素聚集在皮膚表面，形成曬黑，並使黑斑、雀斑加深，角質形成細胞的更新速率也會受到影響。因此做好防曬工作之餘，擁有一身晶瑩嫩白的肌膚，一直是許多人所嚮往的，美白保養品系列也就能在市場上不斷喧騰，而 24 小時徹底美白也就成了現代美白化妝品的重要訴求。

 9-1 皮膚概論

一、皮膚的顏色

膚色會因光線在皮膚的反射、皮膚的色素、角質層的厚度及健康狀態而有所不同，黑人與白人皮膚的黑色素細胞(Melanocyte)構造和數量差不多相同，最主要的關鍵在表皮黑色素(Melanin)的量及分布。人類的膚色與黑色素在角質細胞的分散與聚集有關，當黑色素體分散時，膚色較暗；反之，當黑色素體聚集時，則膚色變淡。在白人角質細胞內的黑色素體聚集成群地分布，黑人的黑色素細胞可產生分散較多且較大的黑色素體(Melanosomes)。不管哪一個種族，皆有些個體先天無法生成黑色素，造成白化症(Albinism)，其毛髮、眼睛及皮膚均缺乏色素，罹患白化症的病人俗稱「白子」(Albino)。若罹患某些皮膚病或皮膚局部損傷（燙傷、凍傷），皮膚會變白是因為黑色素細胞被破壞所致。若黑色素細胞的黑色素成型不良，造成局部皮膚發生脫色的白色斑點叫做白斑。又某些人的黑色素會聚集成群形成雀斑(Freckles)。

二、皮膚的基本色素

1. **黑色素(Melanin)**：主要的組成是二種醌型的聚合物，即真黑色素(Eumelanin)和類黑色素(Pheomelanin)。真黑色素為棕～黑色色素是 5, 6 二羥基吲哚(DHI)和 5, 6 二羥基吲哚-2-羧酸(DHICA)所形成之聚合物。類黑色素為黃～紅棕色色素，在半胱胺酸的參與形成以 1, 4-苯噻嗪氨基羥基丙酸所形成的聚合物。

2. **胡蘿蔔素(Carotene)**：為黃色色素富含於真皮中和真皮微血管內的血液。代謝的過程中會不斷的向表皮角質層移動而沉澱於角質層，而在角質層較厚的部位或皮下組織，顯現出皮膚特有的黃色。

3. **血紅素(Hemoglobin)**：主要是以結合氧分子後的氧化型態血紅素及還原型態的亞鐵血紅素，前者為鮮紅色而後者為暗藍紅色。

9-2 黑色素與皮膚的關係

一、黑色素細胞的分布

黑色素細胞（圖 9-1）位於基底層細胞之間或下面，細胞體呈圓形並具有長而不規則的突起，分枝可進入基底層和棘狀層的細胞層之間。這些樹狀突起的末端終止於上述細胞層的凹陷中，並與基底層和棘狀層等角質形成細胞以約 1:36 的比例構成一個角質形成黑色素單位(Epidermal melanin unit)。角質形成的細胞可以透過分泌細胞因子或細胞激素影響黑色素細胞的型態、構造以及功能，如褪黑激素(Melatonin)、內皮素(ET-1)、鹼性成纖維生長因子(bFGF)、神經細胞生長因子(NGF)、白介素 1(IL-1)、白介素 6(IL-6)等都會影響黑色素細胞的增殖、存活及黑色素分泌與轉移。

二、黑色素的生成與作用

黑色素的合成有賴於多種氧化酶的催化作用，其中最重要的是酪胺酸酶(Tyrosinase)扮演著關鍵角色，決定了整個黑色素合成的速率。酪胺酸酶屬於雙銅離子(Cu^{2+})催化中心的蛋白質家族，兼具單酚酶(Monophenolase)與雙酚酶

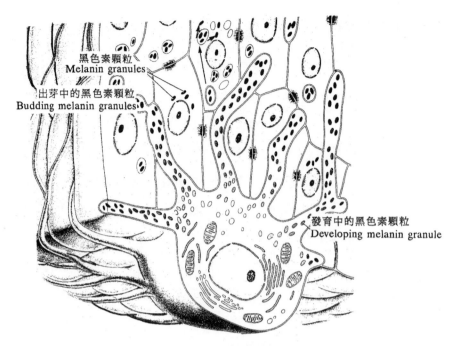

圖 9-1 黑色素細胞

參考資料：L. C. Juneira, Basic Histology.

(Diphenolase)的作用。酪胺酸酶蛋白經黑色素細胞基因轉錄與轉譯生成後，必須再經醣化作用(Glycosylation)修飾才具有黑化活性作用，因此可藉由基因調控酪胺酸酶的活化。腦下垂體中葉分泌促黑色素細胞激素(Melanocyte stimulating hormone, MSH)，能提高血清銅的含量，增加酪胺酸酶活性與合成；亦可經由Melanocortin 1 receptor(MC1R)受體，促進黑色素合成。

紫外線可促進黑色素細胞內酪胺酸酶的活性及角質形成細胞合成蛋白酶致活的受體 2(protease-activated receptor 2, PAR-2)，增加黑色素體生成。黑色素體到達黑色素細胞樹狀突起的末端後會轉移到相鄰的角質形成細胞，細胞的蛋白酶致活的受體 2 可以促進細胞吞噬(Phagocytosis)黑色素體，使用 PAR-2 的抑制劑就可以減少黑色素體的攝取。皮膚暴曬紫外線下，黑色素的含量增加以保護皮膚抵抗紫外線與清除自由基，所以皮膚的黑色素有重要的保護作用。

1. 真黑色素的化學合成途徑（圖 9-2）

(1) 酪胺酸在有氧的條件受酪胺酸酶催化進行羥基化反應(Hydroxylation)形成 3, 4-二羥基丙胺酸（多巴，DOPA），這是整個黑色素合成的速率決定步驟。

(2) 多巴(DOPA)很快的繼續氧化成多巴醌(Dopa quinone)。

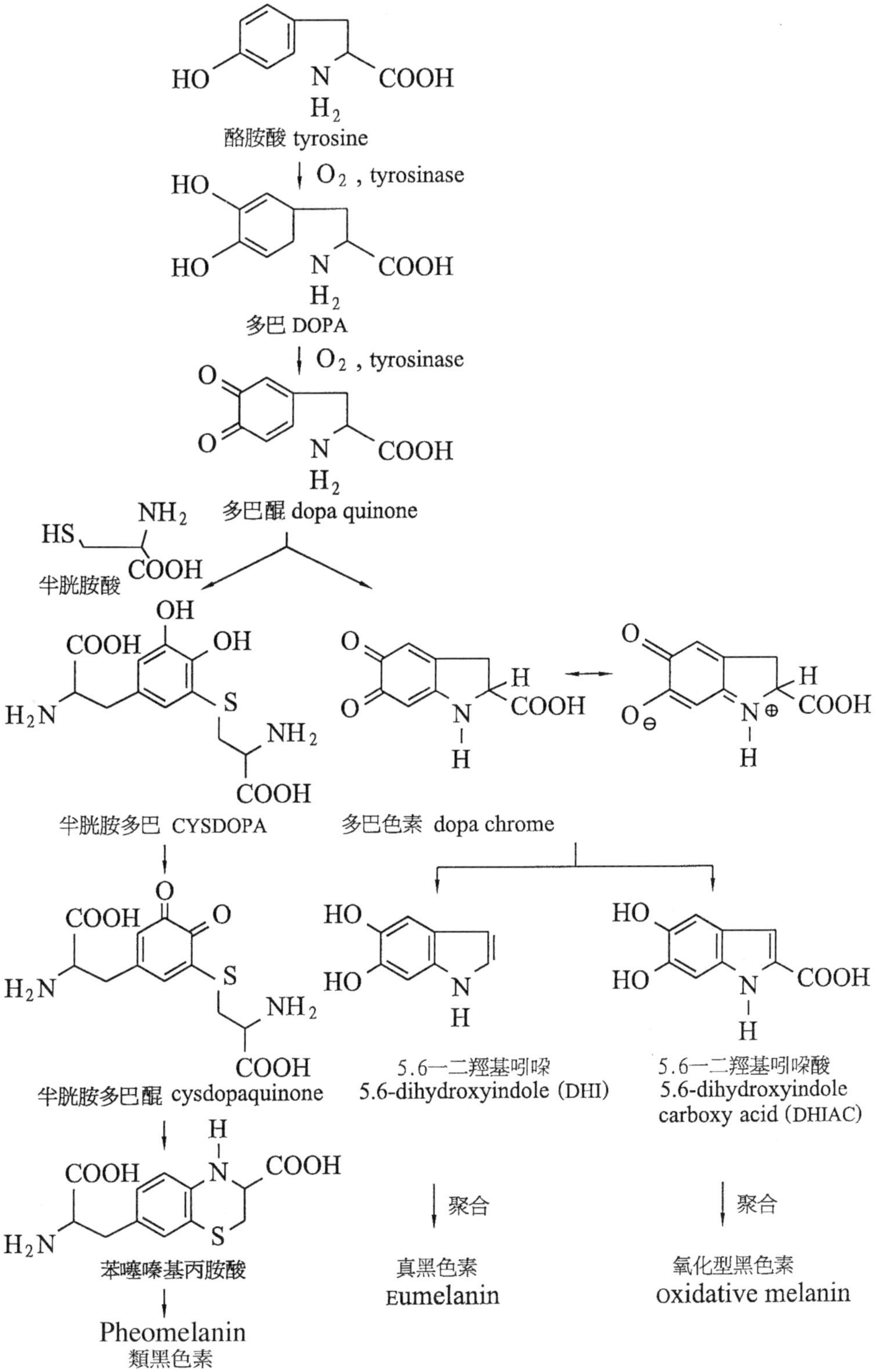

HO—〔benzene ring〕—N H$_2$ COOH
酪胺酸 tyrosine

$\downarrow$ O$_2$, tyrosinase

HO, HO—〔ring〕—N H$_2$ COOH
多巴 DOPA

$\downarrow$ O$_2$, tyrosinase

O, O—〔ring〕—N H$_2$ COOH
多巴醌 dopa quinone

HS—〔CH$_2$〕NH$_2$ COOH
半胱胺酸

H$_2$N—〔ring OH OH S〕 NH$_2$ COOH COOH
半胱胺多巴 CYSDOPA

〔dopa chrome structures〕
多巴色素 dopa chrome

H$_2$N—〔ring〕 S NH$_2$ COOH COOH O O
半胱胺多巴醌 cysdopaquinone

HO, HO—〔indole〕N H
5,6—二羥基吲哚
5,6-dihydroxyindole (DHI)

HO, HO—〔indole〕N H COOH
5,6—二羥基吲哚酸
5,6-dihydroxyindole
carboxy acid (DHIAC)

H$_2$N—〔benzothiazine ring〕 N H COOH COOH S
苯噻嗪基丙胺酸

$\downarrow$

Pheomelanin
類黑色素

$\downarrow$ 聚合

真黑色素
Eumelanin

$\downarrow$ 聚合

氧化型黑色素
oxidative melanin

圖 9-2 黑色素合成途徑

(3) 多巴醌行脫氫環化反應，環側的胺基與苯環上 C-6 位置結合，生成紅色的多巴色素(Dopa chrome)。

(4) 多巴色素進行去羧酸化反應產生 5,6-二羥基吲哚(5,6-dihydroxyindole, DHI)，再迅速氧化與聚合成水不溶性高分子量的黑棕色 5, 6-羥基吲哚。如果有多巴色素酮-烯醇互變酶(tautomerase)存在，多巴色素就不會失去羧基而會轉變成 5,6-二羥基吲哚酸(DHI-2-carboxylic acid, DHICA)。生成吲哚可捕捉活性氧自由基減少細胞受損。

(5) 較淡棕色、稍可溶、中等大小的 5,6-二羥基吲哚或吲哚酸再氧化與聚合化成真黑色素(Eumelanin)，見圖 9-3。

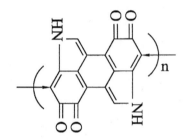

▌ 圖 9-3　真黑色素(Eumelanin)的化學結構

2. 類黑色素的化學合成途徑

(1) 在多巴醌(Dopa quinone)與提供硫氫基的半胱胺酸(Cysteine)或穀胱甘肽(Glutathione)結合成半胱胺多巴或穀胱甘肽多巴的黃棕色類黑色素(Pheomelanin)。

(2) 半胱胺多巴進行分子內脫水環化反應，生成苯噻嗪丙胺酸衍生物，再氧化及聚合成可溶性紅黃色的類黑色素。

三、黑色素的成熟與代謝途徑

1. 成熟黑色素的發育過程（圖 9-4）

(1) 酪胺酸酶在黑色素細胞的核糖體中合成，輸送到粗糙內質網的內腔，並貯積於高基氏體的小泡中，酪胺酸酶分子在蛋白質基質上規則排列。

(2) 這些充滿酪胺酸酶小泡稱為階段 II 前黑色素體(Premelanosomes)，黑色素在此小體內開始合成並堆積在蛋白質基質上。

(3) 黑色素生成量增加，在小泡內逐漸堆積而形成階段 III 黑色素體 (Melanosomes)。

(4) 光學顯微鏡下可見到成熟的黑色素顆粒，乃是小泡中充滿黑色素，最後黑色素合成停止，偵測不出有酪胺酸酶的活性。

2. **黑色素的運輸與代謝**：黑色素體形成後，將移至黑色素細胞的樹突狀末端，再轉運到表皮的細胞。雖然黑色素是由黑色素細胞所合成，但角質形成細胞才是黑色素的倉庫。在表皮的細胞內，黑色素會與溶小體的酵素連結，使上層角質形成細胞中的黑色素淡化，隨著基底細胞的不斷增殖，舊的角質形成細胞就被推向皮膚表面，並且逐漸角質化脫落，黑色素體最終也將隨角化細胞新陳代謝而脫落。

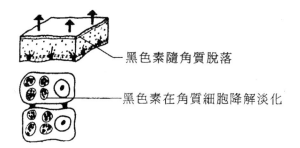

黑色素隨角質脫落

黑色素在角質細胞降解淡化

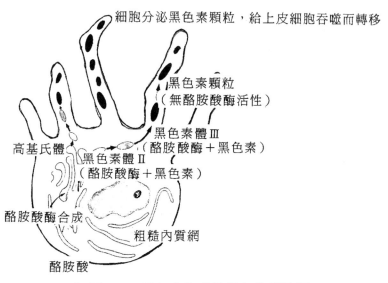

細胞分泌黑色素顆粒，給上皮細胞吞噬而轉移

黑色素顆粒
（無酪胺酸酶活性）

黑色素體 III
（酪胺酸酶＋黑色素）

高基氏體

黑色素體 II
（酪胺酸酶＋黑色素）

酪胺酸酶合成

粗糙內質網

酪胺酸

圖 9-4　黑色素生成過程和代謝途徑

參考資料：L. C. Juneira, Histology

9-3　美白化妝品的美白原理

一、隔離紫外線

　　紫外線所引起的皮膚變黑涉及黑色素合成的刺激作用與黑色素的傳遞，導致皮膚的立即曬黑與滯後曬黑。在保養品中添加防曬劑可以阻隔皮膚對紫外線的吸收，減少活化酪胺酸酶而降低黑色素的生成，另外，在皮膚表面塗抹有添加物理性防曬劑粉體，也可以產生遮蓋黑色素或是均勻膚色的作用，讓皮膚產生視覺立即性美白的功效。2009 年第三代 BB 霜問世，同時也標示著物理遮蓋性美白化妝品的屬性。

二、阻斷黑色素的生成

　　阻斷黑色素的生成要從黑色素細胞內參與黑色素生成的機轉，以及酪胺酸酶催化酪胺酸氧化的速率決定步驟等方向著手，並藉由選擇適當的美白劑抑制黑色素的生成。

∽ 破壞黑色素細胞

　　對苯二酚(Hydroquinone)是種酚類化合物，可有效美白祛斑，廣泛用在治療肝斑、發炎後的色素沉澱，已在許多植物、咖啡、茶葉中發現之。對苯二酚的作用機制有兩種，一種是氫醌具有凝結蛋白質的作用，通過凝結酪胺酸酶中的氨基酸，使酶失去催化活性，且氫醌在一定濃度下，可使黑色素細胞的脂蛋白細胞膜被破壞產生細胞毒，而干擾黑色素顆粒在細胞間的傳送，藉此達到脫色作用。另一種研究發現氫醌在酪胺酸酶的氧化作用下，同酪胺氨酸發生競爭反應生成 2-羥基氫醌。多數人使用對苯二酚會有發炎的症狀，或者使用濃度超過 5%會引發白斑症或是色素沉澱。相似成分包括：鄰苯二酚(1,2-Benzenediol)、苯基單乙醚(Monobenzyl ether)（圖 9-5）。

HO—〇—OH　　HO—〇(HO)　　HO—〇—O－CH$_2$CH$_3$

hydroquinone　　　1,2-benzenediol　　　monobenzyl ether

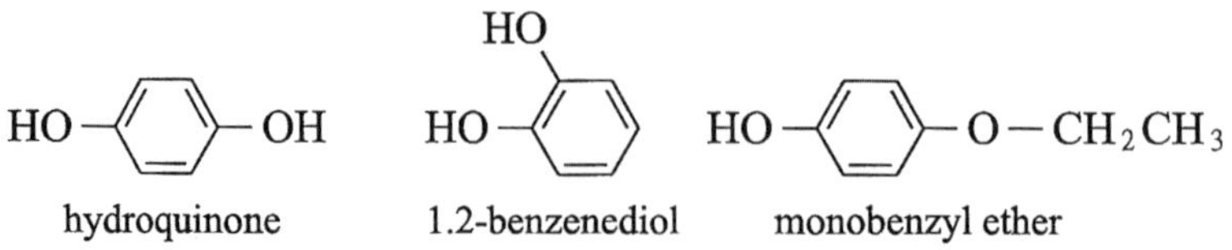

▌ 圖 9-5　酚類化合物的美白化妝品

∞ 阻止酪胺酸酶的合成

　　該美白劑成分在於阻止酪胺酸酶糖苷化作用，使酪胺酸酶沒有作用活性。成分包括：胺基葡萄糖(Glucosamine)、胺基半乳糖(Galactosamine)、葡萄糖苷(Glucosides)、衣黴素(Tunicamycin)、薑黃素(Curcumin)、七葉樹苷(Esculin)、史庫菊素(Schkuhrin)萃取物（圖 9-6）。酪胺酸酶干擾因子(Tyrosinase Interfere Factor, TIF)，是一種最新專利的美白方法，透過阻斷黑色素細胞內基因轉錄酪胺酸酶的合成，阻斷黑色素生成，解決皮膚色素過度沉澱的黑斑問題。

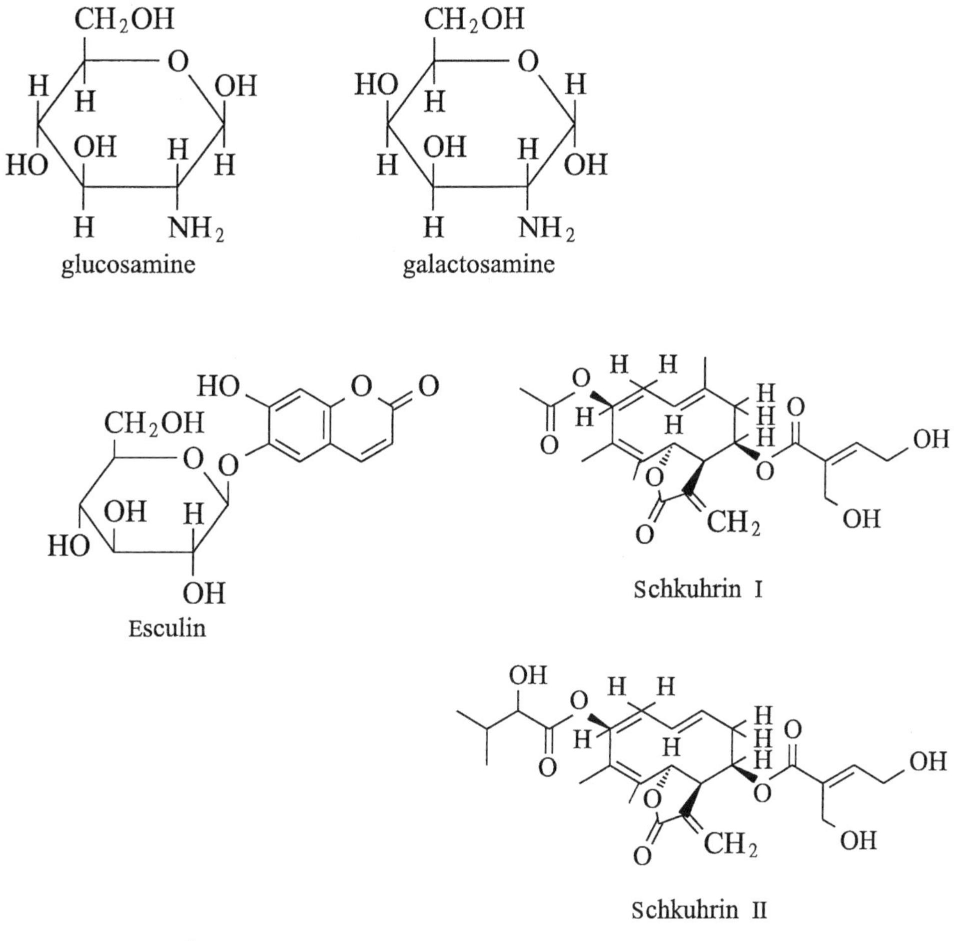

▌圖 9-6　阻止酪胺酸酶糖苷化作用的美白成分

抑制酪胺酸酶的活性

該美白劑結構與酪胺酸相似會與酪胺酸競爭酪胺酸酶的催化作用，而阻礙原本黑色素的生成反應，或者利用螯合 Cu^{2+} 使酪胺酸酶失去活性。

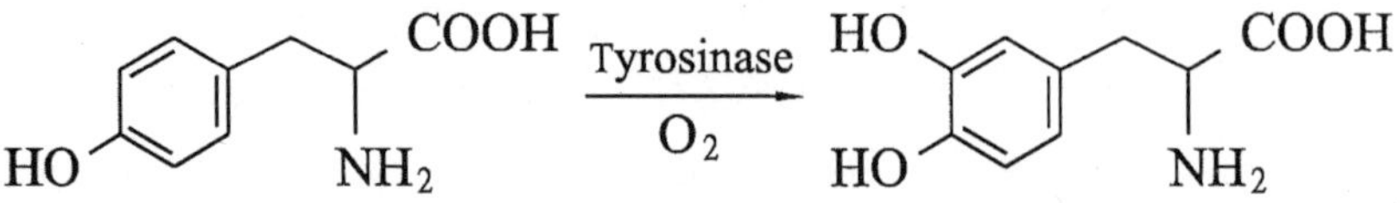

Tyrosine $\xrightarrow[\text{O}_2]{\text{Tyrosinase}}$ DOPA

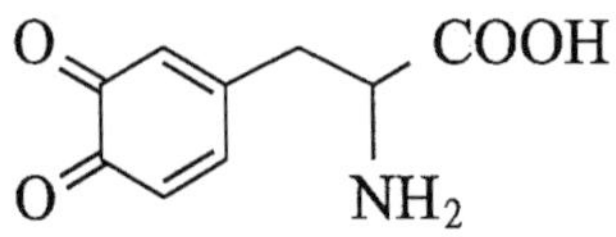

dopa quinone

1. **麴酸(Kojic acid)**：化學結構為 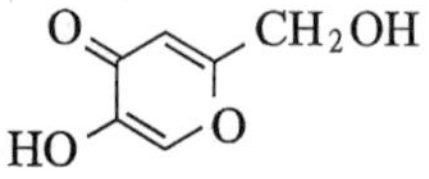 ，是一種 5-羥基-2-羥甲基-4-吡喃酮(γ-pyrone)化合物，麴酸來自麴菌(Aspergillus)與青黴菌(Penicillium)。麴酸之抑制黑色素合成的主要機制是螯合銅離子，使酪胺酸酶失去活性，或與多巴競爭酪胺酸酶而抑制黑色素合成。麴酸不穩定，在空氣中極易氧化且有一定的刺激性，雖然一般認為麴酸是安全、有效的美白劑，但有少數動物與體外試驗卻顯示麴酸具有基因毒性與致癌性。麴酸進行酯化成單酯或雙酯，如麴酸單亞麻酸酯和麴酸二棕櫚酸酯可改善美白劑的對光、熱和金屬離子的不穩定性及降低對皮膚的刺激性，使其成為新一代高效能的美白劑，在化妝品中的使用量為 0.5~3.0%。

2. **熊果素(Arbutin)**：是一種來自高山蔓越橘的天然植物，在小山梨、西洋梨、蔓越莓、桑樹與藍莓的葉子等多種植物中也可發現。其正式化學名稱是 4-Hydroxyphenyl-β-D-glucopyranosid，化學結構為 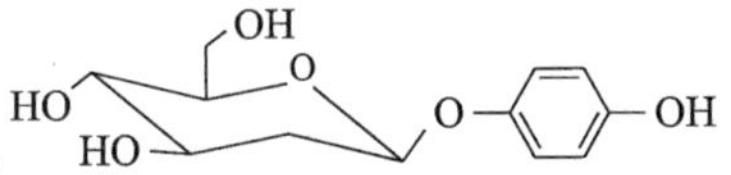 ，屬於對苯二酚配醣體，體外試驗顯示對黑色素的合成有明顯的抑制效果，但對細胞增殖卻不像對苯二酚效應一樣，有毒化的作用（圖 9-7）。抑制黑色素合成的機制主要是與多巴競爭酪胺酸酶的方式，抑制酪胺酸酶活性，阻斷多巴轉化

成多巴醌，結果熊果素會與酶作用，生成無色物質。熊果素可分為 α 型與 β 型兩種型式。天然存在的以 β 型為主，α 型的效力則為 β 型者的 9 倍，穩定性也比 β 型更好。熊果素添加在化妝品中使用最高可達 7%。

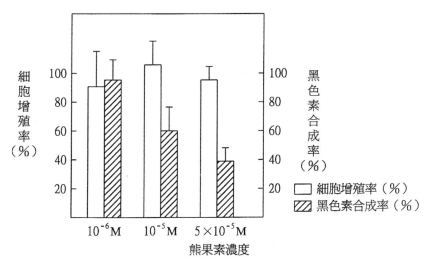

▌ 圖 9-7　熊果素對細胞增殖的影響與黑色素形成的抑制作用

3. **維生素 C 及衍生物**(Vitamin C & derivatives)：維生素 C 也稱抗壞血酸，是最具代表性的美白劑。維生素 C 的美白作用機制有三種，一種是將深色的氧化性黑色素還原成為淡色的還原性黑色素，另一種是抗氧化清除自由基減少發炎後的色素沉澱。第三種是干擾酪胺酸酶活性位置的銅離子，抑制黑色素的生成。另外，維生素 C 除美白功效外，還具有促進膠原蛋白生成和清除自由基等抗老化作用。為了克服維生素 C 易氧化變色的缺點，已開發出多種維生素 C 的衍生物，如維生素 C 二棕櫚酸酯、維生素 C 磷酸鎂(Magnesium ascorbyl phosphate, APMg)、維生素 C 硬脂酸酯、乙氧基維生素 C 等酯，見圖 9-8。

　　例如：美白劑維生素 C 磷酸鎂以磷酸鎂包覆維生素 C，使維生素 C 與空氣阻隔，因此安定性佳，而且可保有原本維生素 C 的功能。維生素 C 磷酸鎂經皮膚吸收後，被磷酸鹽分解酶分解釋放出維生素 C，實驗結果見圖 9-9。而其抑制酪胺酸酶活性與維生素濃度關係及對細胞的毒化結果，如表 9-1、9-2 所示。圖 9-10 說明各三種美白劑抑制酪胺酸酶效果的比較。

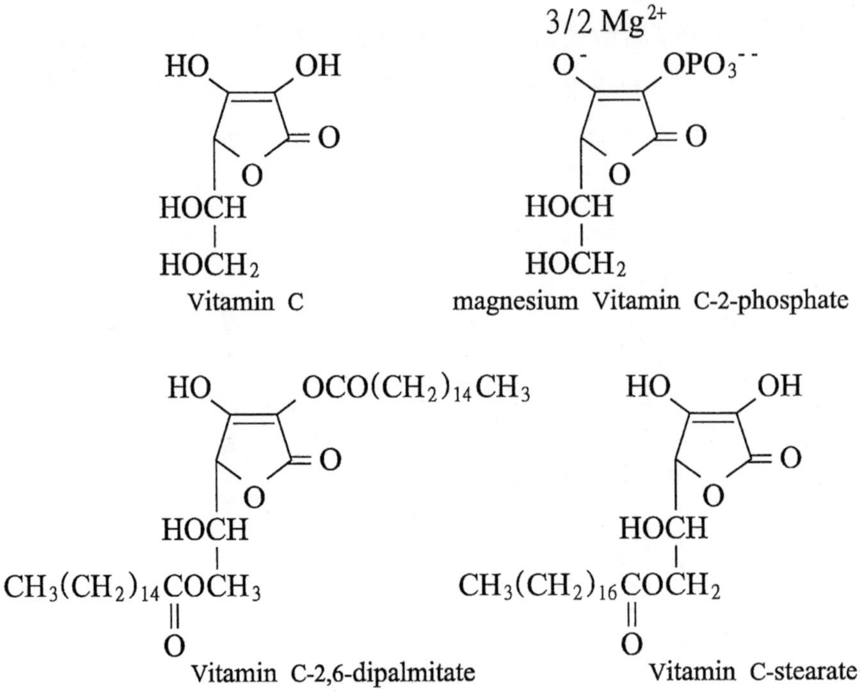

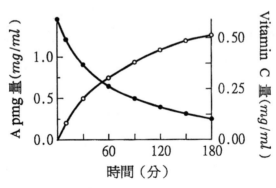

Vitamin C

magnesium Vitamin C-2-phosphate

Vitamin C-2,6-dipalmitate

Vitamin C-stearate

▌ 圖 9-8　維生素 C 及衍生物

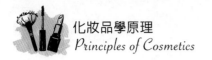

▌ 圖 9-9　使用磷酸鹽分解酶加水分解 APMg(25℃)

💪 表 9-1　酪胺酸酶的抑制

維生素 C 磷酸鎂濃度	抑制率(%)
1.0%	82±4
0.1%	83±4
0.01%	87±4
0.001%	33±5
0.0001%	11±8
0.00001%	－2＋11

註： 取 10 μl 100 mci/m mole tyrosine，10 μl pure tyrosinase，10 μl 5mM DOPA 溶液，20 μl APMg 水溶液，10 μl pH 7.2 緩衝液，在 37℃反應 16 小時後測黑色素量。

💪 表 9-2　黑色瘤細胞中的活性酪胺酸酶抑制

維生素 C 磷酸鎂濃度	抑制率(%)	細胞數（個）
1.0%	48±5	$0.9±0.5×10^6$
0.5%	25±6	$1.6±0.5×10^6$
0.1%	9±3	$1.1±0.4×10^6$
0.05%	5±7	$1.1±0.4×10^6$

註： 把 $1.0×10^6$ cells/ml KH m-1/4 人的惡性黑色瘤細胞，添 0~1.0% APMg 與酪胺酸在 37℃下反應 16 小時，再測黑色素量。

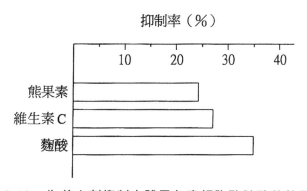

📍 圖 9-10　為美白劑抑制人體黑色素細胞酪胺酸的效果比較

參考資料：Joon Hwan Cho, Ki Moo Lee: Laboratoires LIERAC, Paris.

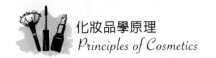

4. **乙基維生素** C(Ethyl ascorbic acid; 3-O-ethyl ascorbic acid)(corum 9515)：為維生素 C 衍生物，有美白及漂白斑點的作用、抑制黑色素單體聚集、抗氧化、移除自由基及促進膠原蛋白的合成。它的穩定性也較在其他抗壞血酸衍生物優越，其化學結構詳見圖 9-11。

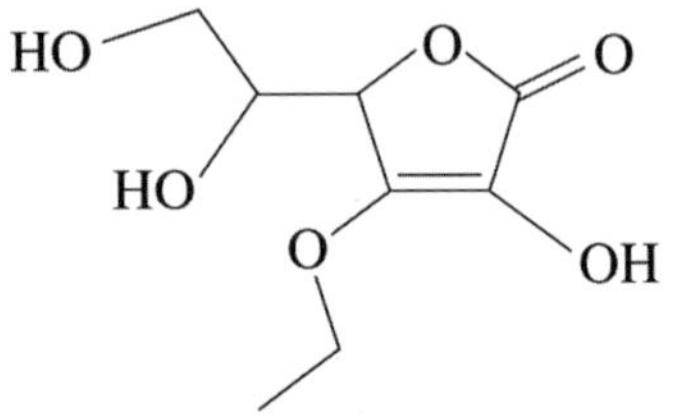

<figure>

圖 9-11　乙基維生素 C 的化學結構

</figure>

5. **甘草萃取液**(Licorice extract)：油溶部分的甘草提取物含有很多類黃酮成分，如甘草苷、甘草黃酮等可以抑制酪胺酸酶、多巴色素互變酶和羥基吲哚酸氧化酶。另外，甘草萃取液除美白功效外，還有清除自由基和抗氧化作用，萃取液中常見的成分如圖 9-12 所示。水溶性的甘草酸鹽(Glycyrrhytinic acid)與 Hydrocortisone 結構類似有溫和的消炎作用，一般添加在日曬後的修護產品中。

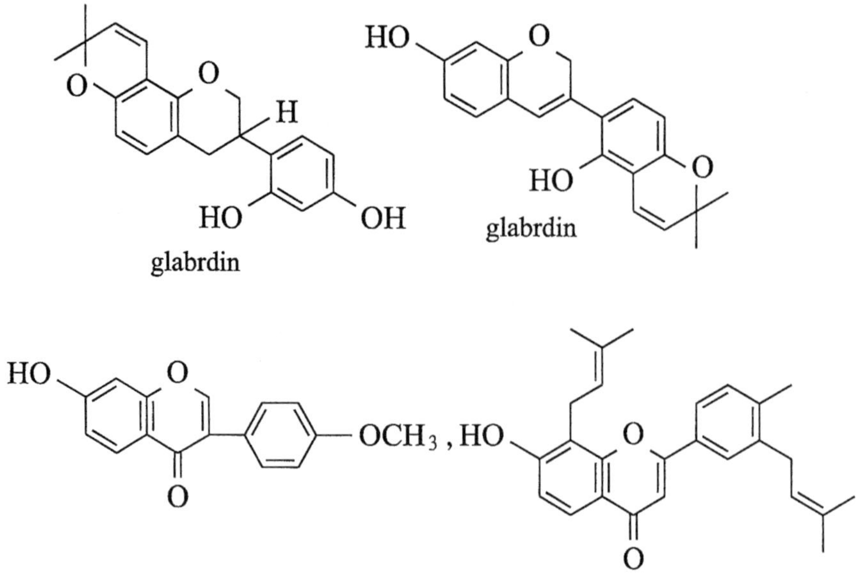

<figure>

glabrdin

glabrdin

圖 9-12　油溶性甘草萃取液成分的化學結構

</figure>

6. **傳明酸** (Tranexamic acid; Trans-4-amino methyl cyclo-hexanecarboxylic acid)：傳明酸（圖 9-13）為凝血劑有止血抗炎的藥理效果，後來發現可以抑制黑色素形成。目前在皮膚科當做治療肝斑、黑斑沉澱方面的處方籤用藥，以口服方式每日服用；而美白針療程也是以傳明酸搭配多種維生素，以注射方式快速達到美白方式。傳明酸已由衛福部公告為有效美白成分，具美白肌膚、淡化色斑等作用，限量添加 3%。

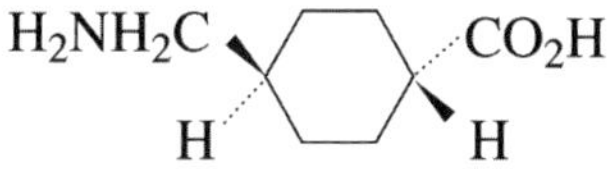

$$H_2NH_2C \quad \text{—} \quad CO_2H$$

$$H \qquad\qquad H$$

▲ 圖 9-13　傳明酸的化學結構

7. **蘆薈苦素**(Aloesin)：可以藉由競爭性抑制酪胺酸酶而減少黑色素的合成。

8. **植酸**(Phytic Acid; Inositol Hexaphosphate)：有抗氧化、螯合銅離子、抑制酪胺酸酶活性，達到抑制黑色素生成及溫和去角質的功效。最近也有用在換膚及美白化妝品中，美白效果弱於麴酸，去角質效果也弱於果酸，但較溫和不刺激。

9. **鞣酸**(Ellagic acid)：鞣酸廣泛存在於植物之中有抗氧化與螯合銅離子效果，故有抑制黑色素合成美白成效，但對細胞無毒性。

10. **桑葉萃取**：乙醇萃取物比水萃取物對酪胺酸酶有較佳的抑制能力，桑葉中富含之槲皮酮、槲皮酮苷及芸香苷皆能抑制酪胺酸酶活性減少黑色素生成。

11. **二丙基聯苯二醇**(5,5-dipropyl-biphenyl-2,2-diol)：萃取自木蘭屬植物，是佳麗寶公司開發之專利成分，可抑制酪胺酸酶活性及清除自由基。

❀ 誘導黑色素合成途徑

　　藉著加入其他胺基酸誘導產生較淡色素而不是黑色素，成分包括：L-半胱胺酸、B-對硼苯基丙胺酸。

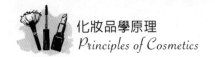

❀ 抑制黑色素的傳遞

1. **綠茶萃取液**：抑制成黑色素細胞中的熟黑色素體傳遞到表皮的細胞及酪胺酸酶的活化，達到美白皮膚的效果。兒茶素與沒食子酸衍生物都具有強烈的競爭性抑制酪胺酸酶的活性。

2. **菸鹼醯胺(Niacinamide)**：維生素 B_3 的醯胺型態，抑制黑色素細胞中的成熟黑色素體傳遞到角質形成細胞，達到美白皮膚的效果。

3. **大豆 (Soybean)**：大豆胰蛋白酶抑制劑干擾蛋白酶致活的受體 2 (protease-activated receptor 2, PAR-2)，減少角質形成細胞吞噬黑色素體，抑制黑色素體傳遞。

三、促進黑色素從角質層剝離

促進角質形成細胞的增生、分化、加速角質的代謝來達到美白作用。如：杜鵑花酸(Azelaic acid, HOOC-$(CH_2)_7$-COOH)、胎盤素(Placenta)、果酸(AHA)、水楊酸(BHA)、尿素(Urea)、維生素 A 酸(Retinoic acid)。

甲氧基水楊酸鉀(Potassium methoxysalicylate)可強化角質形成細胞更新及代謝，抑制黑色素生成及防止色斑的形成，資生堂將此成分命名為 4MSK，並號稱第五代美白成分。

早期的美白保養品常使用汞化合物如氯化亞汞(Hg_2Cl_2)，會破壞酪胺酸酶的活性而減少黑色素的生成，效果十分顯著。但是汞重金屬滲入皮膚後並不會被代謝及排出體外，反而會與表皮的脂肪酸生成不溶性鹽類，而沉澱於表皮成為黑皮症（汞斑症），所以使用美白保養品時須小心謹慎，並注意化妝品本身所含的美白劑成分為何，方是使用之道。

9-4 衛福部公告之美白成分

　　目前我國衛福部公告化妝品的美白成分共有 13 種，凡未添加這 13 種美白成分之一者，皆不得聲稱具有美白效果。表 9-3 列出已被核准、公告的 12 種美白成分之名稱、限定用量，與核准為一般化妝品的年份。101 年美白產品含有杜鵑醇(Rhododendrol)成分，使用後產生接觸性化學性白膚症，引起膚色不均人數眾多，衛福部食藥署為保護消費者使用產品的安全，即日起停止化妝品中使用杜鵑醇成分，並於 102 年 9 月 17 日正式公告。

表 9-3　行政院衛福部列管的一般化妝品美白劑用量標準

成分名稱	常見俗名	限用濃度	用途
Magnesium ascorbyl phosphate	維生素 C 磷酸鎂鹽	3%	美白(2004.10.19)
Kojic acid	麴酸	2%	美白(2004.10.19)
Ascorbyl glucoside	維生素 C 糖苷	2%	美白(2004.10.19)
Arbutin	熊果素	7%	美白(2004.10.19)
Chamomile ET	洋甘菊精	0.5%	防止黑斑、雀斑(2004.10.19)
Sodium ascorbyl phosphate	維生素 C 磷酸鈉鹽	3%	美白(2004.10.19)
Ellagic acid	鞣花酸	0.5%	美白(2004.10.19)
Tranexamic acid	傳明酸	2.0~3.0%	抑制黑色素形成及防止色素斑的形成(2010.10.19)
Potassium Methoxysalicylate (Potassium 4-Methoxysalicylate) (Benzoic acid,2-Hydroxy-4-Methoxy-,Monopotassium Salt)	甲氧基水楊酸鉀	1.0~3.0%	抑制黑色素形成及防止色素斑的形成，美白肌膚(2010.10.19)

表 9-3　行政院衛福部列管的一般化妝品美白劑用量標準（續）

成分名稱	常見俗名	限用濃度	用途
3-O-Ethyl Ascorbic Acid (L-Ascorbic Acid, 3-O-Ethyl Ether)	3-o-乙基抗壞血酸	1.0~2.0%	抑制黑色素形成及防止色素斑的形成，美白肌膚(2010.5.19)
5,5'-dipropyl-biphenyl-2,2'-diol	二丙基聯苯二醇	0.5%	抑制黑色素形成(2010.10.19)
Cetyl tranexamate HCl	傳明酸十六烷基酯	3%	抑制黑色素形成(2010.5.19)

參考資料：衛生福利部目前核准使用之美白成分

表 9-4　行政院衛福部列管的含藥化妝品美白劑用量標準

成分名稱		限用濃度	用　途
Ascorbyl Tetraisopalmitate	抗壞血酸四異棕櫚酸酯（脂溶性維生素 C）	3%	抑制黑色素生成(2010.6.28)

參考資料

1. 環境與健康雜誌 2010 年 8 月第 27 卷第 8 期

2. 潘一紅，化工資訊與商情，2005，第 25 期，p.15~29

3. 羅玉青(2006)台桑二號不同萃取方式對酪胺酸酶活性及黑色素生成之影響，碩士論文

4. 行政院衛生福利部食藥署含藥化妝品基準(20070306)

5. 官常廣、盧素琳：現代美容，(77), 1995, p.84~89

6. 秋山純一、柳田滿廣、宮井惠里子：Fragrance Journal, Mar. 1997, p.55~61

7. 秋保曉、福田實：Fragrance Journal, Jun. 1992, p.29~34

8. Maeda, K.; Y. Tomita, J.: Health Sci. 53, 2007, p.389~396

9. Shimogaki, H.; Y. Tanaka, H.; Tamai,; M. Masuda, J.: Cosmet. Sci. 22, 2004, p.291~303

10. 羅方彤：全國美容，1998

11. CORUM INC.

12. Eun-Jun, Kin: Cosmetics & Toiletries, l10(10), 1995

13. Hood, H. L.; Wickett, R. R.: Cosmetics & Toiletries, 107, Jul. 1992, p.47~48

14. Jnueira, L. C.; Carneiro, J.: Basic Histology, p.496~499

15. Juana, C.; Soledad, C.; Pharm, J.: Pharmacol, (46), Apr. 1994, p.982~985

16. Laboratories Lierac：現代美容，(96), p.39~56

17. Nil: Bio Industry, May. 1994, p.53~55

18. Sevigo. N.: Soap perfumery and Cosmetics, 67(3), May. 1994, p.33~37

19. Yamaguchi, Y., and V. J. Hearing. J. Biol. Chem.,35,2009. p.193~199.

20. Mountjoy, K.G.. Cell. Endorcrinol., 102,1994,p.7~11

21. Park, H. Y., M. Kosmadaki, M. Yaar, and B. A. Gilchrest. Cell. Mol. Life Sci. 66, 2009, p.1493~1506

22. Yamaguchi, Y., M. Brenner, and V. J. Hearing. J. Biol. Chem. 282, 2007, p.27557~27561

23. 衛生福利部食品藥物管理署新聞稿。105.03.30

Memo :

Chapter 10

抗老化化妝品

本章大綱

10-1　皮膚的老化

10-2　自由基反應

10-3　活性氧與皮膚的天然抗氧化物質

10-4　活性含氧物質對皮膚的影響

10-5　抗老化化妝品的成分與作用原理

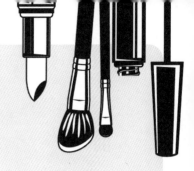

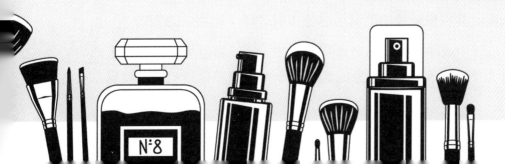

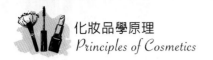

前 言

　　如何使肌膚保持年輕，延緩肌膚老化是目前化妝品研究人員所追求的目標，而其對策在於採用：1.生化科技發展的保濕劑，強化保濕、角質層的障壁功能與減少細紋。2.防曬成分及自由基捕捉劑，減少對真皮層組織的破壞。3.細胞活化劑，活化表皮與真皮層細胞。

　　目前坊間流行許多回春療法，如活細胞再生療法、荷爾蒙療法等，多半未經衛福部許可的正規療法。雖不能全盤否定其效果，但由於上述療程機制尚未完全瞭解，所以較不能得到明確的效果保證，況且是否有副作用或後遺症的問題產生，也是值得注意的課題。

 10-1　皮膚的老化

　　皮膚的老化，可分為因年老而自然的老化(Intrinsic aging)及因皮膚的保養不當、生活不規律、過度勞累及溫度暴曬於惡劣的氣候與陽光下所造成的老化現象。

一、自然老化

　　隨年齡增長而逐漸發生或受遺傳因素影響的全身複雜的形態結構與生理功能不可逆的退化過程。皮膚是人體最大的器官，擔負著保護、感覺、調節體溫、分泌、排泄和免疫等諸多方面的作用，隨著年齡的增長，皮膚也會像人體的其他器官一樣逐漸老化，功能減弱、喪失，最後產生各種病變等。如圖 10-1 所示，角質變乾燥堆積不易脫落、表皮與真皮交接處面積減少、細胞數目減少、真皮層變薄，以及皮膚附屬器官腺體退化萎縮。

　　而老化的特徵大致如下：

1. **表皮**：角質形成細胞更新減慢、屏障功能降低，細胞活力下降，皮膚受傷後修復能力減弱，其中屏障功能的減弱導致皮膚乾燥、脫屑、皺紋等。

2. **真皮**：真皮層中成纖維母細胞數量逐漸減少、合成膠原蛋白和彈性蛋白的能力下降，且 I 型膠原和 III 型膠原的比例變小，膠原纖維變粗，出現異常交鏈最

後導致皺紋，見圖 10-2。同時蘭格罕氏細胞減少，免疫能力下降，易患感染性疾病。此外，由於老化皮膚中黑素細胞數目明顯下降，暴露於陽光下易受傷，導致脂褐質明顯增加，呈現出老年斑和其他局部色素性改變。

3. **皮下組織**：皮膚皮脂腺與汗腺萎縮，油、水分泌減少，皮膚表面的酸性皮脂膜不足，角質層水合能力減弱，導致使皮膚粗糙、乾裂。

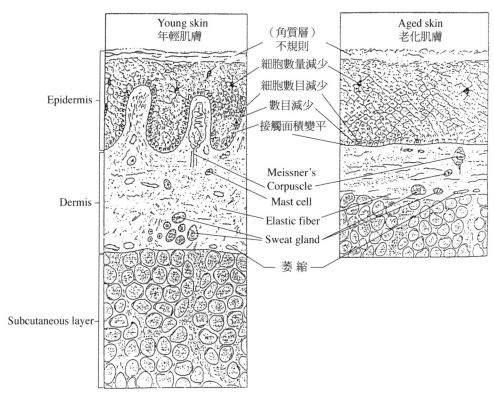

▌ 圖 10-1　年輕肌膚與自然老化肌膚皮膚構造上之差異

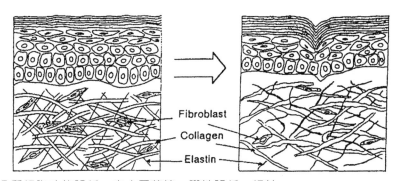

表皮特徵：角質細胞功能降低、表皮層萎縮→彈性降低→細紋。
真皮特徵：纖維母細胞數目及功能降低、膠原蛋白減少及退化、彈力蛋白變性退化→彈力衰退→皺紋。

▌ 圖 10-2　皺紋的生成

二、光老化

提早皮膚的老化因素大約有 80%是日曬所造成，光老化是綜合許多因素所導致。一般認為日光中的紫外線引起皮膚老化的機制乃是：1.DNA 損傷；2.進行膠原的交聯；3.抗原刺激反應的抑制而降低免疫反應；4.自由基與各種細胞內結構相互作用而造成細胞和組織的損傷；5.直接抑制蘭格罕氏細胞的功能，引起光免疫抑制，使皮膚的免疫力減弱。

長期日光暴曬會使得皮膚粗糙、皺紋變多、皮膚角質增厚，進入真皮層的紫外線使血管壁和結締組織中的膠原蛋白和彈性蛋白產生緩慢變化，加快皮膚老化。

三、非酶糖基化老化(Maillard reaction aging)

體內非酶糖基化反應（美拉德反應）是指在無酶催化下，還原性糖的醛基或酮基，與蛋白質的氨基反應生成可逆或不可逆的最終糖化蛋白(Advanced glycation end-products, AGEs)。Dyer 等發現皮膚老化與非酶糖基化有關，真皮層中富含膠原蛋白和彈性蛋白，蛋白質分子中的氨基容易與細胞外基質中蛋白聚糖的醛基或酮基發生非酶糖基化反應。且隨著年齡的老化，糖化蛋白反應進行增加，使膠原蛋白形成分子間交聯，不但降低了皮膚的彈力和通透性，養分及廢物的擴散性能減弱，而且降低了老化膠原蛋白的可溶性，結果不易被膠原蛋白分解酶水解，導致皮膚蠟黃、彈力下降、皺紋不斷加深，從而加快皮膚的老化過程。另外，糖化蛋白會引發體內細胞產生有害的自由基及釋放誘發過敏反應的物質，促進發炎而引起組織或器官的病變。

四、自由基的老化

皮膚吸收紫外線和細胞氧化代謝會產生活性含氧物質(ROS)，氧化細胞表面的受體磷酸化，進而活化轉錄調節因子 AP-1(Activatorprotein-1)和 Nuclear factor kappa B(NF-κβ)。轉錄調節因子 AP-1 會促進纖維母細胞的金屬基質蛋白酶(MMP)生成，分解第一和第三型膠原蛋白。活化 NF-κβ 會刺激發炎細胞激素的基因轉錄，產生細胞激素淋巴介白素，導致的發炎反應，反應會持續增加活性氧分子及更多

細胞激素的生成，更增加皮膚的傷害。另外，發炎反應也會造成蛋白分解酶分解正常的彈力蛋白。

10-2 自由基反應

皮膚科專家 Perricone 曾實驗得知，在陽光下連續照射 45 分鐘，皮膚中天然的抗氧化能力喪失 60~70%，因此需不斷的補充抗氧化劑供皮膚所需。當皮膚長時間在太陽光下照射會活化自由基（圖 10-3）將不飽和脂肪酸氧化成過氧化物，形成脂褐素。氧自由基過多還會破壞細胞膜及其他重要成分，使蛋白質和酶發生變性，當自由基引起的細胞或組織機能過度損傷，會造成肌膚加速老化。

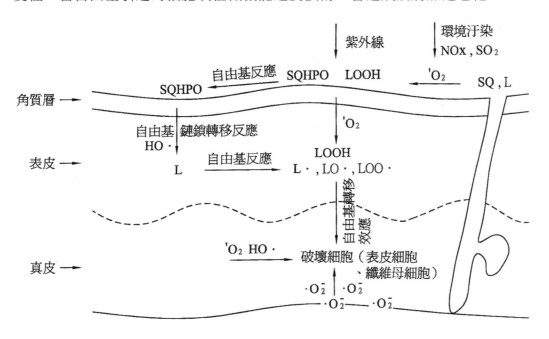

SQ：魚鯊烯(Squalene)　　L：Lipid　　$^1O_2$：高反應性氧分子（激態氧）
自由基：HO•、•O_2^-、LO•、LOO•

圖 10-3　表皮脂質過氧化

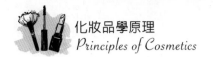
一、活性含氧族群

化妝品界所熟悉的自由基(Free radical)這個詞彙，已漸漸被一個名詞「活性含氧族群(Reactive oxygen species, ROS)」所取代，它代表一群性質活潑，會攻擊皮膚組織造成老化的物質。一般參與反應的 ROS 指的是：激態氧($^1O_2$)、超氧自由基($HO_2\bullet$、$O_2\bullet^-$)、過氧化氫(H_2O_2)和氫氧基($HO\bullet$)（圖 10-4、10-5）。

Superoxide radical($O_2\bullet^-$)：氧分子捕獲 1 個 e^-，形成超氧自由基

$$O_2 + e^- \rightarrow O_2\bullet^-$$

Hxdroperoxide radical($HO_2\bullet$)：超氧自由基獲得 1 個質子 H^+，超氧化氫自由基

$$O_2\bullet^- + H^+ \rightarrow HO_2\bullet$$

Hydroxy radical($HO\bullet$)：最強的氧化劑，過氧化氫(H_2O_2)藉由獲得 1 個 e^-並失去 1 個 OH^-；或過氧化氫與超氧自由基反應；亞鐵離子當催化劑與雙氧水發生氧化還原的反應，生成羥自由基($OH\bullet$)。

$$H_2O_2 + e^- \longrightarrow HO\bullet + HO^-$$
$$H_2O_2 + O_2\bullet^- \rightarrow HO\bullet + OH^- + O_2$$

圖 10-4　含氧自由基的形成

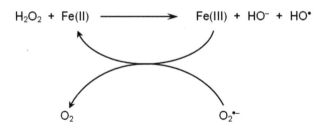

Fenton Reaction

$$Fe(II) + H_2O_2 \longrightarrow Fe(III) + HO^- + HO^\bullet$$

Haber–Weiss Reaction (Superoxide Driven Fenton Reaction)

$$H_2O_2 + Fe(II) \longrightarrow Fe(III) + HO^- + HO^\bullet$$

$$O_2 \qquad O_2\bullet^-$$

Haber–Weiss Net Reaction

$$O_2\bullet^- + H_2O_2 \xrightarrow{\textit{Fe(II)/Fe(III)}} O_2 + HO^- + HO^\bullet$$

圖 10-5　Fenton and Haber Weiss reaction 循環

二、自由基反應(Free radical reaction)

所謂自由基是指分子或原子其價電子具有不成對的電子，例如：:O:O•未成對電子，這種分子或原子呈現極不穩定的狀態，會攻擊其他分子或原子，藉搶奪電子以尋找本身的安定，但通常卻造就另一個不安定的自由基生成。

1. **脂質的過氧化(Lipid peroxidation)**：ROS 會使皮膚的脂質變成過氧化脂質（圖 10-6）。

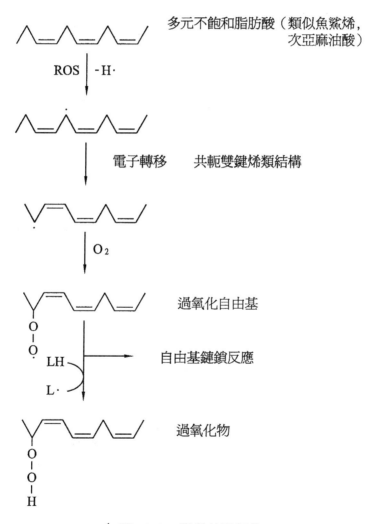

▌ 圖 10-6　脂質的過氧化

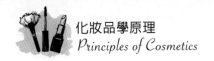

2. **DNA 裡含氮鹼基的自由基反應**：中波紫外線(UVB)和長波紫外線(UVA)輻射均能造成皮膚細胞 DNA 損傷。其中包括直接 DNA 損傷而生成光化學產物，主要是環丁烷嘧啶二聚體。輻射產生的氧自由基可與 DNA 反應使 DNA 鏈聚合，同時脂質過氧化產物會使 DNA 鏈烷化斷裂。DNA 損傷和突變的累積並大量複製，最終將會導致腫瘤發生。Langlois & Pantarotto 指出，要瞭解人體皮膚在紫外線照射後，ROS 所造成的反應，也可由鳥嘌呤和胸腺嘧啶的羥基化反應得到的產物判斷（圖 10-7）。

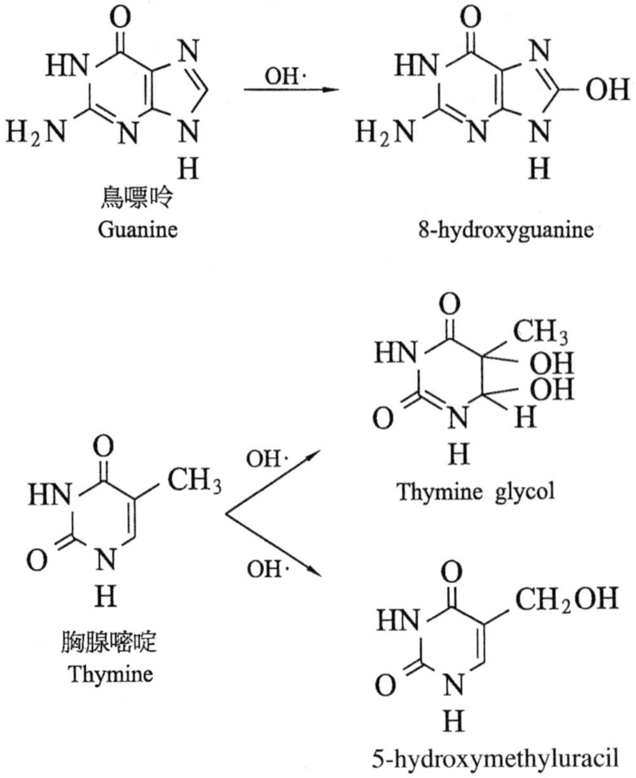

鳥嘌呤
Guanine

8-hydroxyguanine

Thymine glycol

胸腺嘧啶
Thymine

5-hydroxymethyluracil

▌ 圖 10-7 鳥嘌呤和胸腺嘧啶的羥基化反應

10-3 活性氧與皮膚的天然抗氧化物質

一、活性氧理論

由圖 10-8 可大概得知 ROS 對皮膚所造成的傷害，除了使皮膚老化外，嚴重的話，甚至造成皮膚細胞的癌變，而產生皮膚癌。

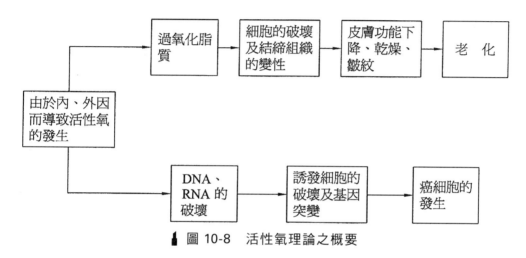

▌ 圖 10-8　活性氧理論之概要

二、皮膚的天然抗氧化物質

人體本身也會發展出一套對活性氧自由基的防禦系統，就是抗氧化物質及抗氧化酵素，以對抗自由基的危害。如維生素 E(α-Tocopherol)、維生素 C(Ascorbic acid)、β-胡蘿蔔素(β-Carotene)、穀胱甘肽(Glutathione)等抗氧化劑與超氧化歧化酶(SOD)、過氧化氫酶(catalase)及穀胱甘肽過氧化氫酶(Glutathione peroxidase GSH-PX)等抗氧化酵素（圖 10-9）。

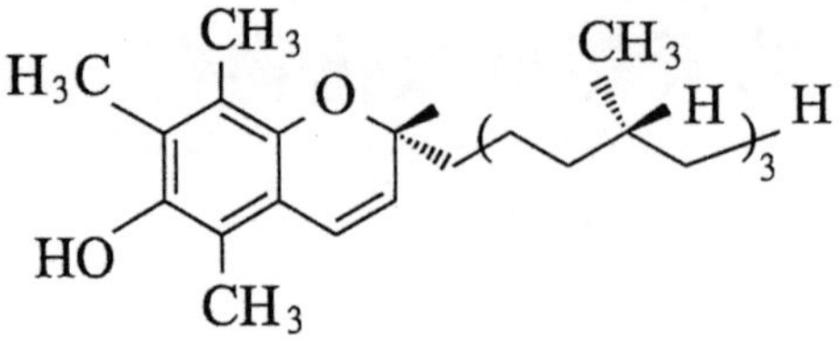

α-Tocopherol（Vitamin E）

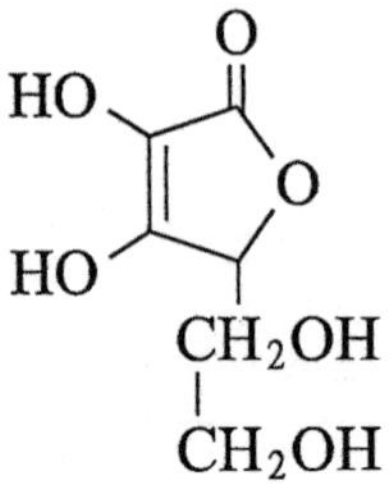

α Ascorbic acid（Vitamin C）

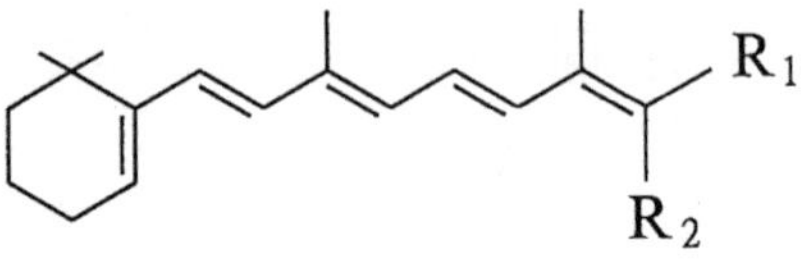

β-Carotene

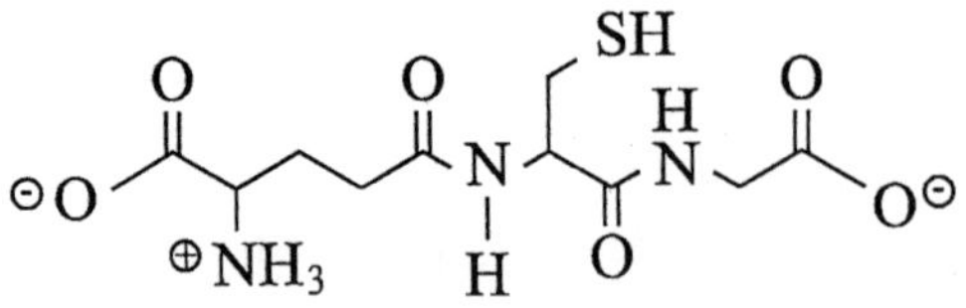

Glutathione

■ 圖 10-9　皮膚的天然抗氧化物質

三、自由基的生成與抗氧化劑作用機轉

圖 10-10 是部分自由基的生成途徑及參與抑制的抗氧化酵素和抗氧化劑的作用位置。

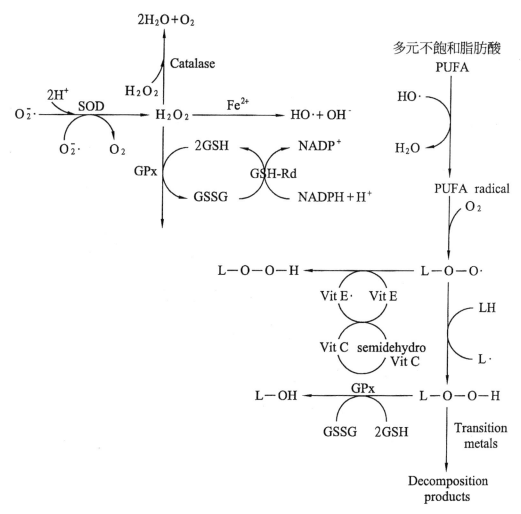

圖 10-10 自由基的生成途徑及抗氧化劑的作用

 10-4 活性含氧物質對皮膚的影響

一、含氧物對皮脂傷害

Punnonens 的結論，說明在有氧的情況下，透過 UVB 的照射，會影響到身體皮膚的天然抗氧化防禦能力，見表 10-1。活性氧與抗氧化酶之間存在一個動態平衡，如 SOD、CAT 和 GSH-Px 等，當皮膚受 UVB 照射 5mins 時，就發現皮表 SOD

的活性降低，乃是參與 $O_2 \cdot^-$ 的還原轉換成 H_2O_2，因此過氧化氫酶(CAT)的活性增加。這項結論在角質形成細胞接受 UVA 的照射後，也獲得完全的印證。

表 10-1　人類皮膚經紫外線照射後酵素活性的變化

照射時間	SOD	CAT	GSH-PX	GSH-TF	共軛雙烯的生成
未被照射	100	100	100	100	100
5 分鐘	60	180	100	85	90
3 小時	100	115	100	135	260
24 小時	115	90	95	125	150

註：14 名男人測試結果（18~22 歲）。

除了一些還原性的酶外，皮膚還存有脂溶性和水溶性的還原劑與抗氧化劑（見表 10-2）。另外，實驗證實在抗氧化劑的存在，可降低在紫外線下超氧化氫自由基$(HO_2\cdot)$對老鼠皮膚的所造成傷害。

表 10-2　皮膚中的天然抗氧化活性成分

成　分	類　型
超氧化歧化酶(Superoxide dismutase)	酵素
過氧化氫酶(Catalase)	酵素
榖胱甘肽氧化酶(Glutathione peroxidase)	酵素
榖胱甘肽還原酶(Glutathione reductase)	酵素
維生素 E(Tocopherols)	脂溶性分子
CO-Q$_{10}$(Ubiquinone/ubiqinol)	脂溶性分子
硫辛酸(α-Lipoic acid)	脂溶性、水溶性
二氫硫辛酸(Dihydro lipoate acid)	脂溶性、水溶性
維生素 C(Ascorbic acid)	水溶性分子
脫氫維生素 C(Dehydroascorbic acid)	水溶性分子

皮膚缺乏天然抗氧化劑，則容易受紫外線所造成的過氧化傷害，ROS 會使表皮的不飽和脂質產生過氧化反應，生成有害的過氧化脂質和自由基。

　　日曬後所產生的曬傷與紅斑是因為花生四烯酸(Arachidonic acid)氧化生成二十碳不飽和脂肪酸衍生物(Eicosanoids)所致，如白三烯素(Leukotrienes)、前列腺素(prostaglandins)等發炎反應，引起皮膚微細血管擴張而導致紅、腫、熱、痛等。

　　Hruza & Pentland 提出只要有少量 UVB 到達表皮的細胞，細胞膜上脂質的過氧化會增加磷脂酶 A_2(Phospholipase A_2)的活性，將磷脂(Phospholipids)催化成花生四烯酸。所以若有抗氧化劑存在皮膚適當的位置，將可減少日曬後的發炎。

　　脂質的過氧化產生 RC-O-O-H，雖然穩定，但也會因再度受到激化而形成 RO• 和 ROO•自由基，後者會攻擊蛋白質，形成低密度脂蛋白。因此脂質的過氧化不只是使脂質經氧化被破壞，而且過氧化脂質會持續破壞蛋白質。

　　皮脂中的膽固醇(Cholesterol)、神經鞘氨醇(Sphingosine)、不飽和脂肪酸如亞麻油酸(Linoleic acid)皆容易受 ROS 的存在而被氧化，但若存有一些還原性酶、SOD 與 Catalase 或者其他酚類的抗氧化劑，則可產生抑制的作用。

二、含氧物質對皮膚蛋白質的破壞

　　自由基(HO•、HO_2•)容易對蛋白質和胺基酸產生氧化性的降解，尤其是甲硫胺酸(Methionine)、色胺酸(Tryptophan)、組胺酸(Histidine)和半胱胺酸(Cysteine)。

　　一些參與修復機轉的酶（蛋白質結構），也會受自由基 OH•和 RO•的作用，產生交鏈(Cross-link)而破壞。Wolff 等人也提出自由基對蛋白質的裂解反應，在 HO• 和 O_2•⁻的參與下，蛋白質鏈中胺基酸的 α-位置碳會被氧化成過氧化自由基，然後失去 HO_2•而生成亞氨基胜肽(Imino peptide)，接著水解成銨離子、羧酸、二酮衍生物。

　　而在皮膚可見到嚴重的傷害之一，乃是會造成真皮層膠原蛋白的變性、交鏈以及彈力蛋白的裂解，使皮膚保水性降低，彈力衰退而產生皺紋。

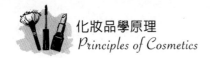
三、含氧物質對 DNA 的破壞

由於脂質過氧化過程中會產生多種具有反應活性的脂自由基 L・、LO・、LOO・，易穿透並擴散進入細胞核攻擊 DNA 或 RNA，甚至是受細胞核 DNA 調控的線粒體 DNA。使皮膚基因暴露在一個高劑量的活性氧環境中，會加重基因缺陷所引起的 DNA 突變，導致光老化，甚至皮膚癌的形成。

自由基所產生的氧化，有去氫反應 (Dehydrogenation)、去羧基反應 (Dehydroxylation)以及蛋白質的聚合或分解。如圖 10-11 所示，皮膚暴露在紫外線的照射下會生成活性氧，使 DNA 受到自由基的攻擊產生變異。發生在相鄰的嘧啶鹼基之處會因自由基的誘發而形成二聚體(Dimerization)，大部分是 T-T，但也有 C-C 和 C-T 二聚體(Dimer)會在單條的 DNA 中產生。二聚體形成會使核苷酸 (Polynucleotide)之間的距離由 0.34nm 縮短至 0.28nm，並會產生其他不利於 DNA 複製的機制。此類變異大部分可藉由酶來修復，見圖 10-12 及 10-13，但是若修補 (Repair)機制異常，就可能導致細胞複製的異常，結果造成組織的異常、病變。

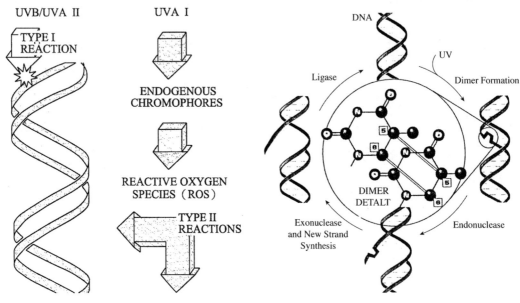

▌ 圖 10-11 紫外線對去氧核糖核酸的反應　　▌ 圖 10-12 活性氧對 DNA 的影響

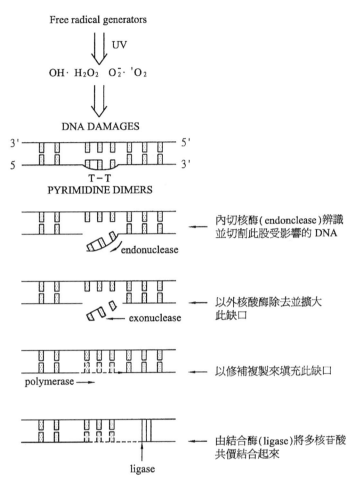

Free radical generators

$\Downarrow$ UV

$OH \cdot \quad H_2O_2 \quad O_2^- \cdot \quad {}^1O_2$

$\Downarrow$

DNA DAMAGES

3' ⟶ 5'
5 ⟶ 3'
T－T
PYRIMIDINE DIMERS

endonuclease ⟵ 內切核酶（endonclease）辨識
並切割此股受影響的 DNA

exonuclease ⟵ 以外核酸酶除去並擴大
此缺口

polymerase ⟶ ⟵ 以修補複製來填充此缺口

ligase ⟵ 由結合酶（ligase）將多核苷酸
共價結合起來

▌ 圖 10-13 活性氧對 DNA 的影響及 DNA 修補的機制

10-5 抗老化化妝品的成分與作用原理

一、隔離紫外線

皮膚的光老化是指長期的日光照射導致皮膚老化或加速老化的現象。日光中的紫外線會引起皮膚紅斑發炎和黑色素沉澱，破壞皮膚的保濕能力，使皮膚變得粗糙，皺紋增多。目前市售化妝品已經開始在抗老化妝品中添加紫外線散射劑和吸收劑等防曬成分，保護皮膚免受紫外線傷害。

二、清除過量的自由基捕捉劑

藉由化妝品配方內所添加的抗氧化成分或自由基捕捉劑，減少皮膚組織自由基活性氧的數量。

1. **黑色素(Melanin)**：可以捕捉自由基，真黑色素可以將 $HO_2\cdot$ 轉變成 O_2，且本身也是一種醌類抗氧劑。黑色素可成為自由基狀態，參與終結自由基連鎖反應。

2. **β-胡蘿蔔素(β-Carotene)**：可捕捉 $^1O_2$，見圖 10-14，保護皮膚避免產生光毒性(phototoxicity)。協助抗氧化機制將維生素 E 自由基還原成維生素 E 原態。

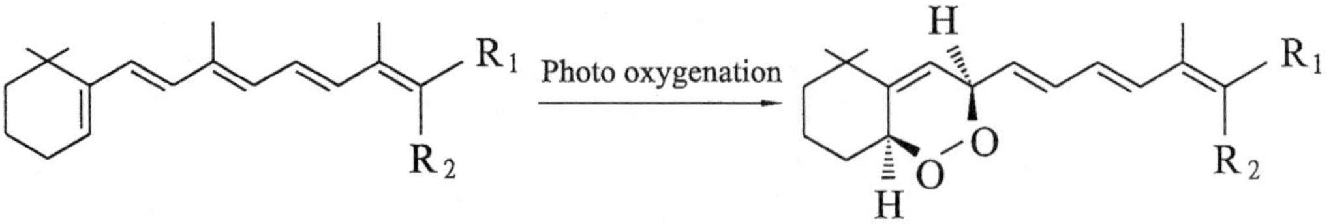

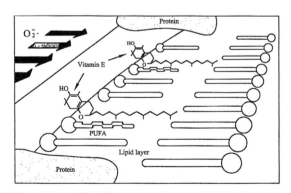

圖 10-14　β-胡蘿蔔素捕捉 $^1O_2$ 的反應機制

3. **維生素 C(Vitamin C)衍生物**：使用較安定的維生素 C 棕櫚酸酯、維生素 C 磷酸鎂與維生素 C 葡萄糖苷等等維生素 C 衍生物減少自由基對皮膚的傷害。在人體的抗氧化過程中可還原維生素 E 自由基；另外，維生素 C 也可當做輔酶促進皮膚膠原蛋白的合成。

4. **輔酶 Q_{10} 和維生素 E(α-Tocopherol)**：$CO-Q_{10}$(Ubiquinones)或稱輔酶 Q_{10}，屬於醌類脂溶性的抗氧化劑與維生素 E 排列在細胞膜上（圖 10-15）可清除自由基，避免細胞膜上的脂質被氧化，達到保護細胞膜的功用。

圖 10-15　維生素 E 及 Q_{10} 在細胞膜的保護效應

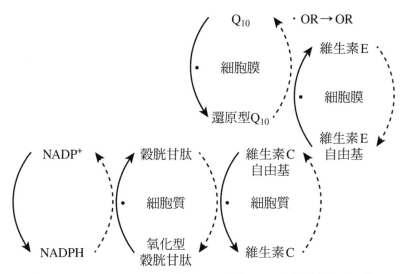

圖 10-16 各種抗氧化劑在細胞清除自由基的協同效應

　　圖 10-16 為各種抗氧化劑在細胞清除自由基的協同效應，箭頭連結則表示彼此間轉移自由基的關係，虛線箭頭是表示可以直接參與含氧自由基。維生素 E 能清除細胞膜上生成的 RO•，之後生成的維生素 E 自由基則會被細胞膜上的 Q_{10} 還原，或是被細胞膜和細胞質交界的維生素 C 還原。維生素 C 能直接減少細胞質中的 RO•，穀胱甘肽(GSH)則可以將氧化態維生素 C 轉換成還原態。

　　Trevithick 等報告乙醯化維生素 E 可捕捉高反應性的 $^1O_2$ 有效防止 UVB 照射所產的紅斑、水腫及皮膚敏感。與維生素 C 比較，維生素 E 較容易被皮膚吸收，見表 10-3，但是對亞麻油酸的抗氧化效果則沒有維生素 C 好，顯示出抗氧化劑對不同 ROS 的抗氧化效應是有選擇性及獨特性的，見表 10-4。

表 10-3　抗氧化劑對皮膚的滲透

成　分	濃　度	24 小時的累積量($\mu g/cm^2$)
α-Tocopherol	0.12M	227
Tocopheryl acetate	0.11M	840
Ascorbic acid	0.28M	65
Ascorbyl palmitate	0.12M	421

🍃 表 10-4　抗氧化劑對過氧化物的捕獲及亞麻油酸過氧化抑制的比較

抗氧化劑	HO₂ 捕獲／0.1 mM 抗氧化劑	IC-50(nM)[a]
Ascorbic acid	94	3
Tocopheryl acetate	77	73
BHT	0	0.087
Glutathione	0	
Pantethine	0	Nil
Ascorbyl palmitate	－	7
α-Tocopherol	－	0.13

a：抑制 50％亞麻油酸過氧化所需抗氧化劑的濃度。

5. **類黃酮(Flavonoids)**：有清除自由基、抗氧化的能力，可改善臉部敏感發紅、淡斑美白與除皺。類黃酮又稱生物類黃酮(Bioflavonoids)，為多酚化合物。常用的有：

   (1) 黃酮醇類(Flavonols)：為最常見的類黃酮物質，如槲皮素(Quercetin)、芸香素(Rutin)，槲皮素在紅洋蔥的含量最高，其次是黃洋蔥。

   (2) 黃酮類(flavones)或黃鹼素類：如木犀草素(Luteolin)、芹菜素(Apigenin)，分別含於甜椒和芹菜。

   (3) 黃烷酮類(Flavanones)：主要見於柑橘類水果，如橙皮苷(Hesperidin)、柚皮苷(Naringin)。

   (4) 黃烷醇類(Flavanols)：主要為兒茶素(Catechins)，綠茶中含量最豐，紅茶的兒茶素含量約減少一半，主要因茶葉發酵過程中受到氧化破壞所致。

   (5) 花青素類(Anthocyanidins)：主要為植物中的色素。

   (6) 原花青素類(Proanthocyanidins)：原花青素類為黃烷醇的多聚體，葡萄、花生皮中都含有豐富的原花青素，坊間販售的葡萄籽萃取物，其中的主要成分也是原花青素。

6. **甘露糖醇(Mannitol)**：廣布於自然界，尤其在菌類中，可捕捉羥基自由基(HO•)避免皮膚老化。

7. **超氧化歧化酶(Superoxide dismutase, SOD)**：SOD 是化妝品上常應用的一種天然酵素，一般可分三種：(1)Cu-Zn SOD 存在細胞漿液中。(2)Mn-SOD 存在粒線體中。(3)胞外 SOD 存在組織間液、血漿、淋巴液、關節滑囊液中。SOD 的立體結構為胺基酸包圍金屬離子（如：錳離子、銅離子、鋅離子等），金屬離子可歧化超氧自由基 $O_2 \cdot^-$，產生毒性較弱的 H_2O_2，減少對皮膚的威脅。其化學方程式如下：

$$Cu^{2+} + O^{2-} \cdot \rightarrow Cu^+ + O_2$$
$$Cu^+ + O^{2-} \cdot + 2H^+ \rightarrow Cu^{2+} + H_2O_2$$
$$2O^{2-} \cdot + 2H^+ \rightarrow H_2O_2 + O_2$$

8. **穀胱甘肽(Glutathione, GSH)**：GSH 能夠保護細胞抵抗自由基之傷害，是由穀胱甘過氧化酶(GSH peroxidase)（硒）催化，存在所有哺乳類動物的細胞質、粒線體基質、血漿中，間接還原過氧化物，終止過氧化物的傷害，如：$2GSH + ROOH \rightarrow GSSG + ROH + H_2O$。（氧化態的 GSSG 為還原態 GSH 之二硫化物）。GSH 也能直接和自由基反應，如：

$$protein\text{-}SH + OH \cdot \rightarrow protein\text{-}S \cdot + H_2O$$
$$protein\text{-}S \cdot + GSH \rightarrow protein\text{-}S\text{-}S \cdot \text{-}G$$
$$protein\text{-}S\text{-}S \cdot \text{-}G + O_2 \rightarrow portein\text{-}S\text{-}S\text{-}G + O_2 \cdot^-$$

因此將活性大的自由基轉為活性小的自由基。$O_2 \cdot^-$ 會再經由過氧化氫酶及超氧化歧化酶作用形成 H_2O、O_2。

9. **酚酸(Phenolic acids)**：抗氧化劑可清除自由基，常見的酚酸類物質包括咖啡酸(Caffeic acid)、阿魏酸(Ferulic acid)、沒食子酸(Gallic acid)、鞣花酸(Ellagic acid)。

10. **海藻提煉物 SPD(Superphyco dismutase)**：可抑制自由基的產生，由實驗數據得知：5% SPD 可抑制 45%的 $O_2 \cdot^-$ 自由基及 60%的 HO·自由基，避免產生過氧化脂質。由於其無毒性、低過敏、安定性佳且容易滲透，目前已引起化妝品界極高的興趣，並陸續開發出相關產品。

11. **艾地苯(Idebenone)**：是一種比較新的抗氧化物活性成分，由輔酶 Q_{10} 衍生物合成轉化而來。原先是用來治療神經退化性疾病，可以預防細胞受損，保護

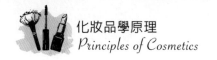

器官不受到自由基攻擊的傷害，分子量比輔酶 Q_{10} 小，所以對皮膚的滲透與吸收更佳，皮膚抗老化的效果也更好。圖 10-17 為艾地苯及輔酶 Q_{10} 的化學結構。

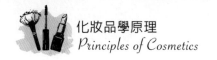

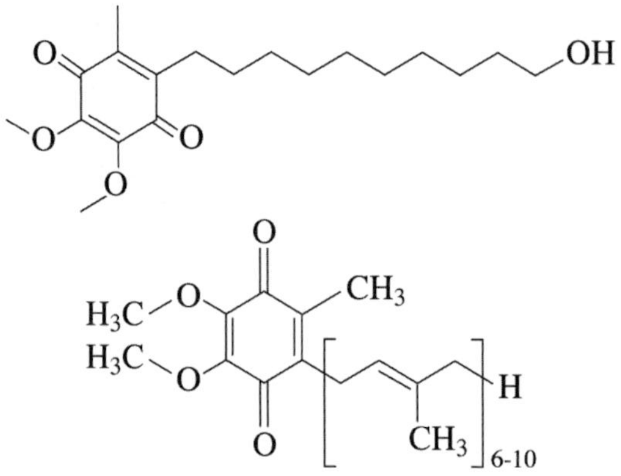

圖 10-17　艾地苯（上）與輔 Q_{10}（下）的化學結構

12. **硫辛酸**(α-Lipoic acid)：能加強其他抗氧化劑如維生素 C、E 及 Co Q_{10} 等的利用率，增強整體的抗氧化能力，尤其能對抗粒線體利用氧氣時所產生的自由基，是最佳的粒線體抗氧化劑。

三、促進細胞的再生及膠原的合成

1. **維生素 A 酸**(Retinoids)：屬於藥物，所以化妝品大多使用酯化的維生素 A 如維生素棕櫚酸酯，經由皮膚吸收後，透過皮膚輔酶的作用轉化成維生素 A 酸。使用在保養品可使表皮層增厚、加速真皮層組織的修復、使真皮層的膠原蛋白增加，達到改善膚質、消除皺紋之效。

2. **果酸**(α-Hydroxy acid)：果酸可去除皮膚表皮的死細胞，使皮膚平滑並具有保濕功效，如乳酸。果酸也參與部分的新陳代謝步驟，例如 Krebs 循環、醣分解、絲胺酸的生合成。另外，也可促進膠原蛋白成熟及黏多醣體的形成，有效去除皺紋，如甘醇酸。

3. **β-黏多醣**(β-Glucan)：是一種由葡萄糖組成的直鏈多醣體，可活化巨噬細胞(Macrophage)而產生免疫系統激素(Cytokines)及促進角質形成細胞生長因子(ECGF)和血管生長因子(AF)。可有效增加皮膚免疫防禦能力與傷口修復，增加膠原蛋白與彈力蛋白的製造，改善老化或皺紋的肌膚。

4. **胸腺萃取液(Thymus-peptide)**：從小牛胸腺萃取可增加皮膚細胞新陳代謝率與增強免疫系統，促進因紫外線破壞之纖維母細胞(Fibroblast)的再生，延緩皮膚老化。

5. **薊種子萃取物(Silybum marianum seed)**：主要含有 Silymarin 類，可穩定細胞膜與加速細胞再生，促進核糖核酸合成以治療皮膚老化。

6. **珍珠水解物(Hydrolyzed pearl)**：純珍珠水解物，含有多種胺基酸、多種礦物質及稀有元素鍶(Strontium, Sr)、硒(Selenium, Se)、鍺(Germanium, Ge)，可有效促進細胞的再生及 SOD 的活性。

7. **胎盤素(Placenta)**：從母牛胎盤所萃取的成分，含有多種酶的活性成分，增加細胞新陳代謝速率，幫助皮膚再生功能。

8. **五胜肽(Palmitoyl pentapeptide, KTTKS)**：五胜肽(Lys-Thr-Thr-Lys-Ser)是美國寶鹼公司開發的抗老化活性成分，抗皺效力同胡蘿蔔素，但對皮膚無刺激性。五胜肽是由五個胺基酸結合一個脂肪酸，結構上類似第一型膠原蛋白的前驅物。研究發現將五胜肽加入纖維母細胞培養基中，會刺激纖維母細胞回饋合成膠原蛋白、彈力蛋白等細胞外基質的生合成，屬訊息胜肽。其他如 Palmitoyl oligopeptide(Val-Gly-Val-Ala-Pro-Gly)刺激纖維母細胞、Biopepide-EL(Val-Gly-Val-Val-Ala-Pro-Gly)活化 β-轉化生長因子促進膠原生成。

9. **表皮生長因子(EGF)**：美國科學家 Cohen 博士首先發現 EGF，其由 53 個胺基酸組成的多肽，分子量約 6,000，分子結構內有三對二硫鍵，因而成分較穩定。EGF 具有廣泛的生物學效應，能促進表皮組織的生長與正常角質形成細胞的新陳代謝，在美容護膚品的應用為美白、抗皺、延緩衰老之效。

10. **基層纖維母細胞生長因子(bFGF)**：bFGF 刺激多種細胞生長，並可刺激新血管增生及膠原蛋白、彈力蛋白的自然合成，以減少皺紋並強化皮膚彈性。

11. **類胰島素生長因子(IGF-1)**：IGF-1 是肝臟因應生長荷爾蒙(human Growth Hormone, hGH)的刺激所分泌的主要細胞激素之一。IGF-1 又稱為「前進素」，可協助活化細胞分裂，並與血小板生長因子(PDGF)合作，刺激細胞 DNA 複製。IGF-1 在表皮層及真皮層細胞年輕化中扮演非常重要的角色。

12. **角質細胞生長因子(KGF)**：刺激各種細胞增生、分化調節毛髮生長、促進細胞與細胞的緊密接觸及傷口癒合。

13. **幹細胞刺激因子(SCF)**：幹細胞刺激因子具有活化各種組織細胞的功能與刺激細胞趨化與再生。

14. **三胜肽(GHK-Cu)**：又稱藍銅胜肽(Gly-His-Lys)屬訊息胜肽，可刺激纖維母細胞回饋合成膠原蛋白、酸性黏多糖基質幫助真皮層組織重組；又可當載體胜肽提供皮膚銅離子，活化 SOD 與促進膠原蛋白與彈力蛋白的連結與堆積的酵素的氨基氧化酶(Lysyl oxidase)。

四、對膽鹼素神經的抑制作用

1. **肉毒桿菌素**：當臉部的表情肌肉收縮時，牽動附著其上的皮膚而產生動態性的皺紋，隨著皮膚老化鬆弛會變得更明顯，例如抬頭紋、皺眉紋、笑紋、魚尾紋等。肉毒桿菌毒素選擇性地作用在副交感神經末梢與肌肉接合的交界處，毒素緊密的附著在神經末梢，抑制了肌肉收縮傳導因子乙醯膽鹼(Acetylcholine)的正常釋放，進而阻止肌肉收縮，控制皺紋的原理便是建基於此（圖 10-18）。注射肉毒桿菌素作用以後，神經末梢就會逐漸進行自動修補，導致肉毒桿菌素療法的功效無法永遠維持。實際療效長短要視病患體質、疾病種類及注射部位劑量而有所不同，一般來說，一次的療效平均可以持續 3~6 個月。

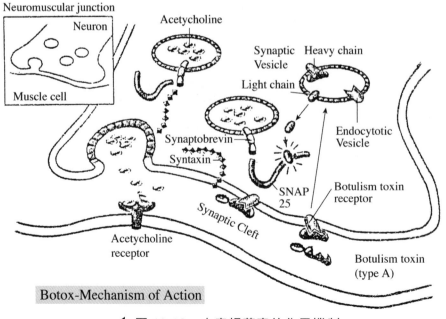

圖 10-18　肉毒桿菌素的作用機制

2. **六胜肽**(Acetyl hexapeptide-3)：人類的動態皺紋如是抬頭紋與魚尾紋。皺紋的產生是由大腦釋放出微量訊息電荷，產生兒茶酚胺(catecholamine)的分泌，觸動乙醯膽鹼囊泡及誘導複合體 SNARE complex 組裝（V 蛋白質＋S 蛋白質＋SNAP-25）。這種蛋白複合體會驅動鈣離子調控胞吐作用(Exocytosis)，帶動肌肉收縮產生。使用六胜肽(Argireline)活性成分，滲入皮膚中占據 SNAP-25 神經連結蛋白質的位置抑制 SNARE 組合，讓皺紋無法順利形成（圖 10-19）。圖 10-20 為不同天數使用六胜肽乳霜對皮膚皺紋的改善情況，Argireline 面霜塗抹臉部一個月可以看到皺紋深度有明顯的改善。

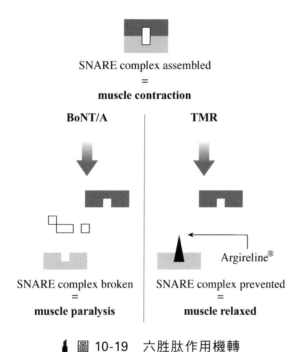

▲ 圖 10-19　六胜肽作用機轉

參考資料：http://www.centerchem.com

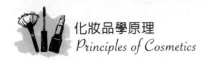
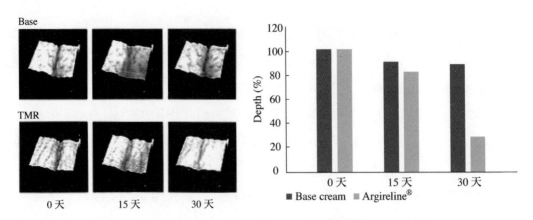

圖 10-20　不同天數使用六胜肽對皮膚皺紋的改善情況

參考資料：A. Ferrer Montiel, FEBS Letters, 435, 1998, p.84~88.

1. 來吉祥、何聰芬：Chinese Journal of Aesthetic Medicine,18(8), Aug, 2009, p.1208 ~1212

2. A. Ferrer Montiel: FEBS Letters, 435, 1998, p.84~88

3. Briand, X.; Mekideche, N.: Cosmetics & Industry, 107, Aut. 1992, p.77~80

4. 中國美容醫學 2009 年 8 月第 18 卷第 8 期，1208-1212.

5. D'Errico M, Lemma T,Calcagnile A, et a1. Cell type and DNA damage specific response of human skin cells to environmental agents. Mutat Res, 2007,614(1-2)：37-47．

Memo :

Principles of Cosmetics

Chapter
11

美體瘦身化妝品

本章大綱

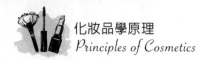

前 言

　　現代人由於生活習慣的改變，常常會因享受美食而攝取過多的熱量，但是平常又缺乏運動，以至於熱量消耗少。這樣不平衡的狀態，持續維持，隨著年齡的增長，就會造成脂肪的累積，形成局部的肥胖，而影響身體自然的曲線，因此市面上的美體瘦身產品就應運而生。不過對於使用的成效，消費者不可抱有過度的期望，終究瘦身、塑身與減肥是有所區隔的。

 ## 11-1　肥胖概論

一、肥胖形成的因素

　　肥胖形成的基本原因是攝取過多的熱量，脂肪分解後游離脂肪酸經醯基輔酶 A 合成酶作用成醯基輔酶 A，再與三磷酸甘油酯進行酯化反應形成三酸甘油酯，儲存於脂肪細胞(Adipocytes)內（見圖 11-1）。當脂肪細胞內分解速率大於酯化速率時，脂肪酸會進入血漿中並與白蛋白(Albumin)結合，再經由血液運送至各組織，在組織細胞內被輔酶 A 活化為脂肪醯基輔酶 A(Fatty acyl CoA)，然後再與肉鹼(Carnitine)結合，由醯基肉鹼轉化酶帶其進入細胞粒線體內進行脂肪酸的 β-氧化作用，產生能量。脂肪細胞負責合成、貯存、分解油脂，當身體需要能量時荷爾蒙會控制脂肪的分解，釋放出熱量，滿足身體的需求。造成肥胖的其他因素很多，例如肥胖基因、內分泌代謝失調、基礎代謝異常等。

　　脂肪細胞（見圖 11-2）可分泌相關細胞激素與作為儲存能量之場所，且脂肪細胞可分為兩大類，褐色脂肪組織與白色脂肪組織。褐色脂肪組織於出生後逐漸減少，其組織富含血管且由許多油滴堆積較小，細胞內有密集的粒線體。脂肪組織是人類儲存能量的主要地方，脂肪重量相當於男性體重的 17.5±2.5％；在女生則約占體重的 22.5±2.5％。

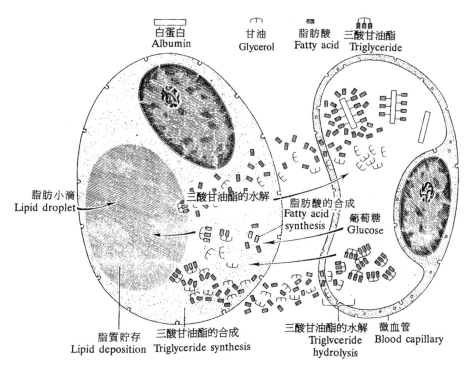

白蛋白
Albumin

甘油
Glycerol

脂肪酸
Fatty acid

三酸甘油酯
Triglyceride

脂肪小滴
Lipid droplet

三酸甘油酯的水解

脂肪酸的合成
Fatty acid
synthesis

葡萄糖
Glucose

脂質貯存
Lipid deposition

三酸甘油酯的合成
Triglyceride synthesis

三酸甘油酯的水解
Triglvceride
hydrolysis

微血管
Blood capillary

▌ 圖 11-1　自微血管運送至脂肪細胞的可能途徑及其相反的運送途徑

參考資料：L. C. Juneira, Basic Histology.

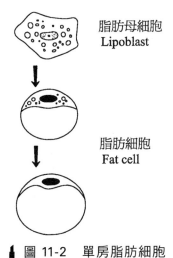

脂肪母細胞
Lipoblast

脂肪細胞
Fat cell

▌ 圖 11-2　單房脂肪細胞

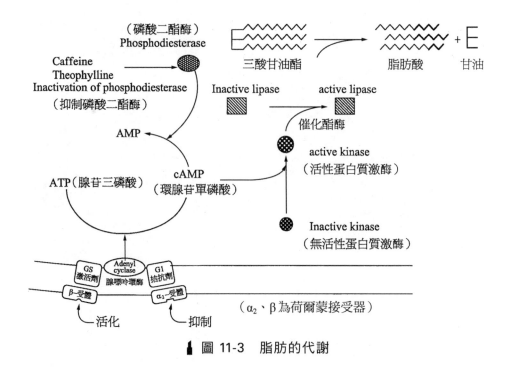

■ 圖 11-3　脂肪的代謝

二、脂肪在細胞內的分解步驟

脂肪細胞內的脂解反應（圖 11-3）步驟如下：

1. 激素作用到 β-腎腺性接受器（受體）(β-Adrengeric receptors)，刺激 G protein，使細胞膜上的腺嘌呤環酶(Adenyl cyclase)活化→第一訊息。

2. 增加腺嘌呤環酶活性會促進腺苷三磷酸(ATP)的水解作用，把 ATP 分解成環狀腺苷單磷酸(Cyclic adenosine 3'-5'-monophosphate; cAMP)，引起細胞內 cAMP 的濃度變化→第二訊息。

3. 藉由 cAMP 做為二級傳遞物質，活化無活性蛋白質激酶(Inactive kinase)。

4. 活性蛋白質激酶(Active kinase)再繼續活化仍未具有活性的脂解酶(Lipase)磷酸化。

5. 脂解酶將三酸甘油酯分解為脂肪酸與甘油。

三、女性肥胖的常見種類

1. **橘皮組織(Cellulite)型肥胖**：對女性而言，下半身局部脂肪過度堆積肥大，突出與真皮層的網狀層膠原及基質結合成硬塊狀，造成皮膚表面如波浪般凹凸不平的外觀，稱為橘皮(Orange peel skin)，俗稱浮肉。橘皮組織形成的原因有可能是因為局部脂肪過多，壓迫微血管降低血流，血壓增大導致水分向外浸透，造成水腫。接著更多體積過大脂肪細胞突出真皮層，造成淋巴循環阻塞、微血管受壓迫，血壓增大水分向外浸透，導致黏多醣體吸收大量水分，無法排除沉積下來，化學物質或廢物也無法藉由淋巴循環排除體外，將導致長期滯留，不斷累積，而使身體的局部體積逐漸浮腫，見圖 11-4。

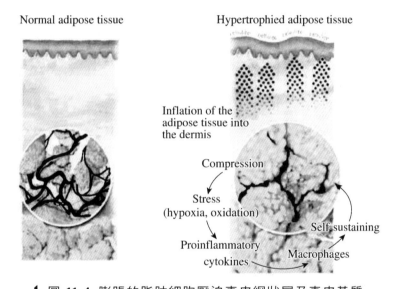

圖 11-4 膨脹的脂肪細胞壓迫真皮網狀層及真皮基質

資料來源：K, Lintner Cellulite: Evolving Technologies to Fight the 'Orange Peel' Battle.

2. **脂肪型的局部肥胖**：體內攝取過多熱量時，造成身體某部分的脂肪細胞積聚更多的油脂，脂肪細胞體積就擴增，造成肥胖。肥胖是脂肪細胞數目過多或體積變大所致，在正常情形下，過了青春期後脂肪細胞數目就不再增加，故成年前宜盡量控制體重，才能將脂肪細胞數目維持於適當量；成年後才肥胖的人，乃是脂肪細胞儲藏多餘脂肪所造成。身體脂肪的分布，取決於遺傳及荷爾蒙等因應的影響，例如女性的皮下脂肪多積聚於小腹，臀部及大腿，而男性則囤積於上腹及腰部。

3. **水腫型肥胖**：是指體內過多體液聚積在細胞間隙的狀況，會造成體內水分積聚的原因主要與細胞外液及細胞內液的鈉、鉀離子不平衡有關，造成水分無法順利排除所致，並非與水分的攝取多寡有關。顯性水腫的患者，通常體重會增加正常體重的百分之十以上，如果用手指去壓水腫的部位，會有下陷，久久無法回復正常的情形。

 11-2　如何促進身體脂肪的分解

　　脂肪代謝包括脂肪合成、體內運輸和脂肪分解。當合成速率大於分解速率時，會打破原有的平衡，導致脂肪在體內堆積增加，人體外觀型態產生改變。

　　體內脂肪的多寡受多種因素影響，除遺傳因素外，最主要的是身體所攝取的熱量與維持生理基礎代謝及活動所消耗熱量間的差異，其間的變化都是通過調控機制來調節脂肪的合成和分解。脂肪代謝的調控，不僅涉及到糖、脂肪等物質代謝之間的相互影響，而且還涉及到脂肪組織、肝臟、肌肉等許多器官和組織的功能協調。深入瞭解這些調控機制，將有助於體重的控制和體型的雕塑。

一、脂肪分解的活化

　　在生理需要熱量的情況下，身體需要消耗貯存在脂肪組織中的三酸甘油酯，可通過脂解激素的分泌增加和胰島素分泌的減少來促成。催化 β-腎上腺素受體(Adrenergic receptors)和 Ca^{2+} 的參與下，可加快脂肪進行 β-氧化和檸檬酸循環，增強最後脂肪分解的代謝。如圖 11-5，腎上腺素(Epinephrine)、正腎上腺素(Norepinephrine)、促甲狀腺素(Thyrotrophin)、促腎上腺皮質激素(Adrenocorticotropic hormore, ACTH)、生長激素(Human growth hormone, HGH)、升糖素(Glucagon)、皮質類固醇(Corticosteroids)、抗利尿激素(Vasopressin)等脂肪分解激素可通過拮抗胰島素對脂肪合成的活化作用、抑制脂肪酸合成酶 mRNA 的轉錄、降低脂肪酸合成酶活性等多種途徑增強脂肪分解速度。

　　分解後的脂肪酸需進入線粒體進行 β-氧化，體內肉鹼等物質含量高會增強脂肪酸的進入粒線體輸送，促進脂肪酸的 β-氧化。

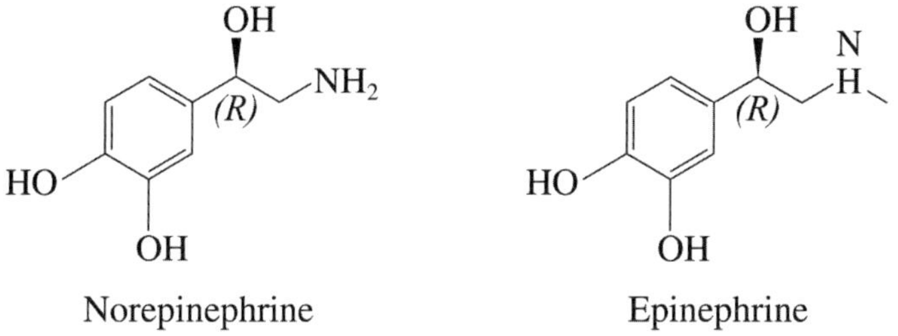

Norepinephrine   Epinephrine

▮ 圖 11-5　正腎上腺素與腎上腺素化學結構

二、脂肪分解的促進與抑制

　　脂肪的分解會因為一些神經傳導物，作用在脂肪細胞膜表面的 β-腎上腺素受體和 $α_2$-腎上腺素受體而受到調控。β-腎上腺素受體若受到活化，會幫助脂肪的分解，降低脂肪細胞的體積。另外若活化 $α_2$-腎上腺素受體，會產生阻斷效應(Blocking effect)，使脂肪分解受到抑制。

　　因此使用 β-腎上腺素受體刺激劑(β-Stimulators)，如表 11-1 所示，可可鹼(Theobromine)、茶鹼(Theophylline)、咖啡因(Caffeine)等等，或 $α_2$-腎上腺素受體抑制劑或阻斷劑，如 α-育亨賓(α-Yohimbine)、哌氧環烷(Piperoxan)、酚妥拉明(Phentolamine)，見表 11-2，皆可達到脂肪分解的作用，圖 11-6 為常見的 β-腎上腺素受體刺激劑和 $α_2$-腎上腺素受體抑制劑。由於脂肪細胞膜上有豐富的 β 和 $α_2$-腎上腺素受體來調控脂肪是否分解，因此若 β-腎上腺素受體可受到活化就可以克服 $α_2$-腎上腺素受體阻礙脂肪分解的問題。

　　增加乙醯輔酶 A 羧化酶(Acetyl CoA carboxllase)和脂肪酸合成酶的活性，會抑制脂肪的分解，幫助脂肪酸的合成。另外，NADPH 也參與脂肪酸合成，而 NADPH 的濃度受到 6-磷酸葡萄糖脫氫酶、6-磷酸葡萄糖酸脫氫酶以及蘋果酸脫氫酶的控制。因此，能夠增強三種酶活性的因素都將促進脂肪酸的合成。

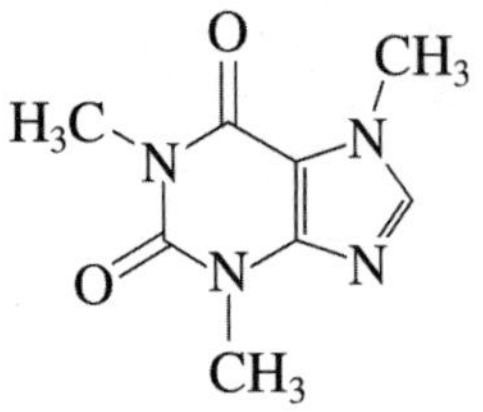

Caffeine

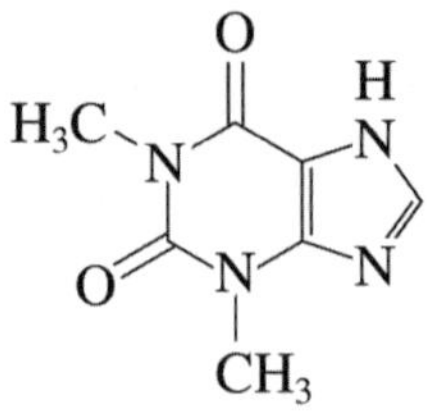

Theophylline

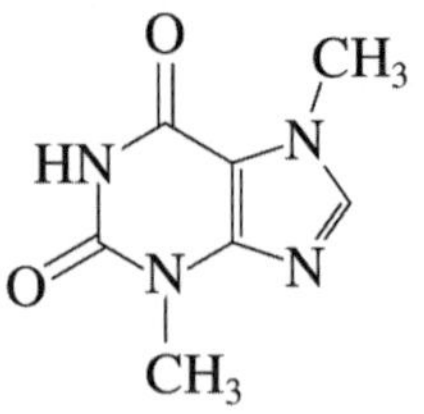

Theobromine

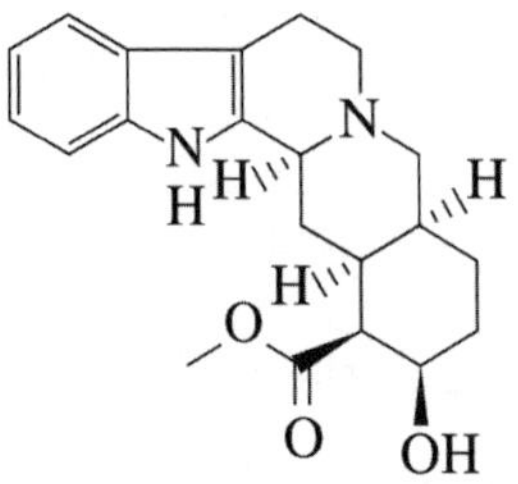

α-Yohimbine

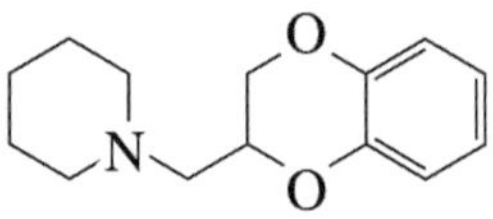

Piperoxan(Benzodioxane)

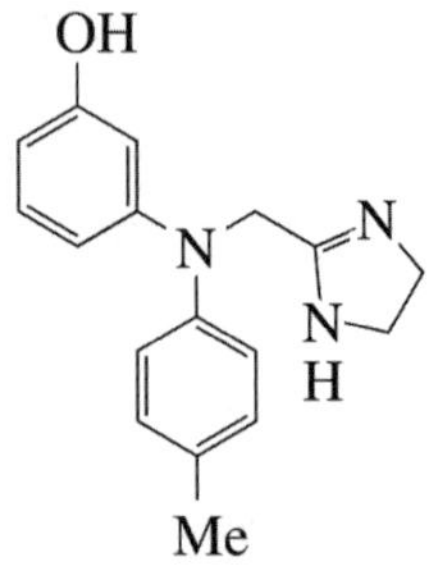

Phentolamine

圖 11-6　常見的 β-腎上腺素受體刺激劑和 α₂-腎上腺素受體抑制劑

表 11-1　β-腎上腺素受體刺激劑

- **Theobromine (3,7-dimethyl-xanthine):** An alkaloid resembling caffeine and isomeric with theophylline, contained in cacao beans, kola nuts and tea, obtained as a by-product in the manutacture of cocoa and chocolate
  Terapeutic category: Diuretic, smooth-muscle relaxant, cardiac stimulant, vasodilator
- **Theophylline (1,3-dimethylxanthine) :** An alkaloid isomeric with theobromine, obtained from tea leaves and also prepared synthetically
  Synonym: Theocin
  Therapeutic category: Diuretic, cardiac stimulant, smooth-muscle relaxant
- **Theophyllineacetic acid:** Made from theophylline and chloroacetic acid
  Synonym: Carboxymethyltheophylline
  Therapeutic category: Smooth muscle relaxant
- **Caffeine:** An alkaloid from the leaves and beans of the coffee tree, tea, guarana paste and cola nuts
  Synonyms: Caffeine, Guaranine, Methyltheobromine, Theine, 1,3,7-Trimethylxanthine
  Therapeutic category: Central stimulant

ℓ 表 11-1　β-腎上腺素受體刺激劑（續）

- **Isopropylartemol hydrochloride:** An amine alcohol similar in activity to epinephrine and norepinephrine
  Synonym: Isoproterenol
  Therapeutic category: Adrenergic (bronchodilator)
- **Epinephrine:** Principal sympathomimetic hormone produced by adrenal glands: an amine alcohol obtained from suprarenal glands or synthesized
  Synonym: Adrenalin
  Therapeutic category: L-form as adrenergic.
- **Yohimbine:** Alkaloid found in Corynanthjohimbe (Rubiaceae) and related trees, in Apocynaceae (tropical frees or shrubs of the toxi family) and in Rauwolfia serpentina (Snakeroot)
  Synonyms: Quebrachine, Aphrodine
  Therapeutic category: Adrenergic blocking agent

ℓ 表 11-2　α₂-腎上腺素受體抑制劑

- **α-Yohimbine:** Alkaloid from bark ofCorynanthejohimbe (Rubiaceae)
  Synonyms: Corynanthidine, Isoyohimbine, Mesoyohimbine, Rauwolscine
  Therapeutic category: Adrenergic blocking agent
- **Piperoxan:** Benzodioxane
  Synonyms: Fourneau, Benodaine
  Therapeutic category: la-Adrenergic blocker
- **Phentolamine:** Hypertensive
  Synonyms: Regitine, Rogitine
  Dihydroergotamine: Made from ergotamine(an alkaloid of the rye plant fungus, ergot) activity qualitatively identical with that of ergotoxin but two-thirds as strong)
  Therapeutic category: Vasoconstrictor

　　β-腎上腺素受體刺激劑可直接增加細胞內環狀腺苷單磷酸(cAMP)的濃度，促進脂肪的分解。另外，有些 β-腎上腺素受體刺激劑也可間接抑制磷酸二酯酶(Phosphodiesterase)的活性，因為磷酸二酯酶會減少 cAMP 的釋放，其中 cAMP 在脂肪細胞是三酸甘油酯水解反應的啟動者。

　　在臨床上增加 β-刺激劑和 α₂-抑制劑的濃度，所引起的效應是一樣的。所以針對身體肥胖部分的組織，局部投入美體瘦身產品，例如：增加 β-腎上腺素受體

刺激劑的濃度、磷酸二酯酶抑制劑及 α_2-腎上腺素受體抑制劑，皆可促進脂肪細胞裡脂肪油滴的分解，加速脂肪酸的釋放，減少局部脂肪的體積，重新雕塑體態。

為了達到美體瘦身的效果，需要將有助於脂肪分解的活性成分，輸送到皮下組織的脂肪細胞。因此運用高科技的活性成分載體，如微脂粒(Liposome)和超微粒(Nanospheres)是提高產品功效的一項選擇。另外，也可借助美容儀器或按摩手技來達到活性成分的吸收與作用。

三、市售減肥產品作用機制

市場已銷售多種減肥的藥品，肥胖治療藥物主要有兩個方向：改變身體吸收與消耗熱量間的平衡或減少體內脂肪的數量；其次為促進脂肪代謝機制。目前已上市的抗肥胖藥物產品有 Abbott 公司的諾美婷(Meridia)與羅氏(Roche)公司的羅氏鮮(Xenical)。前者主要會增加體內正腎上腺素、血清素濃度，降低食慾，後者則是在腸內有效阻絕 30%所攝取的油脂，未被消化吸收的油脂會隨著糞便而被排除，分別達到體重控制的效果。然而根據臨床經驗顯示，此兩種藥物都無法完全滿足肥胖者的要求，因為使用 Xenical 或 Meridia，化學結構式如圖 11-7，僅能幫助服用者減少其原本體重的 5~10%，同時最為人詬病的在於其副作用，如直腸油漏等現象，Meridia甚至有引發高血壓、增加心臟病的風險，各國已廢止該藥品的許可證。

而瘦身化妝品則是添加各種活性成分藉由塗抹及按摩，使局部脂肪分解、促進微循環系統及重建皮膚的緊實，達成美體塑身的功效，基本上與減肥的作用不同。

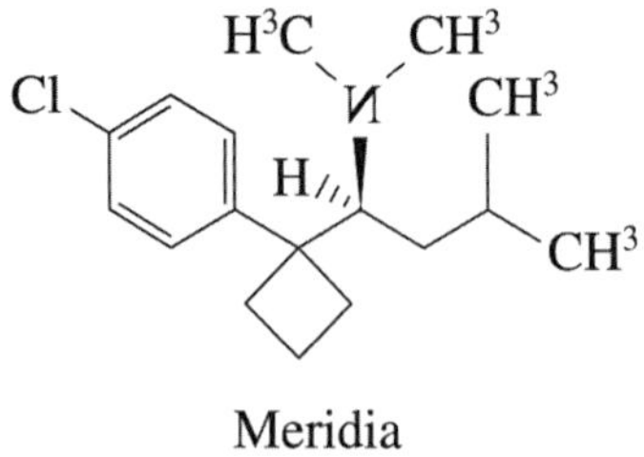

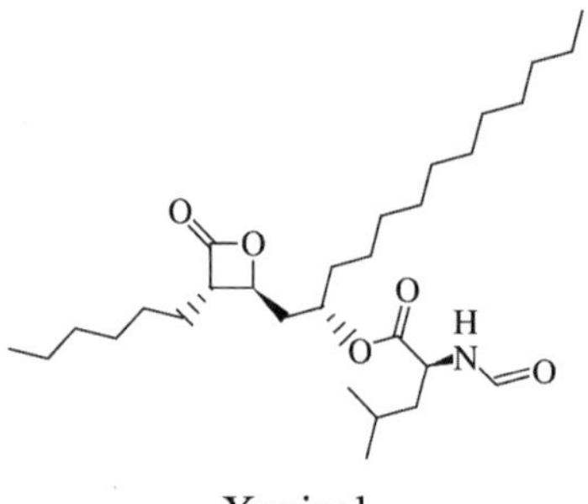

Meridia   Xenical

圖 11-7　Meridia 與 Xenical 化學結構

11-3 美體化妝品的選擇

　　當一個新的化妝品在市場上推出時，為了獲得消費者的信賴，無論在學理上依據或臨床上的實驗，都經過一群專業研究人員長時間的研究實驗而開發出來的。因此過度的懷疑與期盼，在心態上都是不正確的。例如美體化妝品常用的咖啡因(Caffeine)在皮膚的吸收實驗中，有 69.79%會滲透到皮下組織，所以才能進行脂肪的分解。由於每一個人的膚質皆不盡相同，因此使用化妝品的有效性也就有所差異。所以在選用美體（瘦身、塑身一詞不能用於化妝品）化妝品時，應該先瞭解自己肥胖部位的原因及性質，再選擇適當的產品，並配合正確的使用方法，方可發揮其最大的功效。

1. **脂肪型的局部肥胖**：高熱量食物攝取過多，造成皮下脂肪增厚，應該選用可促進血液的微循環，提供細胞更多氧氣供應，及能使脂肪分解的成分。

2. **水腫型的肥胖**：組織的水分無法順利排除，所以應該選用能幫助電解質平衡、促進淋巴循環、水分的排除及利尿作用的成分。

3. **橘皮**：在醫學上並沒有藥物可直接治療浮肉所造成的症狀，如浮腫、疼痛，而只將它視為女性皮下脂肪防組織變質罷了。而專業美體中心針對這方面問題的改善，除了使用促進脂肪分解與促進淋巴循環的美體成分外，並搭配淋巴引流按摩手技、電療法、真空吸引按摩、射頻或雷射溶脂及紅外線熱分解法，重新改善真皮與皮下組織的微循環，幫助組織殘留物的鬆弛和排除，回復結締組織的柔軟度及彈性。

11-4 美體化妝品的成分及作用原理

　　美體化妝品配方通常是屬複式組合，組合各種活性成分，針對脂肪的分解、促進微循環系統及重建緊實不鬆弛的皮膚，達成美體的功效。

一、幫助脂肪分解

1. **酵素類(Enzymes)**：脂肪分解過程中，參與輔助的工作。

   (1) 環腺苷單磷酸(cAMP)：做為二級傳遞物質，活化無活性的蛋白質激酶，再繼續使脂解酶(Lipase)磷酸化產生活性。

   (2) 肉鹼(Carnitine)：結合脂解後所產生的游離脂肪，再由醯基肉鹼轉化酶帶其進入細胞粒線體內進行脂肪酸的 β-氧化作用，使細胞無法貯存多餘的三酸甘油酯。

   (3) 醯基輔酶 A(Coenzyme A)：參與游離脂肪酸的 β-氧化作用。

2. **甲基黃嘌呤類(Methylxanthines)**：從茶葉、咖啡、可可、可樂、瓜拿那(Guarana)等，萃取其中可幫助脂肪分解的成分。咖啡因(Caffeine)、茶鹼(Theophylline)、可可鹼(Theobromine)、醋酸茶鹼(Theophylline acetic acid)、乙烯二胺茶鹼(Aminophylline)等都屬於 β-腎上腺素受體刺激劑或磷酸二酯酶抑制劑，可活化脂解反應，幫助脂肪分解。表 11-3 為添加促進脂肪分解成分的美體化妝品對大腿腿圍尺寸減小的測試結果，使用一個月後平均約可以減少 1 寸。

表 11-3　使用解脂成分對大腿尺寸減小的測試結果

活性成分	受測人數	使用天數	活性成分	腿圍減少（吋）
Aminophylline	· 5 名肥胖者	28	3~10%	0.75
	· 5 名 27~47 歲肥胖者	28	（控制）	0.50~1.25
	· 28 名肥胖者	49	10%	0.25
	· 23 名肥胖者	42	10%	0.5~0.75
Aminophylline/ yohimbine	5 名肥胖者	28	N/A	0.5~1.75
Caffeine/Theophylline/ Herbal extracts	20 名正常身材者	30	7%	1.0（平均 5%）
Caffeine/L-carnitine/CoA	25 名正常身材者	28	5%	1.64（平均 8.2%）
Theophyllineacetic acid/Methyl silanetriol	· 9 名正常身材者	30	6%	0.75~1.25
	· 15 名正常身材者	60	6%	1.25~2.75
Mannuronic acid/ Methylsilanetriol	10 名正常身材者	50	5%	0.25~1.25

3. **綠茶萃取**：綠茶成分中含有兒茶素能抑制脂肪細胞的增殖和脂肪合成，咖啡因能夠促進正腎上腺素誘導脂肪分解，因此對脂肪細胞增殖和脂肪代謝有調節作用，預防肥胖功能。

4. **矽烷醇類(Silanol)**：矽烷醇(Silanol)、甲基矽三醇(Methyl silanol)含有 Si 的成分，可直接活化脂肪細胞膜上的受體，激化 cAMP 的合成，促進脂肪的分解。另外矽烷醇類衍生物咖啡因矽烷醇 C 透過 cAMP（環腺苷單磷酸）的作用刺激分解油脂，也可抑制脂蛋白脂肪生成酵素，減少三酸甘油酯在脂肪細胞中的形成和沉積。咖啡因矽烷醇不僅可解脂，同時又可緊實皮膚組織及抗發炎。

5. **有機碘(Organic iodide)**：類似甲狀腺激素，可活化 β-腎腺性素受體，幫助脂解作用。

6. **羥基檸檬酸鹽(Hydroxycitrate)**：來自木槿屬植物(Hibiscus plants)或藤黃果的(Garcinia cambodia)萃取，可以抑制碳水化合物轉換成脂肪；干擾檸檬酸循環(Krebs cycle)及限制脂肪酸的合成。

7. **咖啡豆醇(Cafestol)**：阻斷低密度脂質(LDL)受體的合成，防止脂肪酸進入脂肪細胞，儲存三酸甘油酯，產品配方可以改善橘皮組織，化學結構見圖 11-8。

8. **海罌粟鹼(Glaucine)**：類似正腎上腺素可抑制前脂肪細胞(Pre-adipocyte)成熟，限制脂肪細胞體積進一步增加，化學結構見圖 11-9。

9. **Carapa guyanensis & Irvingia gabonensis seed 萃取**：抑制甘油醛 3-磷酸脫氫酶(G3PDH)降低前脂肪細胞熟化。

10. **柴胡根部萃取液(Bupleurum falcatum)**：具有抑制磷酸二酯酶作用及刺激 cAMP 生成，可加速促進脂肪分解，改善橘皮組織。

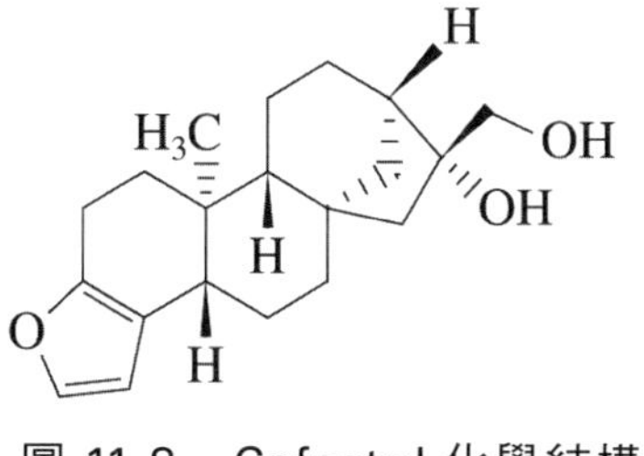

▌ 圖 11-8　Cafestol 化學結構 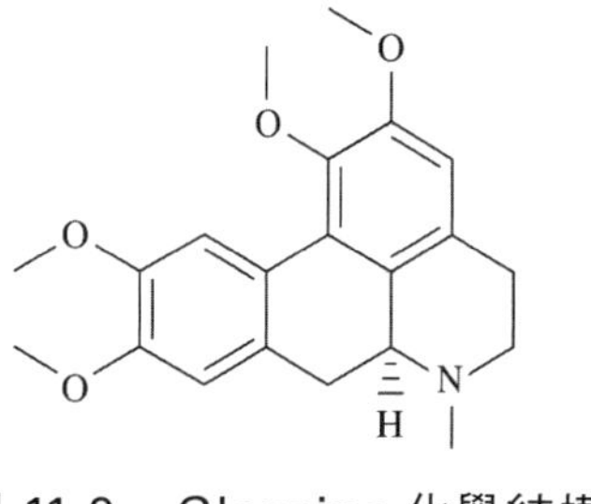　　▌ 圖 11-9　Glaucine 化學結構

二、促進循環及組織修復作用

1. **矽烷醇類**：Silanol 可修復膠原與彈性纖維之連接，恢復肌膚的彈性，並幫助破裂血管滲出物的排除，消除水腫，改善微循環系統。

2. **有機酸類**：果酸、A 酸可刺激玻尿酸、膠原與彈性纖維的合成，填補脂肪分解後的空隙，使表皮皮膚緊實不鬆弛，防止皺紋產生。羥基檸檬酸除了具有果酸的功效外，亦可使葡萄糖轉化為脂肪的酵素受到抑制，減少脂肪的合成。

3. **醣蛋白**：利用含黏多醣體或酪蛋白成分，幫助緊膚、除皺。

4. **常用於瘦身的植物萃取液**：一般作用為利尿、行血、修復、緊膚、分解脂肪。
   (1) 常春藤(Ivy)：傳統的減肥植物，具分解脂肪、抗發炎、水腫作用。
   (2) 海藻(Algae extract)：含多種微量元素、有機碘及維生素，具減肥、去脂、調節皮脂溢漏及柔軟作用。
   (3) 馬尾草(Horsetail)：含有多種微量元素，活化體內酵素作用，促進傷口癒合及新陳代謝。並有除皺、去脂作用。
   (4) 繡線菊(Meadowsweet)：促進血液循環、緊膚、收斂及抗水腫。
   (5) 人參(Ginseng)：促進蛋白質的合成、強化組織能力、防止皮膚鬆弛、促進皮膚柔軟平滑。
   (6) 馬栗樹(Horse chesnut)：促進血液、淋巴循環，具利尿及收斂作用。
   (7) 銀杏(Ginkgo-biloba)：促進血液、淋巴循環，具抗老化作用。

5. **常用於瘦身的精油**：一般作用為利尿、行血發汗、排毒、緊膚、促進脂肪燃燒。
   (1) 杜松(Juniper oil)：排除血液中毒素，促進代謝機能、利尿。
   (2) 迷迭香(Rosemary oil)：利尿、促進血液循環、收斂減肥後皮膚鬆垮態、達到緊膚塑形效果。
   (3) 檀香(Sandalwood oil)：利尿、調整腸胃功能、恢復器官張力。
   (4) 茴香(Fennel oil)：促進脂肪新陳代謝、利尿、促進腸胃蠕動。
   (5) 楓子香(Galbanum oil)：促進人體彈力蛋白及膠原蛋白之形成、恢復肌膚彈性、緊膚。
   (6) 肉桂(Cinnamon)：促進脂肪代謝物之排除以達減肥效果、去除水分之滯留加速排水排毒作用。

(7) 絲柏(Cypress)：促進脂肪分解，緊膚塑形。

(8) 茶樹(Teatreeol1)：活化淋巴、強化免疫功能、活化組織修復能力、加速代謝及脂肪代謝物之排除。

(9) 洋芫荽(Parsley oil)：強力利尿，促進排水機能，消除水腫肥胖。

(10) 薰衣草(Leavender)：去除瘀塞排除多餘水分與毒素、消除減肥後皮膚鬆垮狀態、促進代謝。

(11) 黑胡椒精(Black pepper oil)：迅速排除人體多餘水分，消除水腫、排毒、促進血液循環，提升血液含氧量，幫助脂肪燃燒，促進脂肪代謝。

(12) 天竺葵(Geranium oil)：排除水分及毒素，消除水腫。

(13) 山艾(Sage)：放鬆肌肉，消除肌肉型肥胖與消除水腫（少量即可，不可過量）。

1. 中華民國肥胖研究學會

2. 馬躍，河南化工，27(2), 2010, p.41~42, 27

3. BiotechMarine: www.biotechmarine.com

4. Curri, S. B.; Bombardelli, E.: Cosmetics & Industry, 109(9), Sep. 1994, p.51~65

5. Darconte, L. A.: Soap/Cosmetics/Chemical Speciaties, Sep. 1991, p.32~36

6. Deweck, T.: Soap Perfumery and Cosmetics , 68(10), Oct . 1995, p.45~49

7. Johnson, G. B.: Medical Pharmacolqy, p.133~151

8. Juneira, L. C.; Carneiro, J.: Basic Histology, p.151~158

9. Lintner, K.: Cosmetics & Toiletries,124 (9), Sep. 2009, p.74~80

10. Mekideche, N.; Briand, X.: Soap Perfumery and Cosmetics, 67(3), Mar. 1994, p.73~78

11. Omelia, J.: Drug and Cosmetics Industry, Sep. 1994, p.53~60

12. Pugliese, P. T.: Skin Inc. Nov. / Dec. 1992, p.41~46

13. Salvo, R. M.: Cosmetics and Toiletries, 110(7), Jul. 1995, p.50~59

14. Smith, W. P.: Cosmetics and Toiletries, 110(7), Jul. 1995, p.61~70

15. Woodruff, J.: Manufacturing Chemist, 67(4), Apr. 1996, p.38~41

16. Yaniga, D.: Skin Inc, 7(2), Mar / Apr. 1995, p.50~55

Principles of Cosmetics

芳香與止汗制臭用化妝品

本章大綱

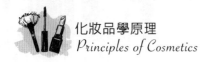

前 言

香料進入人類文明的歷史已經非常久遠，早期用來作為宗教儀式中燃燒芳香的樹木，相信芬芳的香味有驅除邪魔、遠離恐懼的作用，而芳香的煙霧可與天神溝通求得神奇的力量。在死者的木乃伊製作中使用芳香物質，代表恭敬並且有防腐、殺菌的作用。沐浴之後以具有香味的油膏塗抹身體，可使身體散發宜人的香味。這種芳香稱為 Perfume，這字源於拉丁文；per 意為「貫穿」，fume 意為「煙」。

時到今日，香料的應用層面已非常廣泛，香精添加在化妝品，可散發出令人愉悅的芳香，增加產品的附加價值，塗擦香水可掩飾身體的味道，不同的芳香展現出個人獨特的魅力，拉近人與人之間的距離。近年來，天然精油的運用非常流行，除了可當作心理或精神上的天然安定劑或刺激劑外，在生理上也具有和類固醇藥物相當的抗發炎作用，如樟腦活性為止痛、抗感染和止咳等，薄荷被應用在止咳、止癢和止痛等。而利用植物的芳香療法，目前正受到業界的喜愛和重視。

 ## 12-1　香水概論

一、香水的類別

混合多種香料，並將它們溶於酒精溶劑中而熟成的產物稱之為香水，其中香料的來源可分別來自天然的動物及植物香料或人工合成香料。一般而言，香水的賦香率越高者，其香味的持續性越久，而不同種類的精油，其香味的持續性也會有所差別。

香水依其賦香率的高低，一般分為五大類（賦香率：即 100 公克的溶液中所含香料的百分比）。

1. **濃縮香水(Perfume)**：賦香率 20%以上，香味約可持續 8~12 小時，香水中的最高等級。

2. **香水**(Eau de perfume, E.D.P.)：賦香率 15~20%，香味約可持續 6~8 小時。

3. **香露**(Eau de toilette, E.D.T.)：賦香率 8~15%，香味約可持續 4~6 小時。

4. **古龍水**(Eau de cologne)：賦香率 4~8%，香味約可持續 1~2 小時。

5. **淡香水**(Eau fraiche)：賦香率為 1~3%。

　　香水是由不同的香料組合而成，且香料彼此間的揮發程度不同，因此擦拭香水後通常會隨著時間而呈現出不同的香味，依其揮發的特性區分有前味、中味和後味三種。

1. **前味**(Top note)：前味一般由揮發性高的香料組成香氣持續時間在 10 分鐘左右，前味常選用檸檬、佛手柑、桃、李...等果香型香料和橙花、丁香、玫瑰等花香型香料。

2. **中味**(Middle note)：香氣的主要部分，緊接著前味的香氣。持續時間在 4 小時左右，是香水香型的主題，可選用玫瑰、茉莉、鈴蘭、依蘭花等花香型香料與鼠尾草、鳶尾草、薄荷、荳蔻等苔蘚花香型香料。

3. **後味**(Base note)：香水留下的最後香氣，是香水中持香最久的部分，也是揮發最慢的部分，主要由揮發性較低的香料組成。香氣持續時間在 4 小時以上。常用的後味香料可選用麝香、龍涎香、靈貓香等動物香與檀香木、雪松等木香。

二、香水的香調

　　香水可依其香調來加以分類，讓消費者方便選擇自己喜愛的香調，而香料的分類法則通常也是依香調來區分，以下是市面常見的一些香調：

1. **花香調**(Floral note)：以玫瑰、紫丁香、茉莉、鈴蘭等其中一種花香味為主體的香調。

2. **花束香調**(Bouquet note)：由多種花香組合而成的香調。

3. **柑橘香調**(Citrus note)：以檸檬、柳橙、佛手柑、葡萄柚等柑橘系的香料為主體的香調。

4. **綠花香調**(Green note)：以青草、綠葉的青草香結合花香而成的香調。

5. **乙醛花香調(Aldehydic floral note)**：具有醛香特色的花香。

6. **東方香調(Oriental floral note)**：調合木質香、動物香為主體的香調。

7. **柑苔香調(Chypre note)**：調合櫟木苔、柑橘、茉莉、玫瑰、木質香、麝香等多種香味而成的香調。

8. **果香調(Fruity note)**：非柑橘類的果實香氣。而是以桃子、草莓、葡萄、蘋果等水果的清淡香味而成的香調。

9. **苔香調(Lancoste note)**：以青苔特徵為主的香調。

10. **木質香調(Woody note)**：以白檀木、雪松、薄荷木等木材香味而成的香調。

11. **皮草香調(Leather tabaco note)**：調合皮革、菸草等男性化香味而成的香調。

12. **東方辛辣香調(Oriental spicy note)**：以胡椒、胡荽子等辛辣香味而成的香調。

13. **琥珀香調(Amber note)**：以樹脂特殊濃郁香味而成的香調。

常見的香水品牌之香調列舉如表 12-1 所示。

表 12-1　常見的香水品牌之香調

	前　味	中　味	後　味
ENVY(GUCCI)香調：花束香調	香草、風信子、鈴蘭	鈴蘭、茉莉、紫蘿蘭	鳶尾花、麝香、木香
CO CO(CHANEL)香調：琥珀辛香調	花香、果香調	辛辣花香調	琥珀香草調
GUCCI NO.3(GUCCI)香調：乙醛花香調	芫荽、綠葉、香檸檬	玫瑰、茉莉	鳶尾花、琥珀
PACO(PACO RABANNE)香調：柑苔香調	柑橘、檸檬、西瓜	天竺葵、胡椒	櫟木苔、麝香、琥珀、檀香
JAGUAR FOR MEN(JAGUAR)香調：柑苔皮革調	佛手柑、葡萄柚、柑橘	檀香、丁香、葵香	麝香、琥珀、皮革香
OPIUM(Y.S.L)香調：東方香調	茴香、黑醋栗	薑、胡椒	木質香、琥珀
PASTEL(GRES)香調：綠花香調	橙花、睡蓮	百合、風信子、伊蘭、野薑百合	檀香、麝香、鳶尾花
FARRENHEIT(CHRISTIAN DIOR)香調：木質花香調	檀木、雪松	忍冬、山楂	乳香、蘇合香

表 12-1　常見的香水品牌之香調（續）

	前　味	中　味	後　味
SUNFLOWER(ELIZABETH ARDEN)香調：果香調	佛手柑、西瓜、水蜜桃	櫻草、茉莉、茶花	山木香、白檀木、橄欖
TUSLANY 香調：東方花香調	風信子、玫瑰、佛手柑、香柏、洋甘菊、甘椒	茉莉、忍冬、紫羅蘭、牡丹、康乃馨、伊蘭	檀香、琥珀、香草、麝香

12-2　芳香精油概論

　　由植物的花朵、樹葉、莖、根及樹皮中提煉出具有芳香成分的植物精油，以做為健康及美容用途。精油在化妝品及芳香療法方面具有相當高的價值，例如舒緩壓力、振奮精神、增加抵抗力、降低發炎症狀、促進身體健康等。因此正確的使用精油可使精神、心理及生理上得到適當的調理。例如在歐美，醫師在為病人做腦部斷層掃描時，會先讓病人聞些芳香精油，以降低病人心中的恐懼感；心理醫生在為病人催眠時，會先讓其聞些香味，以幫助其放鬆心情，這些都說明了芳香精油的應用價值。

　　常見精油名詞定義有：

1. 精質：植物體中特化的分泌細胞所合成具有強烈香氣的物質。

2. 精油：利用蒸餾法萃取植物中的精質產物。

3. 原精：利用脂吸法或溶劑萃取法，直接從植物體內取得的物質，如茉莉、橙花和玫瑰等花瓣類香氣物質。

一、精油的作用途徑

1. **經皮吸收（化妝品的功效）**：將精油添加在化妝品或直接稀釋在基礎油中，然後藉由塗敷及按摩皮膚的方式，使其慢慢經由皮膚吸收，促進血液、淋巴循環。循環代謝機能正常，可有效幫助皮膚對養分的吸收及廢物的排除，使皮膚機能再生、免疫能力增強，回復健康的皮膚狀態。

2. **經由呼吸管道吸入（芳香療法）**：將精油藉由薰蒸法或沐浴法的方式，使帶著濃郁芳香氣味的精油分子擴散到空氣中，透過鼻腔吸入，再由神經細胞傳導刺激大腦。其影響所及，從自主神經、血液循環、內分泌系統、消化與排泄系統等都可得到全面性的調理。另外，香氣的吸入，可使害怕、緊張及壓力等心理不安的情緒獲得舒緩，讓心神趨向安寧平穩。

　　例如：柑橘、茉莉的芳香物質會產生暫時性的負離子變異(Cotingent negative variation)使腦部產生刺激興奮，薰衣草、檀香可增加腦部的 α 及 β 波而產生放鬆舒暢的感覺，茉莉可增加腦部高頻率 β 波，使人感覺有精神和活力。另外在生理方面有些植物的芳香物質則具有促進心臟收縮，使血液循環加快或使肌肉放鬆、舒緩、鎮靜的功效。

二、精油所含的化學性質

　　低分子量有機物質在常溫下可揮發，滴在紙上不殘留永久性的油跡、有特殊的氣味可保護植物免受病菌的侵害。具有較高的折光率，大多數有光學活性，化學組成及構造非常複雜，有效主成分和其他副成分會協同作用、平衡彼此，因此造就目前精油的用途繁多且複雜。熱、陽光、空氣及濕度都會破壞精油，儲存精油的容器必須是深色且與空氣隔絕的，儲存的環境必須乾燥及陰冷。

1. **萜類(Terpenes)**：具有滋養、抗發炎、抗感染、促進循環、鎮靜的作用。
2. **萜醇類(Terpenic alcohols)**：具有制菌、激勵作用、血管收縮的作用。
3. **醛類(Aldehydes)**：具有防腐、消炎、鎮靜的作用。
4. **酮類(Ketones)**：具有促進血液循環、消炎、傷口癒合的作用。
5. **酚類(Phenols)**：具有制菌、發熱的作用。
6. **酯類(Esters)**：有香味，具制菌、抗菌、鎮靜的作用。

三、市面常見的精油與效用

　　以下介紹的精油與效用，分別為添加在化妝品內，對肌膚及身體所產生的效用或利用純精油藉由薰蒸的方式所產生的芳香療法效用。

1. **檸檬(Lemon)**：萃取部位為果皮。檸檬對肌膚與身體的作用，以及芳香療法上的應用詳見表 12-2。

🥄 表 12-2　檸檬對肌膚、身體的作用及芳香療法上的應用

對肌膚的作用	對身體的作用	芳香療法上的應用
• 溫和美白作用，晦暗肌膚及雀斑其有美白脫色作用 • 收斂作用，對於油性肌膚具有調節作用，可收縮毛孔	• 改善體內水分滯留、促進新陳代謝 • 使血液循環順暢，有助於舒張壓力及靜脈曲張	• 提神、恢復疲勞、清新身心 • 幫助集中注意力，振奮心靈

2. **天竺葵(Geranium)**：萃取部位為葉、花。天竺葵對肌膚與身體的作用，以及芳香療法上的應用詳見表 12-3。

🥄 表 12-3　天竺葵對肌膚、身體的作用及芳香療法上的應用

對肌膚的作用	對身體的作用	芳香療法上的應用
• 消炎、消菌，具清潔作用 • 刺激老化肌膚再生 • 治療毛孔阻塞、調理粉刺	• 消除肌肉痠痛及安撫神經痛 • 可減輕蜂窩組織炎	• 穩定不安情緒，舒解壓力，放鬆緊繃的神經 • 濃郁香味，類似玫瑰，可改善沮喪、焦慮、失眠等

3. **甘菊(Chamomile)**：萃取部位為花朵。甘菊對肌膚與身體的作用，以及芳香療法上的應用詳見表 12-4。

🥄 表 12-4　甘菊對肌膚、身體的作用及芳香療法上的應用

對肌膚的作用	對身體的作用	芳香療法上的應用
• 給予肌膚細胞再生滋養功效 • 退紅腫、舒緩鎮靜、止癢、止痛	• 減輕絞痛及痙攣	• 緩和易怒、暴躁、煩悶等情緒，可鎮靜、鬆弛、甜暢睡眠

4. **肉荳蔻**(Nutmeg)：萃取部位為硬殼果。肉荳蔻對肌膚與身體的作用，以及芳香療法上的應用詳見表 12-5。

表 12-5　肉荳蔻對肌膚、身體的作用及芳香療法上的應用

對肌膚的作用	對身體的作用	芳香療法上的應用
・促進血液循環 ・對毛髮有益	・舒緩疼痛，放鬆緊繃的肌肉 ・振奮作用、促進循環，改善體質	・氛香濃郁，可激勵精神，使人清新有活力 ・防止噁心、嘔吐

5. **松針**(Pine needle)：萃取部位為松樹嫩枝。松針對肌膚與身體的作用，以及芳香療法上的應用詳見表 12-6。

表 12-6　松針對肌膚、身體的作用及芳香療法上的應用

對肌膚的作用	對身體的作用	芳香療法上的應用
・提供肌膚氧氣，促進循環，幫助傷口癒合 ・安撫敏感肌膚	・殺菌、舒解疼痛	・消除疲勞、肌肉痠痛

6. **絲柏**(Cypress)：萃取部位為樹皮、葉子。絲柏對肌膚與身體的作用，以及芳香療法上的應用詳見表 12-7。

表 12-7　絲柏對肌膚、身體的作用及芳香療法上的應用

對肌膚的作用	對身體的作用	芳香療法上的應用
・調理油膩及老化肌膚 ・促進傷口癒合及消腫 ・具殺菌及收斂作用	・抗蜂巢組織、靜脈曲張、瘦身 ・幫助淋巴循環，排除廢液	・除臭、消毒、預防感染 ・鬆弛身心、舒緩情緒、淨化心靈

7. **薰衣草(Lavender)**：萃取部位為開花中的薰衣草。薰衣草對肌膚與身體的作用，以及芳香療法上的應用詳見表 12-8。

📎 **表 12-8 薰衣草對肌膚、身體的作用及芳香療法上的應用**

對肌膚的作用	對身體的作用	芳香療法上的應用
• 安撫肌膚並幫助皮脂分泌均衡，具制菌及抗發炎等功效 • 激勵細胞的再生，可促進受傷肌膚快速復原	• 刺激細胞再生，增進新陳代謝 • 抗壓、抗感染	• 具鎮靜、放鬆心情、安眠等作用，可消除沮喪

8. **白千層(Cajuput)**：萃取部位為嫩枝及葉。白千層對肌膚與身體的作用，以及芳香療法上的應用詳見表 12-9。

📎 **表 12-9 白千層對肌膚、身體的作用及芳香療法上的應用**

對肌膚的作用	對身體的作用	芳香療法上的應用
• 調節皮脂分泌量，改善毛孔粗大及油性皮膚	• 按摩可減輕發炎疼痛 • 安撫神經性疾病、抗痙攣 • 改善呼吸系統疾病	• 加強集中注意力、幫助思考 • 預防呼吸道感染 • 安撫感冒、咳嗽與流鼻水症狀

9. **玫瑰(Rose)**：萃取部位為花朵。玫瑰對肌膚與身體的作用，以及芳香療法上的應用詳見表 12-10。

📎 **表 12-10 玫瑰對肌膚、身體的作用及芳香療法上的應用**

對肌膚的作用	對身體的作用	芳香療法上的應用
• 使細胞組織再生及緊實 • 調理發炎肌膚及促進血管收縮，尤其乾燥及敏感、粉刺皆有改善之效	• 改善循環系統毛病、毛細血管破裂、靜脈曲張 • 促進女性荷爾蒙分泌及舒緩生理痛	• 濃郁的香氣使身心舒暢、精神愉快，有催情作用 • 提升睡眠品質 • 撫平情緒、減輕憂鬱

10. **迷迭香(Rosemary)**：萃取部位為花朵、葉子。迷迭香對肌膚與身體的作用，以及芳香療法上的應用詳見表 12-11。

表 12-11　迷迭香對肌膚、身體的作用及芳香療法上的應用

對肌膚的作用	對身體的作用	芳香療法上的應用
<ul><li>促進頭髮及指甲健康生長</li><li>調理不潔、油膩皮膚</li><li>改善粉刺、皮膚炎，具收斂作用</li></ul>	<ul><li>可幫助降低血液中膽固醇的含量，同時治療蜂窩組織炎</li><li>可鎮靜止痛，按摩可減輕風濕及關節炎疼痛</li></ul>	<ul><li>保持頭腦冷靜，集中注意力與記憶力</li><li>提神並可鬆弛緊張情緒</li></ul>

11. **檀香(Sandal wood)**：萃取部位為木材。檀香對肌膚與身體的作用，以及芳香療法上的應用詳見表 12-12。

表 12-12　檀香對肌膚、身體的作用及芳香療法上的應用

對肌膚的作用	對身體的作用	芳香療法上的應用
<ul><li>強化細胞組織，促進再生功能</li><li>具有輕微的收斂功效，能有效制菌，可調理油性肌膚及粉刺</li></ul>	<ul><li>改善蜂窩組織炎</li><li>消炎、制菌、淨化</li><li>促進循環、改善靜脈曲張</li></ul>	<ul><li>排除焦慮、煩惱、鎮定</li><li>改善上呼吸道發炎</li></ul>

12. **鼠尾草(Sage)**：萃取部位為草。鼠尾草對肌膚與身體的作用，以及芳香療法上的應用詳見表 12-13。

表 12-13　鼠尾草對肌膚、身體的作用及芳香療法上的應用

對肌膚的作用	對身體的作用	芳香療法上的應用
<ul><li>調理循環，加速皮膚的氧氣交換</li><li>具收斂、止汗、制菌作用，可改善發炎皮膚、濕疹、粉刺，抗感染</li></ul>	<ul><li>促進淋巴流動及舒緩肌肉</li><li>鎮定、安撫、抗感染</li></ul>	<ul><li>鎮靜、舒緩情緒，減輕內心沮喪</li><li>恢復頭部的敏感性與精神，增強記憶力</li><li>預防感冒</li></ul>

13. **茶樹(Tea tree)**：萃取部位為葉子。茶樹對肌膚與身體的作用，以及芳香療法上的應用詳見表 12-14。

🖌 表 12-14　茶樹對肌膚、身體的作用及芳香療法上的應用

對肌膚的作用	對身體的作用	芳香療法上的應用
• 具收斂、殺菌作用，可預防感染 • 美白、雀斑、粉刺	• 殺菌（如黴菌引起之陰道炎、香港腳、口炎、口瘡） • 增強免疫系統，加強身體抵抗力	• 鎮靜、安撫情緒 • 使頭腦清新、恢復活力 • 預防感冒

14. **丁香(Cloue)**：萃取部位為花、葉。丁香對肌膚與身體的作用，以及芳香療法上的應用詳見表 12-15。

🖌 表 12-15　丁香對肌膚、身體的作用及芳香療法上的應用

對肌膚的作用	對身體的作用	芳香療法上的應用
• 強效抗菌作用 • 調理鬆弛及晦暗肌膚，改善粗糙肌膚 • 治療皮膚潰瘍及發炎傷口	• 增強血液循環 • 具止痛作用，可鎮痙 • 抗感染、抗菌功效強	• 振奮精神 • 改善心智虛弱、記性不佳情形

15. **肉桂(Cinnamon)**：萃取部位為樹皮、葉。肉桂對肌膚與身體的作用，以及芳香療法上的應用詳見表 12-16。

🖌 表 12-16　肉桂對肌膚、身體的作用及芳香療法上的應用

對肌膚的作用	對身體的作用	芳香療法上的應用
• 調和晦暗肌膚、促進新陳代謝、血液循環及抗老化 • 對皮膚有溫和的收斂效果，緊實鬆垮的組織	• 促進血液循環 • 促進活力、刺激及興奮作用	• 具防腐、殺菌作用 • 預防流行性感冒、咳嗽、刺激性慾（具興奮作用）

16. **茉莉(Jasmine)**：萃取部位為花。茉莉對肌膚與身體的作用，以及芳香療法上的應用詳見表 12-17。

🍃 表 12-17　茉莉對肌膚、身體的作用及芳香療法上的應用

對肌膚的作用	對身體的作用	芳香療法上的應用
• 對乾燥、敏感肌膚具調理作用 • 適合所有類型肌膚，改善老化肌膚 • 消炎、鎮定效果	• 強化收縮的效果、抗支氣管痙攣 • 增強神經系統及呼吸系統功能	• 使人精神愉快，舒解緊繃的神經 • 改善更年期憂鬱及抗沮喪

17. **雪松(Cedar wood)**：萃取部位為木材。雪松對肌膚與身體的作用，以及芳香療法上的應用詳見表 12-18。

🍃 表 12-18　雪松對肌膚、身體的作用及芳香療法上的應用

對肌膚的作用	對身體的作用	芳香療法上的應用
• 改善油膩及不乾淨肌膚 • 預防並殺死黴菌、收斂、抑制皮脂漏	• 強化呼吸系統、泌尿系統功能 • 預防黴菌感染	• 幫助提高睡眠品質 • 安撫恐懼，有鬆弛作用

18. **乳香(Frankincense)**：萃取部位為橡膠樹脂、樹皮。乳香對肌膚與身體的作用，以及芳香療法上的應用詳見表 12-19。

🍃 表 12-19　乳香對肌膚、身體的作用及芳香療法上的應用

對肌膚的作用	對身體的作用	芳香療法上的應用
• 修護細胞組織、促進傷口癒合 • 安撫刺激性皮膚 • 調理老化之肌膚及皺紋 • 平衡油性皮膚	• 具鎮定、安撫作用 • 緩和哮喘、咳嗽 • 抗感染	• 殺菌，維持室內環境舒適，使人精神愉快 • 在宗教儀式上扮演驅邪的角色，常被用來消除害怕、憎恨、憂慮，它使人有寧靜的感覺

19. **佛手柑(Bergamot)**：萃取部位為果皮。佛手柑對肌膚與身體的作用，以及芳香療法上的應用詳見表 12-20。

表 12-20　佛手柑對肌膚、身體的作用及芳香療法上的應用

對肌膚的作用	對身體的作用	芳香療法上的應用
• 治療粉刺、油性肌膚 • 改善日曬造成的灼傷，提高皮膚對光的敏感度	• 抗菌、抗感染、抗疲痛 • 調節食慾中樞用以減肥 • 除臭、祛痰	• 幫助鎮定、安寧情緒，舒解憂鬱 • 防蚊、驅蟲

20. **尤加利(Eucalyptus)**：萃取部位為葉、樹枝。尤加利對肌膚與身體的作用，以及芳香療法上的應用詳見表 12-21。

表 12-21　尤加利對肌膚、身體的作用及芳香療法上的應用

對肌膚的作用	對身體的作用	芳香療法上的應用
• 供給皮膚更多氧氣 • 促進血液循環及新陳代謝，改善老化肌膚 • 具消炎、殺菌作用，適用於面皰、粉刺、脂漏性皮膚	• 預防感冒、抗感染、緩和發炎現象、改善呼吸系統疾病	• 鬆弛緊張 • 可消毒、殺菌及除臭 • 夏季驅蟲作用 • 預防感冒、抗感染、緩和發炎現象

21. **羅勒(Basil)**：萃取部位為花尖。羅勒對肌膚與身體的作用，以及芳香療法上的應用詳見表 12-22。

表 12-22　羅勒對肌膚、身體的作用及芳香療法上的應用

對肌膚的作用	對身體的作用	芳香療法上的應用
• 改善皮膚毛孔粗大及堵塞現象，治療粉刺 • 皮膚鬆弛時，有緊實作用	• 藉由按摩可清除肌肉疲勞及痙攣 • 舒解頭痛、偏頭痛及痛風	• 對抗焦慮、憂鬱、減輕頭痛

22. **橙花(Neroli)**：萃取部位為花。橙花對肌膚與身體的作用，以及芳香療法上的應用詳見表 12-23。

📎 **表 12-23　橙花對肌膚、身體的作用及芳香療法上的應用**

對肌膚的作用	對身體的作用	芳香療法上的應用
• 促進皮膚組織再生作用，改善老化肌膚 • 改善乾燥或敏感的肌膚，適用於任何肌膚	• 鎮定副交感神經 • 抗頭痛、痙攣	• 舒緩緊張的情緒，解除煩悶，具安撫作用 • 改善失眠

23. **百里香(Thyme)**：萃取部位為葉、花。百里香對肌膚與身體的作用，以及芳香療法上的應用詳見表 12-24。

📎 **表 12-24　百里香花對肌膚、身體的作用及芳香療法上的應用**

對肌膚的作用	對身體的作用	芳香療法上的應用
• 滋潤皮膚，預防紅腫過敏，並可改善脫髮現象 • 直接作用於真皮，藉由解毒及排泄的過程，促進表皮生長及新陳代謝 • 幫助傷口癒合	• 興奮作用、消除痙攣 • 強化消化系統、幫助肺臟功能、改善咳嗽、喉嚨痛	• 提神作用 • 消除疲勞、壓力與焦慮感 • 預防感冒、咳嗽

24. **歐薄荷(Peppormint)**：萃取部位為葉子。歐薄荷對肌膚與身體的作用，以及芳香療法上的應用詳見表 12-25。

📎 **表 12-25　歐薄荷對肌膚、身體的作用及芳香療法上的應用**

對肌膚的作用	對身體的作用	芳香療法上的應用
• 調理不潔、阻塞的肌膚 • 消炎、安撫末稍神經	• 袪痰、減輕經痛、頭痛 • 減輕消化系統的噁心、胃痙攣、腹瀉 • 退燒	• 刺激、清涼與鎮靜作用 • 振奮集中精神，使人清爽 • 減輕頭痛、偏頭痛

25. **茴香(Fennel)**：萃取部位為草、種子。茴香對肌膚與身體的作用，以及芳香療法上的應用詳見表 12-26。

📖 表 12-26　茴香對肌膚、身體的作用及芳香療法上的應用

對肌膚的作用	對身體的作用	芳香療法上的應用
・ 具淨化作用 ・ 調理油性膚質、防止毛孔阻塞	・ 調理生理機能、幫助消化 ・ 幫助循環、改善蜂窩組織炎	・ 鎮靜作用 ・ 振奮精神，使人清爽

26. **黑胡椒(Black pepper)**：萃取部位為果實。黑胡椒對肌膚與身體的作用詳見表 12-27。

📖 表 12-27　黑胡椒對肌膚與身體的作用

對肌膚的作用	對身體的作用
・ 促進血液循環、消退瘀血 ・ 治療蜂窩組織炎	・ 改善肌肉痠痛、關節炎、感冒 ・ 促進食慾、強化胃腸功能、幫助消化

27. **紅橙(Blood orange)**：萃取部位為果皮。紅橙對肌膚與身體的作用，以及芳香療法上的應用詳見表 12-28。

📖 表 12-28　紅橙對肌膚、身體的作用及芳香療法上的應用

對肌膚的作用	對身體的作用	芳香療法上的應用
・ 促進毛髮生長 ・ 促進皮膚細胞再生、消除皺紋 ・ 修護及調理老化肌膚	・ 促進血液循環 ・ 消除腫脹、水分滯留	・ 消除神經性緊張 ・ 振奮精神、幫助思考及緩和情緒

12-3 汗液與體臭的生成

　　衛福部公告之含止汗制臭劑成分化妝品屬於含藥化妝品。汗腺分泌的汗液有臭味或汗液被分解放出臭味，稱為體臭(bodyodour)。臭味的生成是皮膚小汗腺、大汗腺和皮脂腺三種腺體的分泌物在皮膚表面相互作用，透過細菌對分泌物分解產生的揮發性小分子物質引起體臭。主要發生在易出汗的部位如腋窩、足底、趾縫和會陰等。小汗腺(eccrineglands)屬外分泌腺分布遍及全身除嘴唇、耳道、龜頭、小陰唇外。它由真皮或皮下組織的纏繞蟠管和直通皮膚表面的導管組成，汗液在蟠管形成並透過導管排出體外。在不同的部位小汗腺的密度也不同，一般以掌蹠、腋下最多，女性多於男性。人體的汗腺約有 200 萬～400 萬個，它因人種、年齡、性別及部位等因素而有所不同。小汗腺的主要功能是調節體溫，它透過汗液分泌水分蒸發後使體溫控制在 37℃ 左右。小汗腺的分泌由交感神經的乙醯膽鹼神經纖維支配，主要的神經傳導物質為乙醯膽鹼，其他因素如氣候溫度、激烈運動、情緒焦慮、荷爾蒙變化、某些藥物和飲食等也會影響。小汗腺分泌人體汗液主要的來源是無味、無色透明液體，pH 為 4.0~6.8，汗液的組成水分大於 98.0%，固體成分約小於 2.0%主要是氯化鈉與少量的尿素、氨、有機酸及其鹽類等。汗液略帶酸性，大量出汗時 pH 可達 7.0，人體每天產生的汗水約在 0.5~2L。

　　大汗腺（頂漿腺）(apocrineglands)分泌部的直徑較小汗腺約大 10 倍，分泌液是黏稠、混濁，pH 為 6.0~7.5，成年人主要分布在腋窩、乳暈、耳朵、鼻翼、臍窩、眼瞼、肛門和生殖器等少數部位。大汗腺開口於毛囊的上部，到青春期分泌部分才發育完全。各部位大汗腺的分泌與體溫調節無關且分泌量不一致，如早晨會有段分泌高潮。大汗腺分泌速度較慢，含有水、固醇類、蛋白質與脂質，無氣味，排至皮膚表面後經過細菌分解可產生不飽和脂肪酸、揮發性硫化物與短鏈脂肪酸而產生刺鼻臭味，即體味或狐臭，常見的成分有羊羶味的反式-3-甲基-2-己烯酸、茴香味的 3-羥基-3-甲基己酸與洋蔥味 3-羥基-3-巰基-1-己醇。

　　大汗腺分泌的汗液和皮脂腺的含有大量的營養物質，為細菌提供生長條件的營養，而小汗腺為細菌生長提供了所需的水分。

12-4 止汗制臭化妝品成分與作用原理

　　臨床上體臭主要發生在多汗或汗液易屯積處以及大汗腺所在部位，如腋窩、足部、肛門、外陰部及女性乳房下等處，而以腋部（俗稱狐臭）和足部臭汗症最為多見。狐臭為一種特殊的刺鼻異味，夏季較重，男性較多，少數患者的外陰、肛門和乳暈部位也會散發類似的特殊氣味。足部臭汗症也有一種刺鼻臭味。止汗制臭化妝品是針對體臭或特殊體味所設計生產的一種含藥化妝品，用於消除體臭（狐臭），廣義的包括能消除腳臭或其他局部體臭的制臭化妝品。止汗制臭類化妝品的功效原料主要分為四大類，即止汗劑、制臭劑、抗菌劑和芳香劑。

一、止汗劑

　　止汗劑(antiperspirant) 的作用認為鋁、鋯金屬離子能與汗腺導管內角蛋白的羧基(-COOH)結合生成環狀的化合物，或鋁、鋯金屬離子在汗液作用下水解成氫氧化物凝膠類塞子(Plug)，在汗腺導管開口處產生臨時阻塞，抑制人體汗液過量分泌，作用機制如圖 12-1。

使用止汗劑	溶於汗管	形成膠栓	封閉汗管
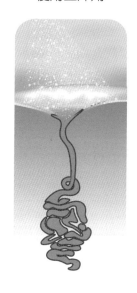

Antiperspirant applied　　Dissolves in sweat　　Forms a gel on top of pore　　Gel released from skin surface

圖 12-1　止汗劑的作用機制
參考資料：http://www.antiperspirantsinfo.com

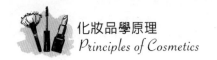

金屬鹽類是最常用的止汗活性物質，主要是鋁鹽和鋯鹽的氯化物也有較好的止汗作用。最早作為止汗活性物質的金屬鹽是氯化鋁六水合物等簡單鋁鹽，易水解，水溶液酸性較高，對皮膚有刺激性，以後漸被刺激性較低的鹼式氯化鋁所替代。也有使用沸石孔洞的鋁矽酸鹽複合物，它可以在有汗水時釋放出鋁複合物達到止汗目的，同時，這種複合物會吸收體臭氣味，具有除臭作用。表 12-29 為衛福部公告核准使用之止汗制臭劑成分且訴求功效之化妝品，需以含藥化妝品管理。

二、制臭劑

抗菌劑(bacterialinhibitor)是以抑制或滅殺於腋窩等部位皮膚的細菌來達到除臭目的的。常用的抑菌成分有三氯沙（2,4,4'-三氯-2'-羥基二苯醚;Triclosan）。依添加量可區分為含藥化妝品基準之化妝品與一般化妝品，三氯沙添加量小於 0.3% 則以一般化妝品管理。

臭味吸附劑作用於產生體臭的低級脂肪酸形成金屬鹽消除臭分子達到除臭目的，反應為：$2RCOOH + ZnO \rightarrow Zn(RCOO) + H_2O$，常見有氧化鋅、硫酸鋅等。

表 12-29　衛福部公告核准使用之止汗制臭劑成分

成分	常見俗名	限量	用途
Aluminum chlorohydrate ($Al_2Cl(OH)_5$)	氯化羥鋁	25%（以無水物計算）	止汗制臭
Aluminum zirconium salts (Al^{3+}/Zr^{4+})	鋁鋯複合鹽類	20%（以無水物計算）	止汗制臭（不得使用於噴霧類化妝品）
Aluminum chloride ($Al(H_2O)_6Cl_3$)	氯化鋁	15%（以水溶液計算）	止汗制臭
Aluminum sesquichlorohydrate And derivatives ($Al_2(OH)Cl.H_2O$)	倍半氯化羥鋁及其衍生物	25%	止汗制臭
ammonium silver zinc aluminum silicate ($Ag_2Al_2H_8N_2O_{21}Si_7Zn_2$)	矽酸鋁鋅銀銨	5.0%~10%	抗菌、制臭（不得使用於皮膚有破損或傷口部位）

三、芳香劑

芳香劑作用方式可分為直接添加香精或香水於制臭化妝品掩蓋氣味、改善氣味，將氣味降低至可接受的香氛；或者利用調香技術設計除臭香精，使惡臭的成分和香精氣味混合，結合成愉快的氣味。

1. 伊藤昭男：Fragrance Journal, 23(2), Feb. 1995, p.67~74

2. 法國布勒斯特美容技術學院：Aromatherapy

3. Bauerk, G. G.; Surburg, S.: Common Fragrance and Flavour Materials Preparation, Properties and Users

4. Elliott. M.: HAPPI, Jun. 1992, p.45~52

5. Jager, W.; Buchbaner, G.; Jirovetz, L.: J. Society of Cosmetic Chemit, Jan. / Feb. 1992, p.49~54

6. Jellinek, J.: Cosmetics and Toiletries, Oct. 1994, p.83~101

7. Kintish, L.: Soap/Cosmetics/Chemical Speciatties, 69(4), Apr. p.43~46

8. Michele, M. P.: Skin Inc, 6(5), Sep./Oct. 1994, p.53~58

9. Purohit, P. Lo; Kapsner, T. R.: Cosmetics and Toiletries, 109(6), Jan. 1994, p.51~55

10. Raney, M. S.: Skin Inc, 6(4), Jul./Aug. 1994, p.117~122

11. Rojer, J. J.: Encyclopaedia of Chemical Technology 3rd Edn, Vol(16), p.307~332

12. Scher, S.: Cosmetics & Toiletries, 106, Jan. 1991, p.65~76

13. http://www.antiperspirantsinfo.com/en/antiperspirants-and-deodorants/about-antiperspirants-and-deodorants.aspx

14. 李利：美容化妝品學。台北：合記圖書出版社，2013

15. 林翔雲‧調香術[M]‧北京：化學工業出版社，2001.07.

Principles of Cosmetics

頭髮用化妝品

本章大綱

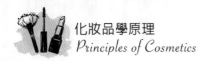
前 言

現今流行的頭髮用化妝品種類繁多,除了讓頭髮清潔、乾淨,好梳理外,消費者更希望能有亮麗的造型效果,因此燙髮、染髮、頭髮定型液等琳瑯滿目之各種產品因應而生。機能性頭髮用品的開發是目前的趨勢,藉由新的製品、新的技術能改善髮質及毛髮內蛋白的結構;刺激頭髮毛母細胞,改善掉髮的情形;防止頭皮汙垢堆積及強化頭皮功能。

 13-1　洗髮精

洗髮精(Shampoo)可以清除頭髮上所殘留的皮脂,汗水和附著的汙垢,保持頭皮、頭髮的清潔。近年來洗髮精已不再只是簡單的含有洗淨成分的界面活性劑,現在的廠商除了慎選溫和、低刺激的界面活性劑之外,還加入了其他附屬成分,以便賦予產品特別的功能。如增加起泡及持續泡沫的效能,也有增進洗髮後頭髮的光澤、滑順和觸感,另外還有防曬,抗頭皮屑,促進生髮等機能性的洗髮精配方。雖然目前洗髮精產品實屬多效型,但是仍必須達到其基本的性質要求,例如:1.適當的去脂力洗淨力。2.能產生細緻、豐富、持續性的泡沫,容易沖洗。3.洗髮後,賦予頭髮光澤及柔軟性、容易梳理。4.對於眼睛、頭皮、頭髮無刺激性、安全性良好。

1. **洗髮精的去汙原理**:藉由界面活性劑的濕潤、浸透、乳化、分散及起泡等作用,降低汙垢的界面張力而予以從頭髮上清除。洗髮時,洗髮精中的界面活性劑會先濕潤、滲透到頭髮及頭皮表面的汙垢,破壞汙垢的附著力,然後再利用搓揉的力量使汙垢脫離所吸附的表面而溶於水中(圖 13-1)。同時,界面活性劑可以將汙垢分解成乳化小油滴再加以分散、安定,使汙垢不會再聚集而再度附著於頭髮和頭皮上。

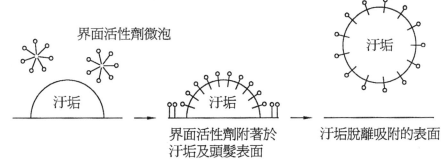

2. **洗髮精的成分**：包括主要界面活性劑（使洗髮精具有清潔、起泡的能力）、輔助界面活性劑（改良洗髮精的發泡性、增加泡沫安定、增加洗淨力、降低刺激性及增加頭髮的處理性）、其他添加劑（增稠劑、防腐劑、珠光劑等附屬物）。

(1) 主要界面活性劑：陰離子型界面活性劑是洗髮精主要的泡沫清潔劑，這類界面活性劑，洗淨力強、容易起泡和耐硬水，能滿足洗髮精的洗淨條件，但刺激性及去脂力也比較大。如：烷基硫酸鹽類(Alkyl sulfate)、烷基磺酸鹽類(Alkyl sulfonate)、聚氧乙烯烷基醚硫酸鹽類(Polyethylene alkyl ether)等。另外溫和的洗髮精配方，大都使用對皮膚及眼睛刺激性低的陰離子型界面活性劑，如醯基甲基牛膽素磺酸鹽類(Acyl methyl Taurate)、N-醯基麩胺酸鹽(N-Acyl glutamate)。

以表面活性劑 APG®為例，它是月桂基糖苷羧酸鈉、月桂基糖苷組成的，不含 EO、甜菜鹼、硫酸鹽、醇醚硫酸鹽之天然來源，可替代醇醚硫酸鹽做主要表面活性劑。

(2) 輔助界面活性劑：兩性型界面活性劑，在特定酸鹼性也可呈現出陰離子型界面活性劑特性，但刺激性較低，如：甜菜鹼類(Betaine)。非離子型界面活性劑可使洗髮精中陰離子型界面活性劑的碳氫鏈部分加長，使泡沫厚度增加，亦能提高其起泡力及泡沫安定，另外本身也具增稠的效果，如月桂基二乙醇醯胺(Cocamide DEA)。

以高起泡胺基酸系界面活性劑 Water aqua sodium lauroyl aspartate (Aminofoamer FLDS-L)為例，其化學結構如圖 13-2 所示，擁有優秀的起泡力並提供清爽的使用感，符合高生物分解性的環保訴求，且對皮膚溫和，刺激性低。

$$H_3C-(CH_2)_{10}-\overset{\overset{\displaystyle H}{|}}{\underset{\underset{\displaystyle O}{||}}{C}}-N-\overset{}{\underset{\underset{\displaystyle COONa}{|}}{CH}}-\overset{\overset{\displaystyle H_2}{}}{C}-COOX$$

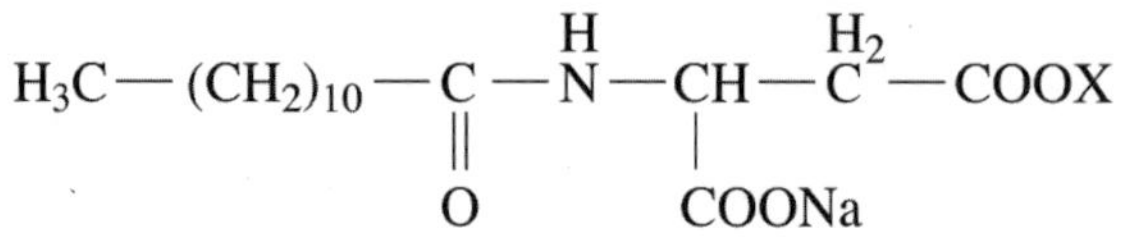

▲ 圖 13-2　Aminofoamer FLDS-L 的化學結構

3. **去頭皮屑洗髮精**：頭皮屑是一項惱人又令人尷尬的問題，主要原因是皮屑芽孢菌過度滋生有關，包括 Malassezia furfur（舊名 Pityrosporum ovale）與 Malassezia globosa。在頭皮屑部位，皮屑芽孢菌菌量可高達正常水準的 1.5~2 倍，這些真菌會代謝皮脂內的三酸甘油酯，形成油酸(oleic acid)。當油酸滲透進表皮的角質層後，會使某些體質較敏感的人，發生皮膚的發炎反應，進而干擾角質細胞的生理恆定，導致不正常的脫落反應，誘發頭皮屑。

目前治療頭皮屑的主力產品，其效果與抗菌能力有關外，如何運用有效成分控制或調適頭皮至正常的狀況也是相當重要。治療頭皮屑的洗髮精，一般屬於藥用化妝品，配方會添加藥劑或藥妝成分來改善頭皮的不適，主要的作用有以下幾種方式：(1)抑制皮屑芽胞菌增生、(2)減緩表皮角化速度、(3)控油、(4)溶解角質、(5)抗炎止癢劑。

治療頭皮屑洗髮精常添加的成分如下：

(1) 吡啶硫酸鋅(Zinc pyrithione, ZP)：抗黴菌的功能，可抑制皮屑芽胞菌，適用於治療汗斑與脂漏性皮膚炎，可添加於洗髮精。此外，吡啶硫酸鋅（吡硫鋅）亦可調控皮膚的角化功能與皮脂分泌功能，鋅可降低界面活性劑（例如洗劑）誘發的刺激性反應。界面活性劑的刺激效應，會增加發炎性物質介白素-1(Interleukin, IL-1)的濃度，此時若使用吡啶硫酸鋅，則可抑制 IL-1 的釋出，每周 1~2 次。

(2) 克多可那挫(Ketoconazole)：又稱「酮康唑」，具有廣效性抗黴菌（真菌）的效果，藉由抑制 Lanosterol 14α-demethylase，進而阻斷黴菌細胞膜主成分——麥角脂醇(Ergosterol)的合成，達到抗黴菌作用。調配成藥膏、藥水、洗髮精等外用劑型，常用來治療汗斑與脂漏性皮膚炎，一天一次，連續五天。

(3) 二硫化硒(Selenium sulfide, SeS_2)：被頭皮吸收後分解成 Se 及 S，抑制皮屑芽胞菌，干擾表皮酵素，直接影響細胞分裂，使表皮角質化代謝減緩，每天一次，連續四天。

(4) 焦油(Tar)：可減緩不正常的表皮代謝速度，可用來治療脂漏性皮膚炎與乾癬。

(5) 水楊酸(Salicylic acid)：可溶解角質，改善頭皮屑狀況，但可能造成頭皮乾燥的副作用，所以洗髮後可搭配潤髮成分使用。

13-2 潤絲精

　　毛髮表面因靜電以及洗髮精陰離子型界面活性劑的殘留，會呈現負電性的電荷，所以清除頭髮上的靜電必須使用陽離子化合物。潤絲精(Rinse)最常使用的是陽離子型界面活性劑及陽離子聚合物，因其分子構造除了具正電性之外，還同時具有疏水基可吸附於頭髮表面。疏水基為拒水性，有滑順髮絲，使易於梳理的效果。除此之外，目前市面上潤絲精的功效也添加了調理劑的成分，使其具有去頭皮屑、抑制頭皮癢、防止掉髮的作用，甚至賦予清涼感、刺激毛根、促進血液循環，發揮潤髮、護髮、調理的效果。

1. **潤絲精的作用原理**：當使用潤絲精時，成分中的陽離子化合物，會吸附到頭髮的表面。首先，陽離子化合物帶正電的親水基部分會附著頭髮表面，而疏水基烷基長鏈會朝外側排列，使頭髮表面形成一層拒水性的保護膜。因此降低了頭髮表面的摩擦係數，使髮質變得柔順好梳理，柔軟並具有光澤。

2. **潤絲精的成分**

   (1) 陽離子型界面活性劑：多數為四級銨鹽類，如：Cetrimonium chloride, Disteryl dimethyl ammomium chlorlde, Stearalkonium chlorlde 等（圖 13-3）。

   (2) 陽離子型高分子聚合物：除了具潤絲效果外，能改善分叉的髮梢，將受損的部分包覆起來。常用的陽離子高分子聚合物有 Polyquaterium 系列，其化學結構或者所接的官能基不同，會呈現稍許不同的物性（圖 13-4）。

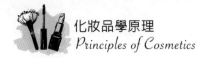
$$\left[\begin{array}{c} CH_3 \\ | \\ C_{18}H_{37}-N-CH_3 \\ | \\ CH_3 \end{array}\right]^+ \cdot Cl^-$$

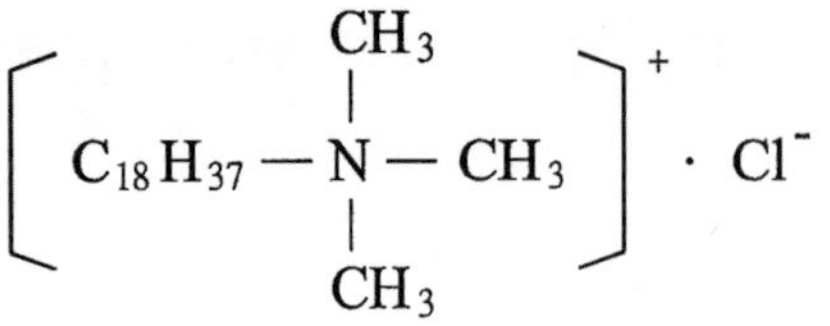

Cetrimonium chloride

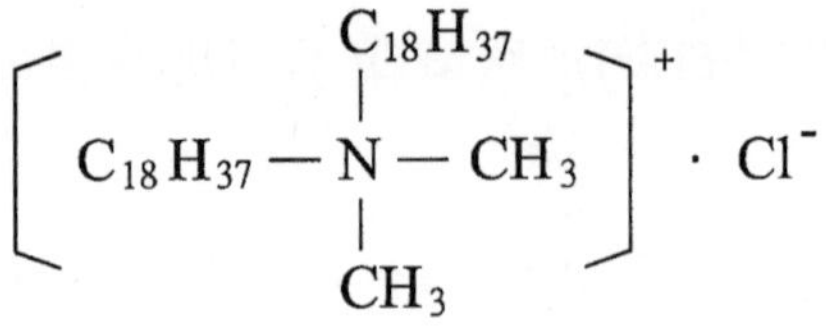

$$\left[\begin{array}{c} C_{18}H_{37} \\ | \\ C_{18}H_{37}-N-CH_3 \\ | \\ CH_3 \end{array}\right]^+ \cdot Cl^-$$

Distearyl dimethyl ammonium chloride

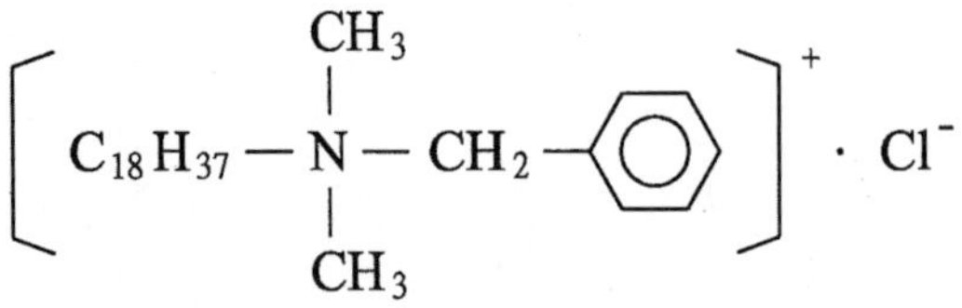

$$\left[\begin{array}{c} CH_3 \\ | \\ C_{18}H_{37}-N-CH_2-\bigcirc \\ | \\ CH_3 \end{array}\right]^+ \cdot Cl^-$$

Stearalkonium chloride

▌圖 13-3　陽離子型界面活性劑

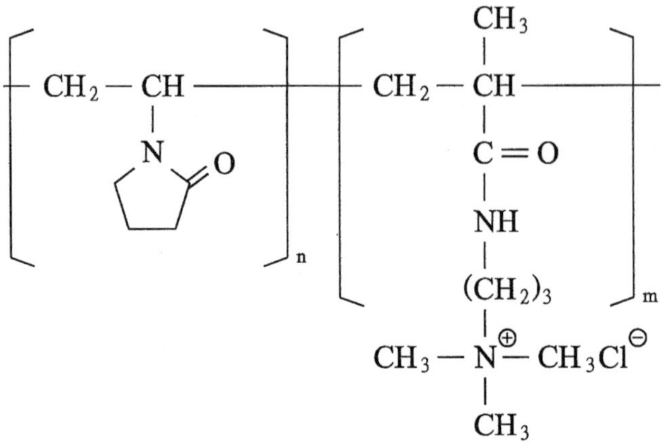

Polyquaterium 28

▌圖 13-4　陽離子高分子聚合物－Polyquaterium 28

13-3　頭髮與頭皮調理劑

一、頭髮調理

　　洗髮很容易在洗去汙垢的同時，洗去頭髮表層幾近 50%的脂質，造成髮質乾澀、無光澤及不容易梳理。因此可藉由頭髮調理劑(Hair conditioner)，如高分子聚合物，動、植物蛋白與油脂來予以補充，使具滋潤、調理及保護的效果。

1. **聚矽氧化合物**：應用在頭髮用品中的聚矽氧化合物(Silicone)，常見的有 Dimethicone、Cyclomethicone、Amodimethicone 等。其中 Dimethicone 可包覆頭髮、形成一層拒水性的保護膜，使頭髮觸感良好、好梳理及清爽不油膩。Cyclomethicone 增加頭髮的梳理性，且本身屬於揮發性，因此不會長期殘留於頭髮上。Amodimethicone 具潤絲及調理效果。

2. **水解蛋白**：水解蛋白對頭髮的吸附性佳，因此可被覆在頭髮表面，有修補受損的頭髮角質、增加頭髮保濕及潤澤頭髮的作用。另外，可減少燙染用品之化學藥劑對頭髮所產生的刺激及傷害。常用的水解蛋白有水解膠原蛋白(Hydrolyzed collagen)、水解彈力蛋白(Hydrolyzed elastin)、水解角質蛋白(Hydrolyzed keratin)、水解小麥穀蛋白(Hydrolyzed gluten)及水解大豆蛋白(Hydrolyzed soy protein)等。

3. **動、植物油脂**：常用的有海鳥羽毛油、羊毛脂、橄欖油、蔥麻油、荷荷芭油及合成的酯類等，對頭髮有柔軟、保濕及增加光澤的效果。

4. **維他命原(Pro-vitamin)**：使用維他命原 B 及其衍生物，如泛醇(Panthenol)及泛醇乙醚衍生物(Panthenyl ethyl ether)（圖 13-5），能提供頭髮主幹皮質層的保濕作用，讓頭髮保有活力及彈性；有效滋養頭髮，減少分叉斷裂，使頭髮健康亮麗。

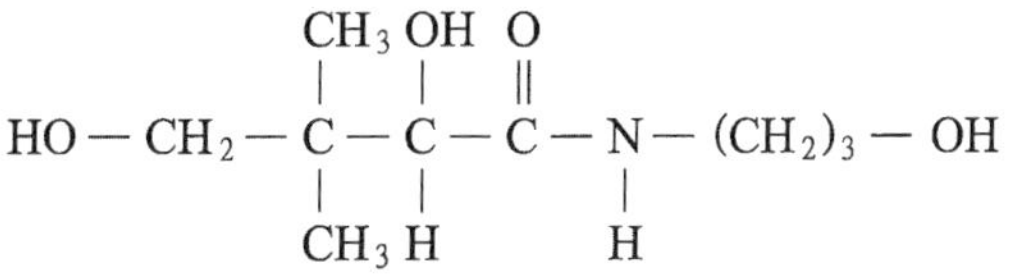

$$HO-CH_2-\underset{\underset{CH_3}{|}}{\overset{\overset{CH_3}{|}}{C}}-\underset{\underset{H}{|}}{\overset{\overset{OH}{|}}{C}}-\overset{\overset{O}{\|}}{C}-\underset{\underset{H}{|}}{N}-(CH_2)_3-OH$$

圖 13-5　泛醇及泛醇乙醚衍生物的化學結構

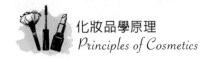
二、頭皮理療

皮膚老化時真皮層的膠原蛋白、彈力蛋白流失（自然老化、光老化），導致真皮層變薄，堅硬如岩石的頭皮，使附屬在真皮層組織毛囊，變得不易生長。另外，血管數目減少，血流量少，養分供給降低，成長期縮短，落髮數量增加，頭髮變細。

健康的頭皮有助於毛髮的強健與茂密，使外表看似年輕，因此頭皮的理療也就應運而生。頭皮的基礎保養有：

1. 按摩：放鬆全身肩頸肌肉與頭皮緊張度，促進末稍的血液、淋巴微循環。

2. 清潔：幫助頭皮角質代謝，去除毛孔周遭頭皮屑、油垢。

3. 軟化頭皮：溶解頭皮老舊角質，讓頭皮容易吸收外用頭皮養分。

4. 供給營養：補充毛髮所需要的胺基酸、維生素、抗氧化劑以及營養調節劑、恢復頭皮機能等等方式，協助頭皮抗老化。

常用的頭皮理療成分如下：

1.植物精油

(1) 茶樹：單萜烯、單萜烯醇，抗菌、促進血液循環。

(2) 羅勒：丁香酚、甲基醚丁香酚，抗菌、促進血液循環。

(3) 杜松漿果：蒎烯、萜品烯4醇，抗發炎、提高新陳代謝、促進血液循環。

(4) 乳香：蒎烯、丁香油烴，抗菌、促進血液循環、促進傷口癒合、控油。

(5) 高地牛膝草：1,8安油醇、蒎烯、異松樟酮，抗菌、提高新陳代謝、促進血液循環。

(6) 肉桂皮：肉桂醛、丁香酚，抗菌、促進血液循環。

(7) 檀香：檀香醇、檀香烯，抗菌、促進淋巴循環、提高新陳代謝、調節壓力荷爾蒙。

(8) 黑胡椒：檸檬烯、蒎烯、丁香油烴，抗發炎、提高皮膚新陳代謝、促進血液循環。

2. **植物萃取液**：加入洗髮精中，主要目的為在洗髮過程中，降低界面活性劑對頭髮、頭皮的傷害與刺激，並具保養、修復、滋養等調理作用。常用的有：

(1) 海藻萃取液(Algae extract)：具有調節皮脂腺的功能。

(2) 金盞花萃取液(Calendula extract)：調理頭皮。

(3) 款冬萃取液(Coltsfoot extract)：具溫和防腐作用、收斂及角質軟化作用。

(4) 馬栗樹萃取液(Horse chesnut extract)：具收斂及促進血液循環作用。

(5) 牛蒡根萃取液(Burdock root extract)：具抗菌及去頭皮屑作用。

(6) 木賊萃取液(Horsetail extract)：具強壯頭髮功能及收斂作用。

(7) 柳樹萃取液(Willow bark extract)：減輕頭皮紅腫、發癢且具抗菌作用。

(8) 百里香萃取液(Thyme extract)：為溫和抗菌作用。

(9) 迷迭香萃取液(Rosemary extract)：強壯頭皮，並具溫和殺菌作用。

(10) 橡樹皮萃取液(Oak bark extract)：具收斂及抗菌作用，並可強化頭皮及減少頭皮屑。

(11) 蕁麻萃取液(Nettle extract)：促進血液循環。

(12) 薄荷萃取液(Mint extract)：具鎮靜、安撫及抗菌作用。

(13) 甘菊萃取液(Chamomile extract)：具抗菌、抗敏感及抗發炎作用。

(14) 錦葵萃取液(Mallow extract)：具安撫及保護頭髮作用。

3.頭皮營養劑

(1) 維生素 A：防止毛髮乾燥。

(2) 維生素 B 群：維生素 B_2 促進皮膚、指甲及毛髮的正常生長，亦稱「皮膚的維生素」。維生素 B_3 減少膽固醇、中性油脂，提升頭皮血液循環。維生素 B_5 調節皮膚毛髮有益的荷爾蒙。維生素 B_6 抗皮膚炎，提振精神、減輕焦慮。

(3) 維生素 C：生成膠原，防止毛髮損傷。

(4) 維生素 D：調節鈣磷吸收，毛髮再生及促進頭皮循環。

(5) 維生素 E：促進頭皮循環。

(6) 維生素 H：預防落髮、白髮，幫助治療禿頭。

(7) 礦物質：Ca、Mg、Cu、Zn 防止落髮。

4. 抗老化成分

(1) 抗氧化劑：清除自由基減少對真皮層組織的破壞及降低發炎反應。

(2) 真皮層組織基質促進劑：活化纖細母細胞，促進真皮層組織基質；膠原、酸性黏多糖的增生，改善頭皮的環境，協助毛髮生長。

 13-4　整髮劑

　　整髮劑(Hair setter)又稱定型液，其用途在於固定頭髮外型，使頭髮呈現所需要的造型。產品種類繁多，大致可分為不含膠質黏液製品及含膠質黏液製品。整髮劑除使用方便，觸感佳及安全外，更須具有強和持續性的固定能力。

1. 不含膠質黏液的整髮製品

(1) 髮蠟、髮油、髮霜：利用油、脂、蠟為原料做成梳理頭髮的製品。

(2) 順髮露：利用潤髮成分及油脂為原料，做成乳化型式的製品。

2. 含膠質黏液的整髮製品

(1) 造型慕絲：利用水、酒精與高分子黏液(PVP、PVA)為原料所作成的製品，另外也有不含酒精及添加其他具有順髮成分的配方。

(2) 髮膠：含高分子黏液的凍膠狀製品，在頭髮上塗抹，乾燥後定型效果佳。

(3) 髮雕：採水溶性的樹脂配方，使頭髮看起來濕潤有光澤並具定型效果。

 13-5　燙髮劑

　　燙髮(Hair waving)的歷史可追溯到古埃及時代，古埃及人將頭髮纏繞在細棒上並覆蓋泥漿，利用太陽的熱源加以暴曬，使泥塊乾燥再鬆脫即成。十九世紀中，用熱鐵條來捲曲頭髮。二十世紀初，化學品的開始使用迄今，方式也漸由高溫的熱燙走向室溫或溫度略高一點的冷燙。多數女人為了充分展現其優雅風采，經常會依潮流趨勢、環境或心情來改變造型，而其中髮型的改變能讓自己看起來更亮麗、耀眼。一般常見的處理手法，不外乎是流行的燙髮以及目前盛行的染髮。

　　一般燙髮主要包括四個步驟：

步驟 1：依所需髮型設計，捲上髮捲。

步驟 2：將頭髮使用第一劑（還原劑）藥水處理，還原劑會使毛髮纖維中角質蛋白的二硫化鍵(Disulfide |-S-S-|)斷裂，還原成硫氫鍵(|-SH HS-|)，而使毛髮纖維中的蛋白質鏈重新排列。

步驟 3： 使用第二劑（氧化劑）藥水；即所謂的中和劑，讓二硫化鍵再度形成，回復原本的化學鍵結，於是頭髮便能產生持久的捲度。

步驟 4： 用溫水沖洗殘留在頭髮與頭皮上的藥水。

1. **燙髮的原理**：將濕潤的頭髮依所希望的造型，依序捲上髮捲。然後將第一劑滴流、浸透於已上捲好的頭髮上，使第一劑藥水充分浸濕所有頭髮。此時，第一劑中鹼劑開始膨潤頭髮的角質，毛麟片的孔隙會漸漸擴張，氫鍵、鹽鍵斷裂，髮幹膨脹，頭髮顯得非常的柔軟且脆弱。接著第一劑中的還原劑（硫代甘醇酸銨）滲透進入頭髮內部，使二硫鍵結進行還原反應，而切斷頭髮中的二硫化鍵，並陸續的生成開鏈的硫氫鍵。在第一劑進行約 10 分鐘後，開始打開幾個代表性的髮捲，觀察捲度，然後進行下一步的水洗步驟，以終止第一劑的作用；若捲度不夠，則繼續延長作用時間，讓還原劑繼續切斷更多的二硫化鍵，使頭髮更具捲度。

　　將沖洗過的頭髮，稍加拭乾水分之後，再以第二劑（氧化劑）滴流、浸透頭髮，注意藥劑是否使頭髮完全浸透，並隨時補充藥劑。此時氧化劑會逐一氧化硫氫鍵而穩定接回為二硫鍵結，讓重新排列組合的新二硫鍵更固定。如此浸潤時間約 5~10 分鐘，長髮者宜多加幾分鐘。完成了這一步驟，方可卸下所有的髮捲，並充分水洗除去頭髮上所有殘餘的藥劑，算是完成燙髮了。剛燙過的頭髮，可塗擦一些免沖洗式的護髮乳，以防止頭髮因角質蛋白及水分的流失而過度乾燥劣化。

2. **燙髮劑的成分**

(1) 還原劑：第一劑常使用的還原劑是以硫醇類為主，如硫代乙醇酸鹽(Thioglycollate salts)。另外也可使用溫和的還原劑半胱胺酸。

(2) 氧化劑：第二劑使用的氧化劑有雙氧水和溴酸鹽類。

3. **影響燙髮效果的因素**：可由頭髮的捲度來評估，分別敘述如下：

(1) 還原劑的種類：通常以硫代乙醇銨鹽較其他的硫代乙醇酸鹽(K、Na、Ca)燙髮效果佳。

(2) 酸鹼值：在 pH=9.0~9.5 及適當濃度的還原劑作用下，可使頭髮得到很好的捲度。通常藥劑的 pH 值是影響燙髮效果的關鍵因素，鹼度越高，捲度越大。但是在使用硫代乙醇酸鹽為第一劑時，pH 值若超過 10，則開始有脫毛的現象，頭髮也容易斷裂。

(3) 燙髮液之濃度：第一劑的濃度，可依據頭髮髮質的粗細不同而選擇濃度在 2.5~10.0%之間。對同一束頭髮而言，燙髮劑的濃度越高，切斷二硫化鍵的程度較大，所以捲度較捲，但受損的情況越嚴重。而第二劑的濃度若過低，將使氧化接回 S-S 鍵的速度及程度不完全，會造成頭髮的彈力強度下降，過高則頭髮粗黃、乾澀。

(4) 時間：第一劑燙髮的時間越久，捲度越好，但相對的頭髮受損也越嚴重。以硫代乙醇酸銨燙髮劑而言，在不適宜的 pH 值下燙髮，例如：在中性或酸性環境下，不但無法使頭髮呈現良好的捲度，且對髮質的傷害也隨時間的增加而加劇。

(5) 溫度：提高燙髮溫度會明顯的使頭髮捲度更捲，有效節省燙髮時間，但高溫燙髮對髮質的傷害嚴重。

(6) 髮質：頭髮本身的強度、粗細程度亦會影響燙髮的效果。通常粗黑的頭髮較不易在正常反應的時間下得到良好捲度，往往需要增加第一劑的濃度才能改善；而細黃甚至已受損的頭髮則不耐久燙。

13-6 染髮劑

在古時候，人類已經懂得從植物的色素來製成染料，當時的染髮主要象徵著身分、地位，而如今染髮的目的可以是為了流行、美觀及特殊造型。

一、染髮劑的分類

染髮劑(Hair colorants)依停留在頭髮時間的長久及所呈現的化學反應，大致可分為暫時性、半永久性、永久性及漸進式染髮劑等四種。

1. **暫時性染髮劑**：通常使用分子量大的鹽基性(Basic)或酸性(Acidic)染料（表 13-1），只能吸附於頭髮表面，不會滲透進入頭髮內部結構。這種單純只吸附在表層的染髮，可經由 1~2 次的洗髮後而完全褪色。

🖌 表 13-1　暫時性染髮劑

染　料	顏　料
C. I. Acid Yellow 1	Carmine
C. I. Acid Yellow 3	D&C Red No. 30 Lake
C. I. Acid Orange 7	Ferric Ferrocyanide/Mica
C. I. Acid Orange 87	
C. I. Acid Red 33	
C. I. Acid Red 211	D&C Red No. 9 Barium Lake
C. I. Acid Violet 43	Iron Oxide
C. I. Acid Violet 73	D&C Yellow No. 5 Zirconium Lake
C. I. Acid Blue 9	
C. I. Acid Blue 168	
C. I. Acid Green 25	
C. I. Acid Brown 19	
C. I. Acid Brown 45	
C. I. Acid Black 107	
C. I. Basic Yellow 57	
C. I. Basic Red 76	
C. I. Basic Blue 99	
C. I. Basic Brown 16	
C. I. Basic Brown 17	
Sunset Yellow	
Ponceau Red	
C. I. Solvent Brown 44	

2. **半永久性染髮劑**：使用較暫時染髮劑的染料分子為小的分散(Disperse)和硝基(Nitro)染料（表 13-2）。粒徑較小的染料分子，藉由滲透、擴散的方式，透過毛小皮層到達毛皮質而定色。因為染料不是吸附在表層，所以不會因梳理或短暫的沖洗而褪色。然而染料能透過毛小皮層到達毛皮質，就同樣有機會再度擴

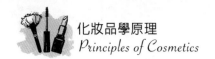
散出毛小皮之外而掉色，所以在經過多次的洗髮之後，染料的色澤會漸漸的褪去。通常此類染料，在經過五次的洗髮後，幾乎就無法保持染料顏色。

表 13-2　半永久性染髮劑

硝基染料	頭髮類色
1-Nitro-3-amino-4-(2-aminoethyl)aminobenzene	金黃色
1-(2-Hydroxyethyl)amino-2-amino-4-nitrobenzene	黃橙色
N-(2-Acetamidoethy)-2, 4-dinitroaniline	橙色
4-(2-Hydroxyethyl)amino-3-nitrophenylibiguanide	紅橙色
N-(2-Methoxyethoxthyl)-2, 4-dinitroaniline	紅色
2-Nitro-4-amino-N-methylaniline	深紅色
1-Hydroxy-2-(2-hydroxyethyl)amino-4-itrobenzene	磚紅色
l-Nitro-4-amino-N-(2-hydroxyethyl)aniline	帶藍的紅色
4-Amino-3-nitro-1 -methylaminobenzene	帶紅的紫色
Nl-Methyl-N4-(2-acetamidoethyl)-2-itrophenylenediamine	紫色
1-Amino-2-nitro-4-(2-aminoethyl)aminobenzene	深紫色
4-(Carboxymethyl)amino-3-nitro-1 -methylaminobenzene	藍紫色
1, 4-Di(2-Hydrocyethyl)amino-2-nitrobenzenei	藍紫色
1-Methylamino-2-nitro-4-(2-hydroxyethyl)aminobenzene	藍紫色
1-Methylamino-2-nitro-4-bis[(2-hydroxyethyl)amino] benzene	藍色
l-(2-Hydroxyethyl)amino-2-nitro-4-methylamin brnzene	藍色
C. I. Black 3(Azo)	黑色
C. I. Blue l3(Anthraquinone)	藍色
C. I. Orange 5(Azo)	橙色
C. I. Red l3(Azo)	紅色
C. I. Red l7(Azo)	紅色
C. I. Violet l(Anthraquinone)	紫色
C. I. Vlolet 4(Anthraquinone)	紫色
C. I. Vlolet 5(Azo)	紫色
C. I. Yellow l(Nitro)	黃色
C. I.Yellow 3l(Methane)	黃色

3. **永久性染髮劑**：此類型染髮劑的染色方式，是以分子直徑很小的染料中間體(Intermediates)與偶合劑(Couplers)，以擴散、滲透的方式進入毛皮質中，經由雙氧水使其產生氧化反應，形成較大的染料分子，此大分子會嵌於頭髮內部結構中。因為發生氧化反應而呈色，所以又稱為氧化型染髮劑。其氧化後的染料分子較原來的大很多，故不會因清洗頭髮而褪色，可長久保有染髮後的色澤。染料中間體又分為一級中間體(Primary intermediate)和二級中間體(Secondary intermediate)兩種，前者除了可與偶合劑一起氧化外，本身經過氧化作用即可直接形成染料（表 13-3、13-4）；後者，不能經氧化反應而形成染料，須與其他偶合劑共同作用，方能形成染料。

4. **漸染式染髮劑**：通常使用金屬染料，該染料以擴散、滲透的方式進入毛皮質中與頭髮的二硫化鍵反應，生成金屬硫化物而呈現出色澤。該染髮劑是漸進式的顯現出染料的色澤，須使用多次後，色澤才會慢慢加深。

表 13-3　永久性染髮劑（一級中間體及氧化後在頭髮的顏色）

化合物	頭髮顏色
P-Phenylenediamine	棕～黑色
Chloro-p-phenylenediamine	紅棕色
2-Methoxy-p-phenylenediamine	金灰色
o-Phenylenediamine	金黃銅色
4-Chloro-o-Phenylenediamine	金棕色
P-Toluylenediamine	紅棕色
3,4-Toluylenediamine	金色
p-Aminodiphenylamine	灰色
p-Aminodiphenylamine	黑棕色
2,4-Diaminodiphenylamine	棕紫色
4,4-Diaminodiphenylamine	灰色
4,4-Diaminodiphenylamine	紅棕色
2-Aminodiphenylamine	紅灰色
4-Hydroxydiphenylamine	無色
p-Aminophenylglycine	淡棕色
p-Aminoacetanilide	無色

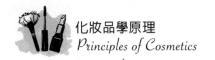
🖌 表 13-3　永久性染髮劑（一級中間體及氧化後在頭髮的顏色）（續）

化合物	頭髮顏色
p-Aminodimethylaniline	深灰色
p-Aminodiethylaniline	淡灰金黃色
3,4-Toluylenediamine	帶金棕色
o-Toluylenediamine	帶金灰棕色
Xylylenediamine	棕色
1,2,4-Triaminobenzene dihydrochloride	深黑色
p-Aminophenol	淡赤褐色
p-Aminophenol	金棕色
4-Amino-2-methylphenol	帶紅金色
o-Aminophenol	金黃色
2,5-Diaminoanisole	棕色
2-Methylaminophenol	淡金黃色
4-Chloro-2-aminophenol	灰黃色
2-5-Diaminonhenol	紅棕色

🖌 表 13-4　永久性染髮劑（中間體與偶合劑起氧化作用後在頭髮的顏色）

偶合劑	中間體	頭髮顏色
m-phenylenediamine	p-Toluylenediamine	深藍色
2,4-Diaminoaninoanisole	p-Toluylenediamine	藍色
m-Aminophenol	p-Toluylenediamine	灰紫色
p-Amino-o-cresol	p-Toluylenediamine	深紫色
Resorcinol	p-Phenylenediamine	金黃棕色
Chloroorsorcinol	p-Phenylenediamine	黃棕色
Hydroquinone	p-Phenylenediamine	淡灰棕色
Pyrocatechol	p-Aminophenol	紅棕色
Resorcinol	p-Aminophenol	灰金黃色
Chloroorsorcinol	p-Aminophenol	綠金黃色
Hydroquinone	p-Aminophenol	金黃色

🦋 表 13-4　永久性染髮劑（中間體與偶合劑起氧化作用後在頭髮的顏色）（續）

偶合劑	中間體	頭髮顏色
m-phenylenediamine	p-Phenylenediamine	紫色
m-Toluylenediamine	p-Phenylenediamine	紫色
2,4-Diaminoaninoanisole	p-Phenylenediamine	藍紫色
Diethyl-m-aminophenol	p-Phenylenediamine	綠褐色
Chloro-m-phenylenediamine	p-Phenylenediamine	紅黑色
2,6-Diaminopyridine	p-Phenylenediamine	藍色
2,4-Diaminoaninoanisole	p-Aminophenol	紅色
m-Aminophenol	p-Aminophenol	紅棕色
p-Amino-o-cresol	p-Aminophenol	深橙色
3-Amlno-4-methoxyphenol	p-Aminophenol	赤褐金黃色
Diethyl-m-aminophenol	p-Aminophenol	綠棕色
2,4-Diaminoaninoanisole	p-Aminodiphenylamine	閃亮的藍色
p-Amino-o-cresol	p-Aminodiphenylamine	灰紫色
4-Methoxy-6-methyl-m-phenylenedoamine	p-Aminodiphenylamine	閃亮的藍色
Dlethyl-m-aminophenol	p-Aminodiphenylamine	紅棕色
2,6-Diaminopyridine	p-Aminodiphenylamine	淡藍綠色

13-7　育髮劑

　　人體對雄性激素敏感度粗分為敏感及不敏感的分布位置，大致上分為三類：1.對雄性激素不敏感的毛囊，例如枕骨部位、眉毛。2.需要依賴雄性激素的毛囊，例如鬍鬚。3.對雄性素敏感的毛囊，易受雄性激素的影響，使得毛髮生長期縮短，毛囊會萎縮，毛髮角化異常，慢慢生成細髮，例如額頭頂部的毛髮，此類的毛囊為雄性禿發生的必要條件。

　　頭皮及毛囊中含有高濃度的 5α-還原酶(5-alpha-reductase)，這種酵素會將睪固酮(testosterone)轉變成二氫睪固酮(DHT)，如圖 13-6 所示。當二氫睪固酮與雄性激素受體(Androgen receptor, AR)反應後，此二者雄性激素即會進入毛囊細胞核中，對於代謝系統產生抑制作用，毛囊無法進行蛋白質的合成，使毛髮變細甚至減少毛髮生長。

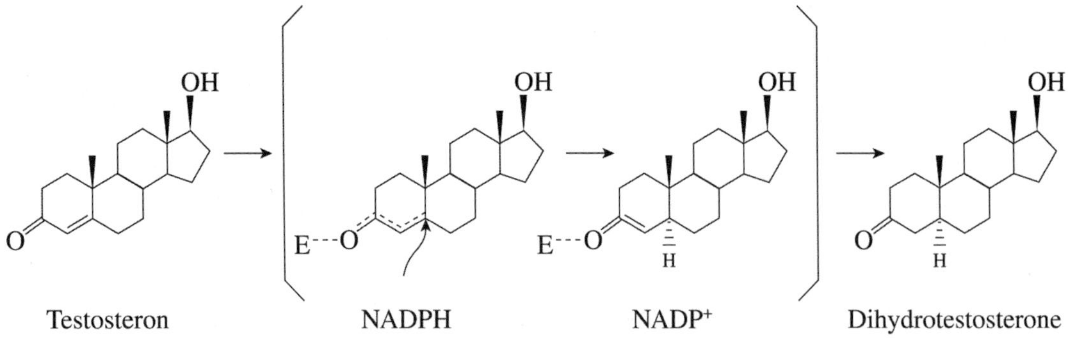

Testosteron　　　　NADPH　　　　NADP⁺　　　　Dihydrotestosterone

圖 13-6　睪固酮(testosterone)轉變成二氫睪固酮(DHT)

　　對抗落髮的機制有以下三種方式。

1. **抑制 5-α-reductase 的活性**：藉由抑制二氫睪固酮 DHT 的產生，進而阻止 DHT 與受體的結合。

   (1) 固醇類：Finasteride（柔沛）屬於藥物口服錠劑，適用於治療雄性禿的對象，作用機轉為減少二氫睪素酮的產生，1%的使用者會出現可逆性的性功能障礙現象。

   (2) 側柏種子(Thujae occidentalis semen)萃取：2002 年，Park 等人使用原生的韓國植物側柏(*Thujae occidentalis*)種子萃取物，發現對 5α-R2 的活性有不錯的抑制效果。

   (3) 大豆萃取：含 Flavonoids 化合物可抑制 5α-R2 的活性。大豆是亞洲人的主食之一，其中所含有的 Genistein 及 Daidzein，被證實對於 5α-R2 活性都有不錯的抑制效果。

   (4) 扁柏醇(Hinokitiol)：又叫檜木醇、β-側柏素，是一種特殊的萜烯類芳香分子，其結構存在七個碳所組成的環狀結構。扁柏精油確實有抑制 5α-reductase 的效果，而動物實驗也表明，扁柏精油有促使動物毛髮生長的效果。

2. **促進微循環**：Minoxidil 為一血管擴張作用，可以改善頭皮的血液循環和營養供應，使毛囊重新生長，延長頭髮的生長期，目前有濃度 2%及 5%的產品。經兩年治療，男性以濃度 5%溶液治療，髮量增加 35%，以濃度 2%溶液治療，則髮量增加 25%。此種藥物或成分的作用機轉是透過皮膚吸收後，改善毛囊局部血液循環，增加養分的運輸，刺激毛囊細胞再生長。

3. **毛囊細胞的增殖活化**

(1) 豌豆胜肽(Peptides of peas)：具有細胞的再生和抗衰老活性，活化刺激毛囊幹細胞，促進頭髮生長，可以防止對抗脫髮因子 TGF-β1。

(2) 金絲桃萃取(St. John's wort extract)：來自 Hypericum perforatum 植物的萃取，可促進毛囊細胞的增殖活化。

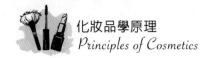
參考資料

1. 木浪正樹、川井康弘：Fragrance Journal, Dec. 1991, p.16~24

2. 木番康則：Bio Industry, Jun. 1993, p.12~18

3. 矢作和行：Fargrance Journal, 23(4), Apr. 1995, p.55~64

4. 光井武夫：新化妝品學，p.47~58

5. 谷田正弘：Fragrance Journal, Jan. 1994, p.75~80

6. 裕元興業股份有限公司－化妝品部

7. 橋本文章：Fragrance Journal, 22(3), Mar. 1994, p.36~43

8. 豐田明、柴谷順一：Fragance Journal, Jan. 1997, p.35~40

9. Christiansen, S.: Soap/Cosmetics/Chemical Specialities, Oct. 1991, p.28~30

10. Denavarre, M. G.: The Chemistry and Manufacture of Cosmetics, Vol(IV), Orlando, Florida

11. Gould, C.: Speciality Chemicals, 11(5), Aug. 1991, p.354~360

12. Imokawa, G.; Akasaki, S.; Kawamata, A.: Journal of the Society of Cosmetic Chemists, Sep./Oct. 1989, p.273~284

13. Kintish, L.: Soap/Cosmetics/Chemical Specialities, Oct. 1992, p.20~22

14. Lower, E.: Manufacturing Chemist, 68(6), Jun. 1997, p.32~35

15. McLoughlin, F.; F. Pengilly, R.: Soap Perfumery and Cosmetics, Dec./Jan. 1996/1997, p.22

16. Nil: Cosmetics and Toiletries, 109, Feb. 1994, p.83~87

17. Nil: Manufacturing Chemist, 67(2), Feb. 1996, p.16~20

18. Nil: Manufacturing Chemist, Nov. 1990, p.39~43

19. Nil: Soap Perfunmery and Cosmetics, Nov. 1995, p.27~28

20. Nil: Soap/Cosmetics/Chemical Specialties, Nov. 1993, p.24~44

21. Schoenberg, T.: Speciality Chemicals, Apr. 1992, p.127~130

22. Wickett, R. R.: Cosmetics & Toiletries, Jul. 1991, p.37~47

23. Wilson, R.: Drug and Cosmetic Industry, Apr. 1992, p.29~30

24. Yahagi, K.: Fagrance Fournal, Sep. 1994, p.29~35

Memo :

Principles of Cosmetics

Chapter

14

彩妝化妝品

本章大綱

前 言

　　彩妝化妝品大都含有色料及粉體原料，其主要目的在於改變膚色、遮蓋皮膚瑕疵及賦予臉部耀眼動人的色彩。彩妝化妝品漸趨向自然，在原料開發的技術上與傳統的配方有很大的不同，例如經處理過的色料及粉體可以改善撥油性，具良好的遮蓋效果及觸感；顏料的色彩更鮮明、活潑、亮麗、珍珠光澤及持久性。

 色 料

　　一般使用在化妝品的色料大致可區分為染料(Dyestuffs)、顏料(Pisments)及天然色素（可參見本章附件）。而由於化妝品原料合成技術的創新，有別於傳統的改質粉體及色料正廣泛應用於化妝品中。

1. **染料(Dyestuffs)**：依其在水中溶解度的大小，可分為水溶性染料及油溶性染料。將染料添加在化妝品，藉由染料分子溶解於化妝品基劑當中，賦予化妝品色彩的外觀。一般可區分為下列幾類：

   (1) **偶氮染料(Azo dyes)**：大部分的色料皆屬於此類型染料，具有偶氮基(Azo)-N=N-發色團的結構特徵，屬黃色～紅色色素。

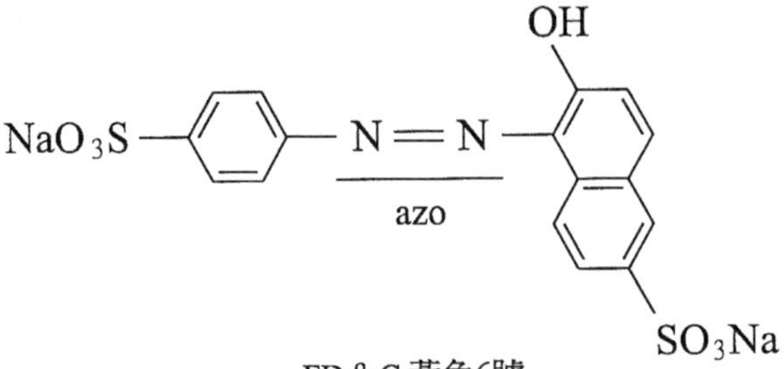

$$NaO_3S - \bigcirc - \underset{azo}{N=N} - \bigcirc\bigcirc$$

OH

SO_3Na

FD＆C 黃色6號

(2) 喹啉染料(Ouinoline dyes)：含有喹啉結構的染料，屬黃色色素。

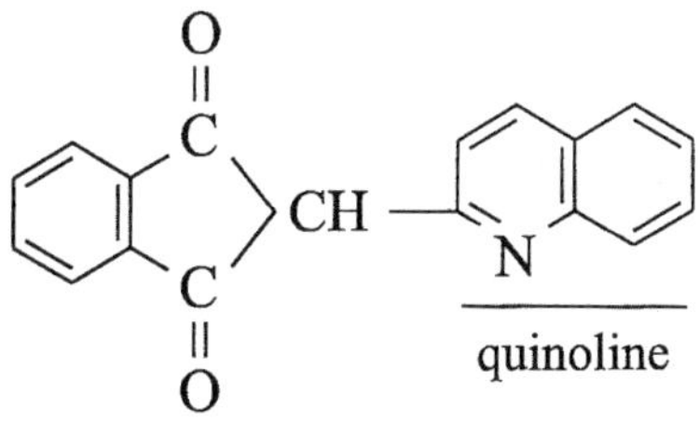

FD＆C黃色11號

(3) 二苯駢吡喃染料(Xanthine dyes)：屬於橙色～紅色色素，顏色鮮明、彩度高，著色力及耐光性也相當不錯。

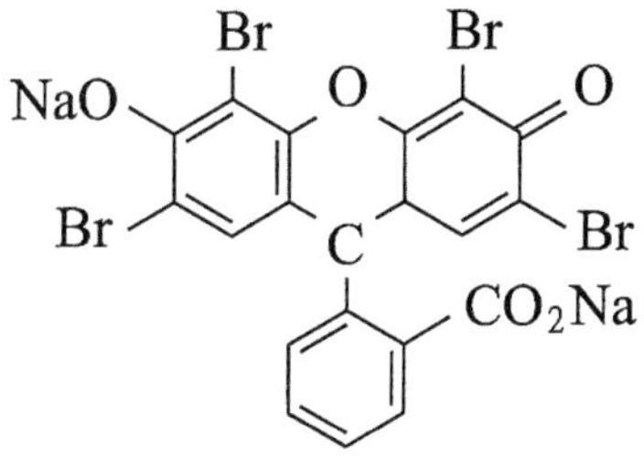

D＆C紅色22號

(4) 蒽醌染料(Anthraquinone)：含蒽醌結構的染料，屬綠色～紫色色素。

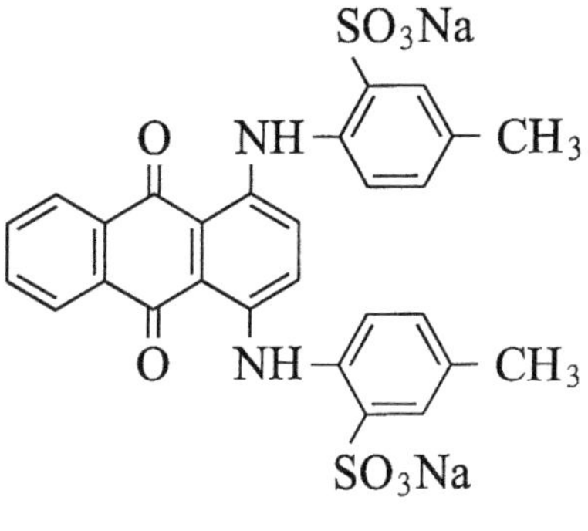

D＆C綠色5號

(5) 三苯基甲烷染料(Triarymethane dyes)：含三苯甲烷構造的染料，屬綠色～紫色色素，色相多，但耐光性較差。

FD&C 藍色1號

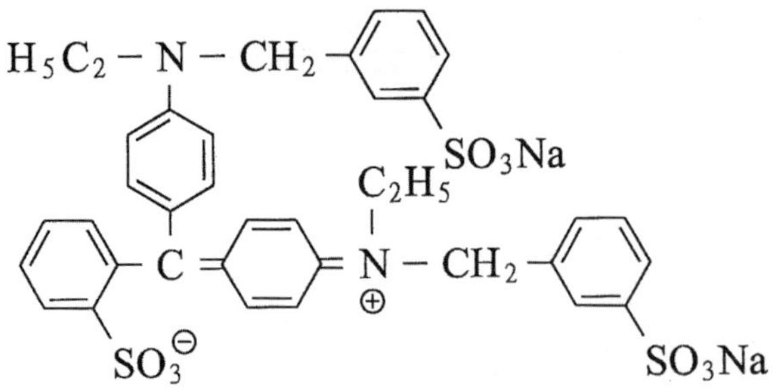

(6) 靛染料(Indigo dyes)：屬傳統的藍色色素。

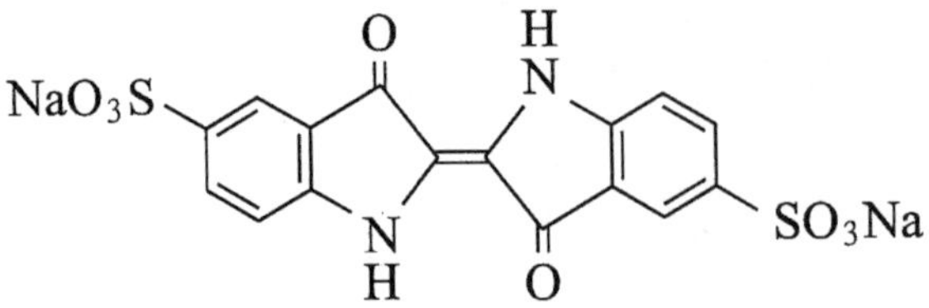

FD&C 藍色2號

2. **顏料(Pigments)**：無機顏料可由天然礦物或人工合成，大都屬於金屬氧化物及金屬鹽類。一般而言，無機顏料較不透明、密度高、耐光及對熱安定，但色彩有限。

(1) 紅色：氧化鐵(Fe_2O_3)，由黃色氧化鐵煅燒而製得。

(2) 黑色：碳黑主要用於眉筆、眼線筆、睫毛膏等彩妝品，多是以木材炭化或煤煙沉積製得。氧化鐵(Fe_3O_4)。

(3) 黃色：氧化鐵($FeO(OH)$)、氧化鐵(Fe_2O_3)由硫酸亞鐵與鹼反應生成沉澱後，再經氧化而製得。

(4) 紫色：鈷紫是混合鈷(II)鹽溶液和磷酸鹽的溶液時，沉澱生成、錳紫是將二氧化錳、磷酸氫二銨和磷酸，在高溫下製得。

(5) 青色：群青(Ultramarine, $Na_2Al_6Si_6O_{24}S_4$)硫黃、純鹼、高嶺土、還原劑（木炭或松香等），將各種原料按比例配製混合後，在 700~800°C 煅燒製得。

(6) 綠色：三氧化二鉻(Cr_2O_3)經由重鉻酸鉀、鹼、還原劑按一定比例混合後煅燒。

(7) 白色：二氧化鈦由鈦鐵礦用硫酸分解製成硫酸鈦，再進一步處理製得、鋅白由鐵鋅礦經酸處理再精製而得。

3. **天然色素**：天然色素有來自動植物及微生物，是色料中最早被採用者，安全性較高，但是著色性及耐光性較差。因合成色素的安全性問題，使得天然色素興起，由於萃取、分離、純化技術的發展及應用於天然色素的製備，目前已有許多新的天然色素出現。

   (1) β-類胡蘿蔔素(β-Carotene)：存在於動植物中的色素，顏色從黃色～橙色。易被氧化而褪色，因為分子結構中含有多個不飽和鍵而使其易發生反應所致，需與抗氧化劑一起使用。

   (2) 胭脂蟲色素(Cochineal)：胭脂蟲乾燥粉中萃取的紅色色素，顏色隨 pH 不同產生變化，在酸性中呈現橙色至紅色，而在鹼性中則呈現紫紅色，對酸、光和熱較穩定，可經由萃取得到蒽醌類型的紅色色素胭脂紅酸(Carminic acid)。

   (3) 紅花素(Carthamin)：由紅花中所提煉的類黃酮類型(Flavonoid)，為深紅色色素。

   (4) 葉綠素(Chlorophyll)：由綠色植物的葉中所提煉的吡咯紫質類型(Prophirin)，為綠色色素。

14-2 粉體原料

化妝品的粉體原料是一種色料稀釋劑，除了用來調整色調外，尚須賦予產品的實用價值，例如遮蓋皮膚的瑕疵、延展性佳及對皮膚容易附著。

1. **二氧化鋅、氧化鋅**：遮蓋力是在所有粉體中最佳，白色度、著色力、耐光、耐熱性亦不錯，另外添加在彩妝化妝品，可增加皮膚對紫外線的防禦效果。

2. **雲母(Mica)**：化學式為 $KAl_2(Al,Si_3)O_{10}(OH)_2$，為單斜晶系的矽鋁酸鹽，白色薄片狀粉末，對皮膚具有良好的附著性及延展性。

3. **絹雲母(Sericite)**：粒徑更小的雲母，表面會呈現絲緞般的光澤，對皮膚的觸感和透明感俱佳，其組成約為氧化矽 48.3%，氧化鋁 34.8%及氧化鉀 9.8%。

4. **皂土(Bentonite)**：乃蒙脫石(Montmorillionite, $(Mg, Ca)Al_2Si_5O_{16}$)礦物內的主要成分，為天然膠質狀黏土，遇濕則呈粉體狀。具吸附皮膚表面的汙垢，使肌膚光滑細緻。

5. **滑石(Talc)**：化學式為 $Mg_3Si_4O_{10}(OH)_2$，為水合矽酸鎂黏土礦物類，呈白至灰白色的微細結晶性粉末。有極佳的觸感、延展性及光澤度，但附著性差。

6. **高嶺土(Kaolin)**：化學式為 $Al_2Si_2O_5(OH)_4$，為水合矽酸鋁，呈白色薄片狀粉末。具吸附皮膚油脂、汗水的特性，且對皮膚的附著性佳。

7. **輕質碳酸鈣(Light calcium carbonate)**：具有吸附油脂的能力。

8. **硬脂酸鹽(Stearatesalts)**：通常為硬脂酸鋅、硬脂酸鎂，可吸附皮膚油脂且對皮膚的附著性及延展性均佳。

14-3 機能性顏料及粉體

　　傳統的彩妝化妝品只是簡單的將粉體、色料、油脂和水等成分混合所製，只能適度的改變膚色，而粗糙不均勻的粉體製品不但不能掩飾斑點、皺紋，反而容易使皮膚的缺點更引人注意。現今機能性彩妝的開發著重在超微粒色素及經處理過的顏料及粉體等原料，使彩妝化妝品對皮膚的觸感及安全性提高。色系表現自然，閃亮透明不易褪去，粉體原料更見光澤性、撥水性及撥油性，不論在室內室外皆可維持亮麗的外觀顏色，適宜地隱藏皺紋及遮蓋斑點。

　　雲母鈦顏料珠光劑大致可分為三大類：銀白色型、幻彩型、著色型。銀白色型雲母鈦珠光顏料是由於光在雲母鈦表面反射而沒有透射，因而只呈現單一的銀白色相。幻彩型是透過控制和調節氧化物薄膜的厚度或層次而獲得的，表面膜層通過光的多次反射、折射和透射產生干涉作用（圖 14-1），形成視覺的珠光及閃光效應，而產生眩目璀璨的虹彩效果。著色型是在上述兩種類型的顏料進一步用各種氧化物包覆，即在雲母薄片表面包覆一層二氧化鈦後，再包覆一層金屬氧化物或有機顏料等結合而成的特殊珠光顏料。

　　物理性暫時除皺成分已廣泛用於眼影、蜜粉、粉底液、粉底霜等產品中。利用光線折射原理，有效修飾眼角皺紋、色斑、眼袋、粗大毛孔均等皮膚瑕疵，讓臉部線條看起來更細緻、嫩滑。其作用原理為：(1)螢光劑吸收紫外光，發射可見光，增加皺紋凹陷處亮度，使皺紋部位光澤接近於周圍皮膚，產生消除皺紋的視覺效果。(2)特殊複合塑膠微粒（尼龍表面修飾聚環氧乙稀）通過散射從皺紋處反

射回來的光而達到霧面與光澤兼具的啞光效果，使得皺紋更加不易被察覺。常用的粉體色料及顏料如下：

1. **沉澱色料(Lake)**：將有機染料加入溶液中，利用沉澱法吸附於金屬氧化物基質的表面，如氫氧化鋁、硫酸鋇、碳酸鈣等，成為不溶性的顏料。色彩多且顏色鮮豔、著色力強。

2. **保濕顏料(Moisturizing pigments)**：將顏料表面被覆一層含有羧基(-COOH)的高分子材料，如羧甲基纖維素(Carboxy methyl cellulose)、聚丙烯酸(Polyacrylic acid)及聚麩胺酸(Polyglutamic acid)，使顏料具有保濕的性質。

3. **真珠光澤顏料(Nacreous pigments)**：在雲母表面被覆二氧化鈦、氧化鐵等無機顏料，藉由顏料結晶在雲母表面並呈規則平行排列而將光線反射。由於反射光線彼此間的相互干擾，便會在雲母表面形成珠光效果和閃色效應，呈現出柔和奪目、絢麗多彩的珍珠色澤。

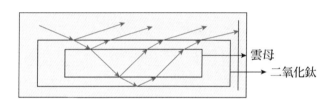

▌ 圖 14-1　光在雲母鈦顏料上的干涉作用的示意圖

參考資料：中國塗料工業期刊 1995, (3)。

4. **光色劑顏料(Photochromic pigments)**：將二氧化鈦與少量的黃色氧化鐵複合，光線的照射強弱可使顏料產生可逆性的色彩變化。添加於粉底中可以避免臉部的化妝，因為強光的照射而產生泛白的現象。

5. **氮化硼(Boron nitrite)**：遮蔽力較滑石、雲母為佳，添加於蜜粉與粉餅當中，可增加其滑度與潤滑性，改善產品的觸感。

6. **改質粉體(Modificatory powders)**：將粉體的表面處理後，可使彩妝化妝品發揮更佳的效果。將雲母表面經由二氧化鈦處理，可增加對皮膚的附著性。氟碳化物（例如：Polyfluoro alkylphosphate、Perfluoro poly methyl isopropyl ether）包覆的粉體可改善撥油性、撥水性及增加化妝的持久性。矽利康(Silicone)包覆的粉體，可降低粉體表面能量，增加粉體的撥水性及對皮膚的附著性。膠原蛋白、

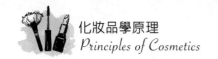

卵磷脂及胺基酸處理的粉體，可增加對皮膚的保濕性及改善觸感。甲基丙烯酸甲酯和苯乙烯基聚合的高分子材料包覆粉體，可增加遮蔽斑點及細紋的能力。粉體表面以氮化鈦(TiN)處理，可減少粉體凝集的現象。雲母以氟取代羥基，可使雲母的光澤、觸感和透明度等品質提升。

7. **二氧化鈦／氧化鋁混合粉體**：具有色澤修正功能的柔質修飾色料粉體，可產生霧面與光澤兼具的啞光效果，適用於護膚品、彩妝和洗髮精中。粉體也可分散在水性丙二醇及油性的三乙氧基辛醯矽烷溶劑中。

　　表 14-1 為衛福部公告之「法定化粧品色素品目表」，內容如下將色素分類表分成 4 類，第 1 類：所有化粧品均可使用；第 2 類：限用於非接觸眼部周圍之化粧品；第 3 類：限用於非接觸黏膜之化粧品；第 4 類：限用於用後立即洗去之化粧品。

表 14-1　為衛福部公告之法定化粧品色素品目表

編號	CI Index	別名	使用範圍
1	Caramel	Natural Brown 10	1
2	CI 10020	Acid Green 1、Ext. D&C Green No.1、Naphthol Green	3
3	CI 10316	Acid Yellow 1、Ext. D&C Yellow No. 7、Naphthol Yellow S	2
4	CI 11680	Pigment Yellow 1、Ext. D&C Yellow No. 5、Hansa Yellow G	3
5	CI 11725	Pigment Orange 1、Hansa Yellow 3R	4
6	CI 12085	Pigment Red 4、D&C Red No. 36、Permanent Red	1
7	CI 12120	Pigment Red 3、D&C Red No. 35、Toluidine Red	4
8	CI 13015	Acid Yellow 9、FoodYellow 2、Fast Yellow	1
9	CI 14700	Food Red 1、FD&C Red No. 4、Ponceau SX	1
10	CI 14720	Acid Red 14、FoodRed 3、Azorubin	1
11	CI 15510	Acid Orange 7、D&C Orange No. 4、Orange II	2

🖋 表 14-1　為衛福部公告之法定化粧品色素品目表（續）

編號	CI Index	別名	使用範圍
12	CI 15620	Acid Red 88、Ext.D&C Red No. 8、Fast Red S	4
13	CI 15630	Pigment Red 49、D&C Red No. 10、Lithol Red Na	1
14	CI 15630：1	Pigment Red 49：1、CRed No. 12、Lithol Red Ba	1
15	CI 15630：2	Pigment Red 49:2、D&C Red No. 11、Lithol Red Ca	1
16	CI 15630：3	Pigment Red 49:3、D&C Red No. 13、Lithol Red Sr	1
17	CI 15800：1	Pigment Red 64：、1D&C Red No. 31、Brilliant Lake Red R	3
18	CI 15850	Pigment Red 57、D&C Red No. 6、Lithol Rubine B	1
19	CI 15850：1	Pigment Red 57：1、D&C Red No. 7、Lithol Rubine B Ca	1
20	CI 15865	Pigment Red 48、PermanentRed F5R	1
21	CI 15880：1	Pigment Red 63:1、D&C Red No. 34、Deep Maroon	1
22	CI 15985	Food Yellow 3、FD&C Yellow No. 6、Sunset Yellow FCF	1
23	CI 16035	Food Red 17、FD&C Red No. 40、Allura Red Ac	1
24	CI 16255	Acid Red 18、Food Red 7、New Coccine	1
25	CI 17200	Acid Red 33、D&CRed No. 33、Fast Acid Magenta	1
26	CI 18050	Acid Red 1、Food Red 10、Fast Crimson 1	3
27	CI 18820	Acid Yellow 11、Ext. D&C Yellow No. 3、Fast Light Yellow 3G	4
28	CI 19140	Acid Yellow 23、FD&C Yellow No. 5、Tartrazine	1

表 14-1　為衛福部公告之法定化粧品色素品目表（續）

編號	CI Index	別名	使用範圍
29	CI 20470	Acid Black 1、Solvent Brown 12、Naphthol Blue Black	4
30	CI 21110	Pigment Orange 13、Benzidine Orange G	1
31	CI 26100	Solvent Red 23、D&C Red No. 17、Sudan III	3
32	CI 40800	beta, beta-Carotene Food Orange 5	1
33	CI 42053	Food Green 3、FD&C Green No. 3、Fast Green FCF	1
34	CI 42090 (Na salt)	Food Blue 2、FD&C Blue No. 1、Brilliant Blue FCF	1
35	CI 42090 (NH4 salt)	Acid Blue 9、D&C Blue No. 4、Alphazurine FG	2
36	CI 45100	Acid Red 52、Acid Red	4
37	CI 45190	Acid Violet 9、Ext. D&C Red No. 3、Violamine R	4
38	CI 45350 (Na salt)	Acid Yellow 73、D&C Yellow No. 8、Uranine	1
39	CI 45350 (K salt)	Acid Yellow 73、D&C Yellow No. 9、Uranine K	1
40	CI 45350：1	Acid Yellow 73、Fluorescein、D&C Yellow No. 7	1
41	CI 45370：1	Solvent Red 72、D&C Orange No. 5、Dibromofluorescein	1
42	CI 45380 (Na salt)	Acid Red 87、D&C Red No. 22、Eosine YS	1
43	CI 45380 (K salt)	Acid Red 87、D&C Red No. 23、Eosine YSK	1
44	CI 45380：2	Solvent Red 43、D&C Red No. 21、Tetrabromo Fluorescein	1
45	CI 45410 (Na salt)	Acid Red 92、D&C Red No. 28	1

表 14-1　為衛福部公告之法定化粧品色素品目表（續）

編號	CI Index	別名	使用範圍
46	CI 45410 (K salt)	Acid Red 92、Phloxine BK、Phloxine B	1
47	CI 45410：1	Solvent Red 48、D&C Red No. 27、Tetrachloro tetrabromofluorecein	1
48	CI 45425	Acid Red 95、D&C Orange No. 11、Erythrosine Yellow Na	1
49	CI 45425：1	Solvent Red 73、D&C Orange No. 10、Diiodofluorescein	1
50	CI 45430	Acid Red 51、FD&C Red No. 3、Erythrosine bYellow Na	1
51	CI 47000	Solvent Yellow 33、D&C Yellow No. 11、Quinoline Yellow SS	3
52	CI 47005	Acid Yellow 36、D&C Yellow No. 10、Quinoline Yellow WS	1
53	CI 59040	Solvent Green 7、D&C Green No. 8、Pyranin Conc	1
54	CI 60725	Solvent Violet 13、D&C Violet No. 2、Alizarine Purple SS	1
55	CI 60730	Acid Violet 43、Ext. D&C Violet No. 2、Alizarine Violet NR	3
56	CI 61565	Solvent Green 3、D&C Green No. 6、Quinizarine Green SS	1
57	CI 61570	Acid Green 25、D&C Green No. 5、Alizarine Cyanine Green	1
58	CI 69825	Pigment Blue 64、D&C Blue No. 9、Carbanthrene Blue	1
59	CI 73000	Pigment Blue 66、D&C Blue No. 6、Indigo	1
60	CI 73015	Acid Blue 74、FD&C Blue No. 2、Indigo Carmine	1
61	CI 73360	D&C Red No. 30、Vat Red 1、Helindone Pink CN	1

表 14-1　為衛福部公告之法定化粧品色素品目表（續）

編號	CI Index	別名	使用範圍
62	CI 74160	Pigment Blue 15、Phthalocyanine Blue	1
63	CI 74260	Pigment Green 7、Phthalocyanine Green	2
64	CI 75100	Natural Yellow 6、Crocetine	1
65	CI 75120	Natural Orange 4、Annatto	1
66	CI 75130	Natural Yellow 26、Beta-Carotene	1
67	CI 75170	Natural White 1、Guanine	1
68	CI 75470	Natural Red 4、Carmine	1
69	CI 75810	Natural Green 3、Sodium Copper Chlorophyllin Chlorophyllin-Copper Complex	1
70	CI 77000	Aluminum Powder、Pigment Metal 1	1
71	CI 77002	Pigment White	1
72	CI 77004	Pigment White 19、Kaolin、Bentonite	1
73	CI 77007	Pigment Blue 29、Ultramarine Blue	1
74	CI 77013	Pigment Green 24、Ultramarine Green	3
75	CI 77019	Pigment White 20、Mica	1
76	CI 77120	Pigment White 21	1
77	CI 77163	Pigment White 14、Bismuth Oxychloride	1
78	CI 77220	Pigment White 18、Calcium Carbonate	1
79	CI 77231	Pigment White 25、Calcium Sulfate	1
80	CI 77266	Pigment Black 6、Carbon Black	1
81	CI 77288	Pigment Green 17、Chromium Oxide	1
82	CI 77289	Pigment Green 18、Chromium Hydroxide	1
83	CI 77346	Pigment Blue 28、Cobalt Aluminum Oxide	1
84	CI 77400	Pigment Metal 2、Bronze Powder、Copper Powder	1
85	CI 77480	Pigment Metal 3、Gold Leaf	1
86	CI 77489	Ferrous Oxide、Iron Oxides	1
87	CI 77491	Pigment Red 101、Red Iron Oxide	1
88	CI 77492	Pigment Yellow 11、Yellow Iron Oxide	1

表 14-1　為衛福部公告之法定化粧品色素品目表（續）

編號	CI Index	別名	使用範圍
89	CI 77499	Pigment Black 11、Black Iron Oxide	1
90	CI 77510	Pigment Blue 27、Ferric Ferrocyanide	1
91	CI 77713	Pigment White 18、Magnesium Carbonate	1
92	CI 77742	Pigment Violet 16、Manganese Violet	1
93	CI 77820	Silver	1

附註：
1. 所列色素與非禁用成分形成之麗基(lakes)及鹽(salts)亦可使用。
2. 未列載於此表規定範圍之成分，於歐盟、美國及日本三國家地區，任何其中一個國家地區官方已公告（以生效日為準）其使用基準者，得參照其基準規定准予使用（但下表 CI 11380 等十九項成分不適用），惟於申請查驗登記時，應同時檢附該等地區之准許使用基準證明文件。

編號	成分名稱
1	CI 11380 (Solvent Yellow 5) (Ext.D& C Yellow No.9) (Oil Yellow AB)
2	CI 11390 (Solvent Yellow 6) (Ext.D& C Yellow No.10) (Oil Yellow OB)
3	CI 12100 (Solvent Orange 2) (Ext.D&C Orange No.4) (Orange SS)
4	CI 12140 (Solvent Orange 7) (Ext.D&C Red No.14) (Oil Red XO)
5	CI 12315 (Pigment Red 22) (Brilliant Fast Scarlet)
6	CI 13065 (Acid Yellow 36) (Ext.D& C Yellow No.1) (Metanil Yellow)
7	CI 14600 (Acid Orange 20) (Ext.D&C Orange No.3) (Orange I)
8	CI 16150 (Acid Red 26) (D&C Red No. 5) (Poncear 2R)
9	CI 16155 (Food Red 6) (Ext.D&C Red No.15) (Poncear 3R)
10	CI 18950 (Acid Yellow 40) (Ext.D&C Yellow No.4) (Polar Yellow 5G)
11	CI 21090 (Pigment Yellow 12) (Benzidine Yellow G)
12	CI 26105 (Solvent Red 24) (Scarlet Red N.F.)
13	CI 42052 (Na Salt) (Acid Blue 5) (D&C Blue No.7) (Patent Blue Na)
14	CI 42052：1 (Ca Salt) (Acid Blue 5) (D&C Blue No.8) (Patent Blue Ca)
15	CI 42085 (Acid Green 3) (FD&C Green No.1) (Guinea Green B)
16	CI 42095 (Acid Green 5) (D&C Green No.4) (Light Green SF)
17	CI 45440 (Na Salt) (Acid Red 94) (Rose Bengale)
18	CI 45440 (K-Salt) (Acid Red 94) (Rose Bengale k)
19	CI 61520 (Solvent Blue 63) (Suden Blue B)

14-4 彩妝化妝品

現今的彩妝化妝品除了提供色彩外，並開發新的粉體技術，讓臉部的妝更持久防水，膚色呈現自然，容貌更趨立體感而無瑕疵。另外必須兼具皮膚保養的功能如保濕、滋潤、防曬、防皺等成分用於脣膏、脣彩、脣油、粉底霜、粉底液等產品中。例如，油脂提供柔軟潤澤的觸感與色素具有極佳的分散性，常用於晚霜和眼部護膚品之餘，也用於脣部彩妝以提高脣膏、脣彩的保濕、滋潤的性質。對皮膚無穿透性及對光穩定的物理性防曬成分可與矽氧烷聚合，提高視覺與使用的功能，廣泛用於粉底液、粉底霜、粉餅、潤脣膏、脣彩、脣膏產品中。抗皺成分也開始用於脣膏、潤脣膏等產品中，其不僅具有抗皺作用，還可通過增加脣部黏膜的保濕度和滋潤度以達到使脣部豐滿、舒適。

一、臉底化妝品

1. **蜜粉(Powder)**：可修正膚色，修飾毛孔，抑制汗液及皮脂的分泌，使化妝的效果持久，具定妝效果。配方當中的粉體成分包括滑石粉、高嶺土、二氧化鈦、絹雲母、真珠光澤顏料。

2. **粉底類(Foundation)**：產品的種類呈多元化，有粉底液、粉底霜、粉條、蓋斑膏及粉餅等。產品機能強調持久、防水、防曬、保濕、塗抹均勻、遮蓋性良好及吸收臉部油脂的功效。配方當中的粉體成分包括滑石粉、雲母、絹雲母、二氧化鈦、高嶺土等粉體原料，及氧化鐵系列的無機顏料，和少許鈦雲母系的真珠光澤顏料。

二、修飾化妝品

1. **口紅(Lipsticks)**：賦予嘴脣色彩，襯托出亮麗的外表。產品機能強調滋潤、保濕、防曬持久、無痕及不沾染。配方色料可選擇染料或氧化鈦無機顏料，另外若要賦予產品真珠光澤的外觀，則可以加入真珠光澤顏料。另外，口紅的基質原料主要有油脂和蠟類，含量一般占 90%左右，組成其基本固型結構。選用油脂、蠟基對染料有好的互溶性，同時具有一定的觸變特性，易於塗抹延展成均勻的薄膜，使嘴脣潤滑有光澤。

2. **腮紅**(Blusher)：修飾臉部缺陷並賦予立體感，使臉頰看起來紅潤、健康。配方當中的粉體成分包括滑石粉、高嶺土、二氧化鈦及無機顏料。最常見的固型類腮紅，主要是將粉體和黏合劑等壓縮成餅塊狀製品，即粉餅狀腮紅以及散粉狀腮紅兩種。餅狀腮紅的原料和蜜粉大多相同，但色料用量相對較多。

3. **眼影**(Eye shadow)：強調眼部的立體感與美感，色調豐富且多變化。配方當中的粉體成分包括滑石粉、雲母、絹雲母、無機顏料及真珠光澤顏料。

4. **眼線**(Eyeliner)：強調眼部的線條及神韻，配方成分的著色劑以無機顏料的碳黑為主，筆心主要原料為蠟類，如石蠟、地蠟、蜂蠟、巴西蠟等，熔化後加入適量油脂和顏科混合壓條成型。眼線液主要包括水包油乳化劑型眼線液、防水性的乳化劑型眼線液和非乳化劑型眼線液等類型。

5. **睫毛膏**(Mascara)：使睫毛的外觀變長捲曲，變化眼部表情。配方成分的著色劑以無機顏料黑色氧化鐵為主。另外加入油脂、蜂蠟、巴西蠟、羊毛脂等。市售產品為達到增長和濃密睫毛的效果，通常可添加少量的天然或合成纖維，添加量一般為 3 ~ 4%。

6. **眉筆**(Eyebrow)：調整眉形，強調眼部及臉部整體造型。配方當中的粉體成分包括滑石粉、二氧化鈦及氧化鐵系列的無機顏料，加入油脂、蠟，眉筆的色彩除黑色外，尚有咖啡、棕褐色系…等，其筆心是將顏料分散於低熔點的油脂和蠟基中壓製而成的。

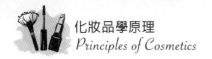

參考資料

1. 中村直生：Fragrance Journal, 22(4), Apr. 1994, p.35~41

2. 王世榮、周春隆：銀白色雲母鈦珠光顏料的研究，塗料工業(3), 1995 , p.9~12

3. 松枝明、荻原毅：Fragrance Journal, Jul. 1994, p.38~44

4. 鬼影正伸：Fragrance Journal, Jun. 1994, p.21~28

5. 鈴木伸治：Fragrance Journal, 22(6), Jun. 1994, p.51~56

6. 熊谷重則：Fragrance Journal, 23(8),May. 1994, p.50~56

7. Calvo, L.: Cosmetics & Toiletries, 110(2), 1995

8. Canning, C.: HAPPI, Aug. 1994, p.92~106

9. Colwell, S.M.: Soap/Cosmetics/Chemical Specialities, 69(10), Oct. 1993, p.26~32

10. FDA. Data, Feb. 1994, Cosmetic color Additives Frequency of use

11. Fox: Cosmetics and Toiletries, 109(4), Apr. 1994, p.39~51

12. Kintish, L.: Soap/Cosmetics/Chemical Specialities, May. 1994, p.21~30

13. Nakamura, N.: Fragrance Journal, Sep. 1994, p.51~56

14. Nil: Manutacturing Chemist, 65(5), May. 1995, p.17~21

15. Nil: Soap Perfumery and Cosmetics, 68(1), Jan. 1995, p.14~15

16. Uzunian, G; Aucar, B.: Cosmetics and Toiletries, 108(2), Feb. 1993, p.93~98

17. 104 年 7 月 15 日部授食字第 1041605508 號公告「法定化妝品色素品目表」與 106 年 2 月 6 日衛授食字第 1061600530 號「法定化妝品色素品目表勘誤表」

New Wun Ching Developmental Publishing Co., Ltd.

New Age · New Choice · The Best Selected Educational Publications — NEW WCDP

新文京開發出版股份有限公司
NEW WCDP

新世紀‧新視野‧新文京 ― 精選教科書‧考試用書‧專業參考書